# WARSHIP MAIDEN
## 知られざる名艦少女列伝

[文] 鈴木貴昭
[イラスト] 脱狗
[艦艇図版] 田村紀雄

大丈夫？しっかり偵察してくるのよ
カーチスAB-3

## ベラクルス占領作戦に水上機の母艦として参加

1914年、メキシコのベラクルス占領作戦で「ミシシッピ」は水上機を同方面に輸送し、その洋上基地としても活動した。運用した機体はカーチスAB-3（カーチス モデルFの海軍仕様）やカーチスAH-3（同モデルEの海軍仕様）で、いずれもアメリカ海軍でもっとも初期に運用された機体である。イラストは、海面に降ろしたAB-3飛行艇の発進を見守る「ミシシッピ」。まだ揺籃期にあったアメリカ海軍飛行部隊だけに、どちらもやや緊張した面持ちだ。

近海用の小型戦艦として建造されたミシシッピ級は、速力や航洋性が他のアメリカ戦艦より低く、艦隊側の評価は芳しくなかった。そのためベラクルスから戻った後の1914年7月、姉妹2隻揃ってギリシャ海軍に売却されることとなった。イラストの「ミシシッピ」も、どちらかというと運動はあまり得意でなく、のんびりしたインドア派な性格の持ち主と言えるだろう。

### 主砲

主砲は45口径12インチ（30.5cm）連装砲を艦首尾に1基ずつ装備する。砲熕兵装はその他に、45口径8インチ（20.3cm）連装砲を両舷に2基ずつ、舷側ケースメート式の44口径7インチ単装砲左右各4基などを装備していた。戦艦「三笠」より小さな身体に、より強力な兵装を有していたのである。

### 船体

前級のコネチカット級より全長23m、排水量3,000tも小さな船体に同等の武装と防御力を詰め込んだ結果、かなり寸胴（全長が短くて幅が広い）な船体形状となった。主缶も3分の2に減り、速力や航洋性、航続性能や居住性も低下したため、艦隊側からの評判は悪かった。イラストのミシシッピさんも、低めの頭身ながらかなり肉付きの良い、トランジスタグラマーな体型となっている。

## 戦艦「ミシシッピ」（アメリカ）／「キルキス」（ギリシャ）

（24、68～69ページ参照）

## ドイツ空軍の爆撃で大破着底

こんな恥ずかしい姿を
さらしてしまうなんて……

ギリシャ海軍に移籍し「キルキス」となった本艦は、第一次大戦やその後の希土(ギリシャ-トルコ)戦争に参加したのち、1932年に戦艦籍からも除かれ練習艦となった。第二次大戦では沿岸砲台としても使用されたが、1941年4月23日、ドイツ軍のJu87の急降下爆撃を受けて姉妹艦「レムノス」とともに大破着底。戦後の1948年に「レムノス」が、1951年に「キルキス」がそれぞれ浮揚解体された。

イラストはサラミス湾で爆撃を受け、着底してしまった「キルキス」。船体が水中に没し、上部構造や籠マストだけが水上に出ている写真が残されているが、イラストでも海底に尻もちをついた「キルキス」の網タイツやお尻が露わになっている。

### 籠マスト

鋼管を籠状に組んだ構造の「籠マスト」は、軽量かつ耐久性に優れ、損傷にも強い、と考えられて採用された。竣工時後檣が無かったミシシッピ級に、1908年に後檣として設置されたのが最初の装備例とされる(1910年には前檣も籠マスト化)。しかし、運用してみると振動がひどく、戦艦「ミシガン」で倒壊事故を起こしたこともあり、後にほとんどの米戦艦では廃止されたが、ギリシアに渡ったミシシッピ級の2隻は最後まで籠マストのままだった。

# アンコーナ砲撃

1915年5月23〜24日、イタリアのアドリア海沿岸をオーストリア＝ハンガリー帝国海軍の艦隊が攻撃した。「フィリブス・ウニティス」と姉妹艦「テゲトフ」、「プリンツ・オイゲン」のほか、前弩級戦艦8隻は5月24日の攻撃に参加。一連の攻撃でアンコーナ市は特に大きな損害を被り、軍民あわせて63名の死者を出したのに対して、オーストリア＝ハンガリー艦隊の損害は軽微だった。

イラストは敵地に向けて主砲を斉射する「フィリブス・ウニティス」さん。艦名の由来通り「みんな仲良く」がモットーの、気さくで人当たりはいいが、ちょっと楽観的なところもあるお姉さんだ。弩級艦としてはやや小柄な割に攻防性能は遜色なく、その分速力や航続距離は低めなので運動神経はあまりよくなさそう。

右目が赤（オーストリア）、左目が緑（ハンガリー）のオッドアイは、オーストリア＝ハンガリー二重帝国を表している。

## 主砲

主砲はイタリア海軍にならった三連装砲を4基、アメリカ海軍が先鞭をつけた背負い式に配置するという、両国の戦艦の良い所どりをした形式となっている。
主砲のシュコダ社製45口径30.5cm砲は、最大仰角20度で射程20,000m。ただ、本級の三連装砲塔は1基あたり3門に対して揚弾機が2つしかなく、各砲身の間に置かれた揚弾機のどちらか一方が主砲2門への給弾を担わなければならなかった。

## 戦艦「フィリブス・ウニティス」（オーストリア＝ハンガリー）

（24、70〜71ページ参照）

06:30
やっぱり機雷なんて嘘だったんじゃないですか～
って本当に爆発した～!?
吸着機雷で爆沈！

1918年11月1日、ポーラ湾に潜入したイタリア海軍の潜水工作員が「フィリブス・ウニティス」(厳密には前日に「ユーゴスラビア」に改名されていた)にリムペット機雷を設置した(起爆時間は6:30に設定)。工作員は発見、捕縛され、機雷を設置したことを話したものの、設置位置までは話さなかった。そのため着任したばかりのヴコヴィッチ艦長は「ウニティス」に退避命令を出したが、6:30になっても爆発は起こらず、機雷設置は捕虜の嘘だと信じ込んだ艦長が「ウニティス」に戻った直後の6:44に機雷が爆発。15分後に「ウニティス」は横転沈没し、ヴコヴィッチを含む300～400名が命を落としたという。

設定された起爆時間を過ぎて安心した直後に機雷が爆発するという、冗談のような沈み方をした「フィリブス・ウニティス」さんだが、2日後の11月3日にはオーストリア＝ハンガリーも降伏し、帝国は解体されてしまうのだった。

ひゃんッ!!(ビクビクッ)
みんなの主砲がこっち狙ってて
コワい……でも操縦されちゃう!!
センチュリオンせんぱ～い
次いきますよ～
ハイ、おもーかーじ

# リモコン操縦の標的艦に…

### 機関

標的艦への改装時に機関をディーゼルに変更した。また、武装などを撤去して重量が減ると吃水が浅くなってしまうため、石炭庫だったスペースには石ころを詰めていたという。

「センチュリオン」は1926～27年にかけて標的艦への改装を受け、武装は全て撤去、機関も換装されて操艦は元アドミラルティS級駆逐艦「シカリ」からの無線操縦となった。当初は8インチ(20.3cm)砲までの射撃訓練用だったが、1930年代には航空機の爆撃の試験にも使用できるように改修されている。

イラストは戦艦としての装備を失った「センチュリオン」が、「シカリ」に操縦されて標的艦としての任務に勤しんでいるシーン。かつては誇り高い戦艦＝騎士だったものの、身ぐるみはがされた上に仲間たちの的にされて屈辱……かと思いきや、まんざらでもないご様子。標的艦の次にはダミーシップと、攻撃や注目を受ける役目ばかり与えられた同艦は、撃たれたがりで見られたがりのちょっと特殊な性癖の持ち主なのかもしれない……。

## 戦艦「センチュリオン」(イギリス)

(24、72～73ページ参照)

# 新型戦艦のそっくりさん!?

きゃ〜っ
アンソン爆撃されちゃってる〜
ア!ン!ソ!ン!が爆撃されてますよ〜!

### 兵装

第二次大戦中、実際に搭載された武装は対空兵装の2ポンド(40mm)機関砲(いわゆるポンポン砲)と20mmエリコン機関砲のみ。当然だが14インチ砲はハリボテなので使用できない。なお、旧弾薬庫などのスペースには燃料や補給物資を搭載できるように改修されていたという。

### ダミー砲塔

戦艦「アンソン」に見えるように、艦前方に4連装と2連装、後方に4連装のダミー砲塔を設置した。艦後部の格納庫や後部煙突などもダミーである。6インチ(15.2cm)副砲は上部構造やダミー格納庫に描かれた「絵」だった。ちなみに「センチュリオン」はインド洋を航行中、荒天により主砲塔「A」が流されてしまうトラブルにも見舞われている。

「センチュリオン」は第二次大戦開戦後、艦上に偽の主砲塔を載せるなどして艦容を二代目のキング・ジョージV世級戦艦「アンソン」に似せたダミーシップとなった。これは枢軸軍の情報撹乱を狙ったもので、イタリア軍にはすぐバレたものの、ドイツ軍はしばらく偽物だと気づかなかったとも言われる。

　こうして輸送任務などに従事していた「センチュリオン」は1942年6月、地中海で枢軸軍機の攻撃を受け、命中はなかったものの至近弾1発が生じている。イラストは空襲を受ける「センチュリオン」だが、ダミーシップらしく必死の「アンソン」アピールも忘れていないぞ。

# 戦艦「ミナス・ジェライス」(ブラジル)

(24、74～75ページ参照)

## コパカバーナ砦の反乱を鎮圧

同胞を撃つのは
ちょうと気が引けるかなって…
ミナっち、
撃たないの～?

### 主砲

エルスウィック・オードナンス社製の45口径12インチ(30.5cm)連装砲を6基12門搭載。戦艦「三笠」の主砲と同じ砲だ。45口径12インチ砲はイギリス製弩級戦艦の標準装備と言えるが、厳密にはドレッドノートの砲はヴィッカーズ製だった。タイプシップの「ドレッドノート」より2門多く、竣工当時は専門家たちにも世界最強の戦艦と称された。前部2基と後部2基は背負い式になり、中央左右の2基は梯形配置になっていた。

### 第一次大戦への参加は…

第一次大戦中、ブラジルはイギリス艦隊へのミナスジェライス級2隻の参加を申し出たが、艦の状態が悪く射撃管制装置も旧式なため戦力にならない(足手まといになる)とイギリス海軍から断られている。そのため1920年～21年の改装では、スペリー製の火器管制装置とボシュロム製の測距儀が第2・第5砲塔に設置され、射撃精度が向上した。

### 機関

竣工時、機関は当時最新の蒸気タービンは採用せず、昔ながらの高圧・中圧・低圧シリンダーを備えた3段膨張式四気筒レシプロ蒸気機関2基2軸推進を採用した。機関出力は23,500馬力で、当時としては高速の22ノットを発揮している。

### 副砲

竣工時は50口径12cm(4.7インチ)速射砲を舷側にケースメート式に22門装備したが、1920年～21年の改装で12門に減らした。

1922年、リオデジャネイロのコパカバーナの砦で起きた陸軍将校の反乱に際し、鎮圧に出撃した「ミナス・ジェライス」(手前)と「サン・パウロ」。この任務では、「サン・パウロ」は砦を砲撃したのに対し、「ミナス・ジェライス」は砲撃しなかったという。「ミナス・ジェライス」は褐色碧眼の陽気なブラジル戦艦娘だが、1924年に反乱兵に乗っ取られ、「ミナス・ジェライス」に発砲した奔放な「サン・パウロ」に比べるとやや真面目な性格だ。1910年、竣工直後の「ミナス・ジェライス」でも水兵たちがラッシュの反乱(チバタの反乱)を起こしており、1910～20年代のブラジル海軍の風紀はかなり悪かったようだ。

# リオでカーニバル…ではなく大改装！

「ミナス・ジェライス」は1931年から38年にかけて（1931年〜35年、1934年〜37年という説もある）、リオデジャネイロの海軍工廠でオーバーホールを兼ねた大改装を受けて面目を一新し、性能も向上した（姉妹艦の「サン・パウロ」は状態が悪く、大改装は見送られた）。イラストは、大改装後にリオのカーニバルに参加し、サンバのリズムで軽快に踊る「ミナス・ジェライス」。

大改装したら
体が軽くなったよ〜!
せっかくだから踊っちゃえ!

### 薄い~~服~~装甲

2万トン級の船体で重武装と高速力（当時としては）を追求したため、舷側と砲塔前盾は229mm、甲板装甲は51mmと装甲を薄くせざるを得なかった。サンバカーニバルの衣装みたいな薄着なのだ!

### 宝石

艦名は「万人の鉱山」という意味のミナス・ジェライス州から取られており、同州の鉱山では宝石も大量に採れたため、「ミナス・ジェライス」さんも大きな宝石のアクセサリーを身に着けている。

### 機関

1930年代の大改装では、ボイラーが石炭・重油混焼缶18基から、重油専焼缶6基に換装されて効率が飛躍的に改善、機関出力は30,000馬力に向上した。また石炭庫が重油タンクに改造されている。

# ユトランド沖海戦

いよいよ14インチ砲の威力をお見せする時が来たようですね…

**主砲**

設計のベースになったアイアン・デューク級が13.5インチ(34.3cm)砲を搭載したのに対し、本艦はより大口径の14インチ(35.6cm)砲を搭載した。第二次大戦期にキング・ジョージV世級が登場するまで、イギリス戦艦で14インチ砲を搭載した例は本艦だけである。

**副砲**

副砲は当初の計画では12cm砲20門だったが、チリ側の要求で15.2cm砲16門に改められた。これにより排水量は計画より約600トン増加し、速力も0.25ノットの低下をみている。1917～1918年には、3番主砲塔発砲時の爆風で使用不能になる一部の後部副砲が撤去された。

1916年5月31日～6月1日のユトランド沖海戦に参加、ドイツ艦隊に向け主砲を斉射するイギリス戦艦「カナダ」。同海戦で「カナダ」は35.6cm主砲を7斉射42発、15.2cm副砲を109発射撃したが、命中弾はなかった。

常備排水量28,600トンの「カナダ」は当時、イギリス海軍最大の戦艦であり、「グランド・フリートで最も強力かつ見映えのする戦艦」と称された。イラストの「カナダ」も均整のとれたスタイルの麗人だが、装甲厚は同時期のイギリス戦艦より薄めなので、バストサイズは普乳よりかもしれない。ユトランド沖海戦を除けば、生涯を通じてほとんど戦闘に参加することもなかったので、全体的に穏やかで優しい雰囲気のお姉さんだ。

## 戦艦「カナダ」(イギリス)／「アルミランテ・ラトーレ」(チリ)

(24、76～77ページ参照)

## 艦隊の反乱

第一次大戦後の1920年4月、「カナダ」はイギリスからチリに買い戻された。艦名も当初の「アルミランテ・ラトーレ」に戻り、1929~31年にかけて近代化改修も施されている。

1931年8月31日、世界恐慌のあおりを受けた給与削減に反発した「アルミランテ・ラトーレ」の水兵が蜂起、士官を拘束して政府に賃金カットの撤回などを求める、「艦隊の反乱」と呼ばれる事件が勃発した。この動きは他の艦や部隊にも波及して大規模な反乱となるが、最終的には反乱軍が降伏して鎮圧されている。

イラストは反乱勃発直後、士官と一緒に水兵たちに縛り上げられてしまった「アルミランテ・ラトーレ」さん。

### 防御

舷側装甲厚（最大）はアイアン・デューク級の305mmに対して本艦は229mmと、砲力と速力を強化した分防御は軽度になっていた。チリ返還後の改装では水中防御改善のため、バルジの追加も実施されている。

### 機関

竣工時の主機はブラウン・カーチス式（高圧）とパーソンズ式の直結タービン2組で4軸推進、主缶も混焼缶21基だった。1929～31年の近代化改装で主機はパーソンズ式のギヤード・タービン4基となり、主缶も重油専焼化されている。この改装では他にも、対空兵装の7.6cm単装高角砲2基から10.2cm単装高角砲4基への強化、射撃指揮機材の改善なども実施された。

フフフ…
これなら新しい砲を作らずとも威力を高められるであろう？

## 近代化改装

古代ローマの英雄ユリウス・カエサルにちなむ艦名だけに、戦艦「ジュリオ・チェーザレ」さんも豪胆で尊大だが、人当りが良く人望も篤い姐御肌の女の子。カエサルが莫大な借金を背負っていたことは割と有名だが、「チェーザレ」さんも国家の財政難には勝てず、近代化改装の費用を節約するため自ら主砲の砲身をヤスリで削って口径を大きくしている。ただ、コンテ・ディ・カブール級は艦全体の約6割に及ぶ改装が施された結果、工期も経費も戦艦を新造するのと同じくらいかかってしまったという。

### 主砲身

大改装で30.5㎝砲から32㎝砲となったが、主砲の砲身が薄くなったため砲身命数は低下、口径長も46口径から43.8口径と短くなって散布界が広くなるといったデメリットもあった。これと同時に最大迎角も増大（20度から27度）されて射程は延長している。

### 艦橋

前部の上部構造物は、四脚式の背の高い前檣と開放式艦橋の組み合わせから、円筒型のすっきりとした密閉式艦橋構造物に一新された。

### 艦底色

イタリアの戦艦は艦底色が緑だったという説もある。

**戦艦「ジュリオ・チェーザレ」（イタリア）**

（25、78～79ページ参照）

## プンタ・スティロ沖海戦

くッ!! この私が敵に
背を向けることになるとはッ!!

1940年7月9日、伊艦隊は北アフリカへの輸送作戦の帰途、戦艦3隻を擁する英艦隊と遭遇し、カラブリア沖海戦（伊側呼称：プンタ・スティロ沖海戦）が生起した。この海戦で「ジュリオ・チェーザレ」は英戦艦「ウォースパイト」の38.1㎝砲弾が艦後部に命中（イラストのシーン）。この被弾で「チェーザレ」は下甲板に火災が発生して、主缶の半数を停止せざるを得なくなり、速力が18ノットに低下した。しかし「ウォースパイト」が後続の戦艦を待って一旦砲撃を中止したため、「チェーザレ」は応急修理して戦場を離脱することに成功している。

ダカール沖海戦
手負いの未完成艦だからって
みくびられては困りますわ～
主砲
前級のダンケルク級から採用された四連装砲塔を踏襲している。口径は38㎝、砲身長は45口径で、装甲厚は前面430㎜、天蓋170㎜、バーベット（砲塔基部）は405㎜。
MACK
後檣と煙突を一体化したMACK（マック）は本級の外見上の特徴。煙突は排煙を後ろに流すためと対爆弾防御のため、途中から45度後方に傾いている。戦艦でこの構造を採用したのは本級だけだ。

1941年9月24日のダカール沖海戦で、英戦艦「バーラム」と交戦する「リシュリュー」。

政敵を容赦なく弾圧した枢機卿（カトリック教会で教皇を補佐する高位聖職者）リシュリューが艦名の元ネタなので、清楚そうに見えて実はドSな腹黒シスターとなっている。重要区画をギュギュっと凝縮した集中防御おっぱいも、列強新戦艦の中ではかなりの重厚感だ。英空母機の空襲で艦尾を損傷（お尻のキズ）していたが、この海戦では主砲の爆発事故を起こしながらも「バーラム」に主砲弾を命中させて撃退する活躍も見せた。

## 戦艦「リシュリュー」（フランス）

（25、80～81ページ参照）

せ、せめて優しくして下さいね……
ボフォース40㎜
四連装機関砲
281B
対空レーダー
①

## アメリカで改装工事

「リシュリュー」は連合軍に参加後、アメリカへ回航されニューヨーク海軍工廠で残工事と修理、改装が施された。この際に、前檣頂部の三層式射撃指揮装置の最上段を撤去、航空兵装の撤去、対空機銃を米式の40㎜機関砲や20㎜機関銃に換装、米英の各種レーダーの追加などが実施されている。

イラストは、一度は敵対した連合軍の手で一人前の戦艦にしてもらうにあたり、恥ずかしさや屈辱感や感謝の気持ちで複雑な表情を浮かべる「リシュリュー」さん。

### ①主砲

主砲は砲身の内径を1㎜削って、英国製15インチ（38.1㎝）砲弾を撃てるようにした。

# ゲーベン追跡戦

イギリス海軍が間抜けで助かりました
ま、待てーーーッ!!!
あっかんベー!
ブレスラウ

1914年8月10日夕刻、ダーダネルス海峡に到着した「ゲーベン」と軽巡「ブレスラウ」(左)。奥の方では、ドイツ艦隊の意図を読み違えたり情報伝達の齟齬などミスを重ねて「ゲーベン」を取り逃がしてしまった、英海軍の巡洋戦艦3隻(左から「インディファティガブル」「インフレキシブル」「インドミタブル」)が地団駄を踏んでいる。

**機関/速力**

開戦時はボイラーの修理中だったため速力が低下していたが、本来の最大速力は25.5ノット。前級より船体中央部の幅を広げ、艦首尾を細く絞った結果、舵はタンデム配置になって利きが悪かったとされる。また艦首乾舷が低いため、凌波性も低かった。

## 巡洋戦艦「ゲーベン」(ドイツ)/「ヤウズ」(オスマン帝国)

戦艦より大型で高速、同時期のイギリス戦艦並の防御力を誇る「ゲーベン」さんはスラッとした長身ながら豊満バストの持ち主。後にトルコ海軍で「ヤウズ(冷酷な人)」の名が与えられたことから、クールビューティーな印象を受ける。メガネは元ネタのゲーベン将軍にちなむ?

(25、82〜83ページ参照)

## イムロズ島沖海戦

1918年1月20日、ダーダネルス海峡を出撃した「ヤウズ」「ミディッリ」は、エーゲ海のイムロズ島付近で14インチ砲2門搭載の英モニター艦「ラグラン」と9.2インチ砲1門搭載の「M28」を撃沈した。しかし帰投中に「ミディッリ」が触雷、沈没。救助に向かった「ヤウズ」も次々に触雷してしまう。傷つきつつも何とかダーダネルス海峡に入った「ヤウズ」だったが、海峡内で座礁。1月26日に装甲艦「トゥルグート・レイス」(元ドイツ前弩級戦艦「ヴァイセンブルク」)の手を借りて離礁するまで、英海軍航空隊の執拗な爆撃を受けた。

イラストは触雷、座礁した「ヤウズ」。オスマン海軍への編入にともない、衣装もトルコ風になっているが、度重なる触雷でだいぶ損傷してしまっている。

### 主砲

モルトケ級の主砲は50口径28.3cm連装砲5基10門で、前級の「フォン・デア・タン」の後部主砲を背負い式にして1基追加した形となっている。2番・3番主砲塔は位置を前後にズラした、いわゆる梯形配置で、射界は限定されるが反対舷への射撃も可能。

### 防御

ドイツ巡洋戦艦の特徴として、同時期のイギリス戦艦に匹敵する装甲厚を誇る。さらにモルトケ級では、魚雷防御縦壁を石炭庫と缶室の間に移設して50mmに増厚するなど、水中防御も前級より強化されていた。

## 巡洋戦艦「ザイドリッツ」(ドイツ)

(25、84～85ページ参照)

くっ、不覚……
後部弾薬庫に注水！
この程度でやられるわけにはいかん！

### 主砲

50口径28cm連装砲を5基10門搭載する。1番、4番、5番主砲塔は中心線上、2番と3番主砲塔は位置を前後にずらした梯形配置となっている。

### 装甲

ドイツの巡洋戦艦(大型巡洋艦)は英海軍よりも防御力を重視しているのが特徴だった。「ザイドリッツ」も舷側最大300mm、主砲塔前盾250mmなど前級を上回る装甲厚で、排水量に対する装甲重量の比率は英インヴィンシブル級の約20%に対して、「ザイドリッツ」は32.7%にも上る。巡洋戦艦ばなれした胸囲の防御力なのだ。

### 船体

前級モルトケ級が凌波性に問題を抱えていたことから、「ザイドリッツ」では艦首部の甲板を1層分増して乾舷を高めている。また、速力向上のために船体をモルトケ級より14mも延長、それでいて船体幅が約1m狭くなっている。かなりの長身ながら腰はキュッとくびれた、魅惑のボディラインの持ち主と言えよう。

## ドッガー・バンク海戦

1915年1月24日のドッガー・バンク海戦で、4番・5番砲塔が炎上しながらも、退避を試みる巡洋戦艦「ザイドリッツ」。艦名の由来となったプロイセン王国騎兵大将ザイドリッツにちなみ、三角帽を被っている。実戦で見せたタフさから、強靭な精神力と幸運を併せ持った武骨で軍人肌なお姉さんだ。

フランツ・フォン・ヒッパー少将の旗艦として同海戦に参加した「ザイドリッツ」は、敵旗艦「ライオン」の13.5インチ(34.3cm)砲弾を5番砲塔基部に被弾。装薬に引火した火は、通路の扉が開いていたため4番砲塔にも延焼した。しかし、副長が迅速に弾薬庫への注水を命じたことと、独海軍の装薬は燃焼速度が遅かったこともあって鎮火に成功し、被害の拡大を防いだ「ザイドリッツ」は自力で帰還した。

一方の「ライオン」も独巡洋戦艦「デアフリンガー」の12インチ(30.5cm)砲弾が命中し、こちらは被害局限に失敗して大浸水を生じ、機関が停止したため僚艦に曳航される事態となった。

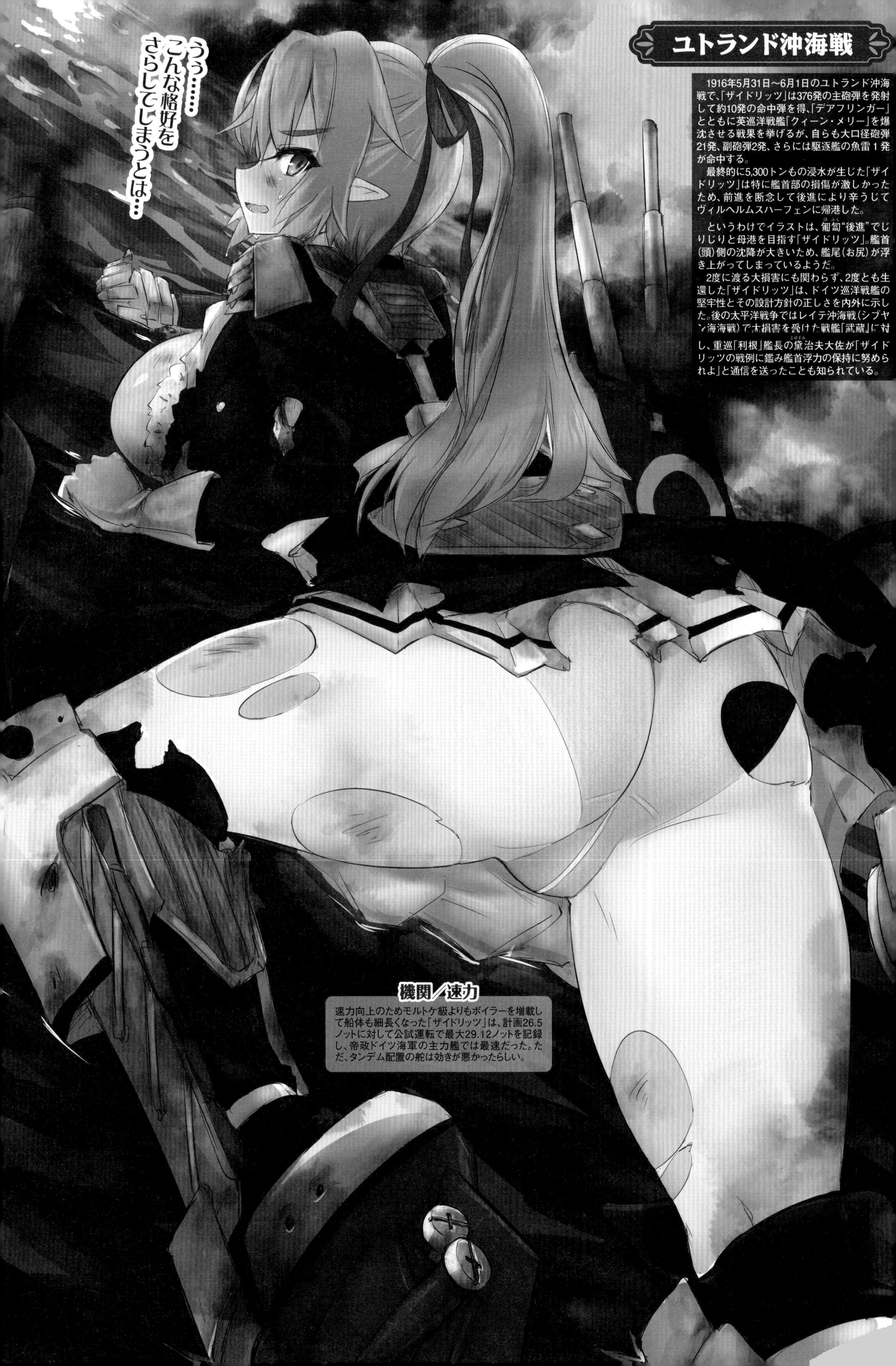


## ユトランド沖海戦

1916年5月31日～6月1日のユトランド沖海戦で、「ザイドリッツ」は376発の主砲弾を発射して約10発の命中弾を得、「デアフリンガー」とともに英巡洋戦艦「クィーン・メリー」を爆沈させる戦果を挙げるが、自らも大口径砲弾21発、副砲弾2発、さらには駆逐艦の魚雷１発が命中する。

最終的に5,300トンもの浸水が生じた「ザイドリッツ」は特に艦首部の損傷が激しかったため、前進を断念して後進により辛うじてヴィルヘルムスハーフェンに帰港した。

というわけでイラストは、匍匐《ほふく》“後進”でじりじりと母港を目指す「ザイドリッツ」。艦首(頭)側の沈降が大きいため、艦尾(お尻)が浮き上がってしまっているようだ。

2度に渡る大損害にも関わらず、2度とも生還した「ザイドリッツ」は、ドイツ巡洋戦艦の堅牢性とその設計方針の正しさを内外に示した。後の太平洋戦争ではレイテ沖海戦(シブヤン海海戦)で大損害を受けた戦艦「武蔵」に対し、重巡「利根」艦長の黛《まゆずみ》治夫大佐が「ザイドリッツの戦例に鑑み艦首浮力の保持に努められよ」と通信を送ったことも知られている。

### 機関／速力

速力向上のためモルトケ級よりもボイラーを増載して船体も細長くなった「ザイドリッツ」は、計画26.5ノットに対して公試運転で最大29.12ノットを記録し、帝政ドイツ海軍の主力艦では最速だった。ただ、タンデム配置の舵は効きが悪かったらしい。

通商破壊戦
商船の乗員には
手荒な真似は控えるように！
28cm三連装砲
艦の紋章
Ar196水偵
艦載機の Ar196 水上偵察機も胴体の国籍標識を塗りつぶし、主翼下面にはフランス軍機のラウンデルを記入していた。
偽の煙突
偽の砲塔

「アドミラル・グラーフ・シュペー」は、艦長ラングスドルフ大佐の国際法を遵守する姿勢もあって、通商破壊戦では敵に一人の死者も出さなかった。捕虜の扱いもとても丁重かつ紳士的で、その騎士道精神は敵からも称賛された。そういうわけでシュペーさんも女騎士キャラとなっている。

一方で商船に怪しまれないよう様々な偽装も行われており、フランスの国旗を掲げて商船に近づき、襲撃時にはドイツ軍艦旗を掲げる戦法を多用した。また1939年11月には英巡洋戦艦「レパルス」に偽装するため、木材やキャンバスで偽の砲塔や煙突が作られている。

## 装甲艦「アドミラル・グラーフ・シュペー」（ドイツ）

（25、86～87ページ参照）

# ラプラタ沖海戦

ラプラタ沖海戦で痛み分けとなった「アドミラル・グラーフ・シュペー」と英海軍の重巡「エクセター」(奥)。「シュペー」は 20cm 砲弾 3 発と 15cm 砲弾 17 発を蜂の巣のように被弾し中破した。「ポケット戦艦」とはいえ装甲は重巡並みで、本物の戦艦とは比べ物にならないため、20cm 砲弾や 15cm 砲弾という中口径弾でも服が破れ肌が露わになっている。一方、「エクセター」は大口径の 28cm 砲弾 7 発を喰らい大破していた。英海軍の軽巡「エイジャックス」と「アキリーズ（アキレスの意）」がいなければ、「シュペー」は「エクセター」を撃沈していた可能性が高い。

くっ…敵が巡洋艦3隻では分が悪かったか…？
さすがは戦艦並みの28cm砲ね…！

戦艦「キルキス」

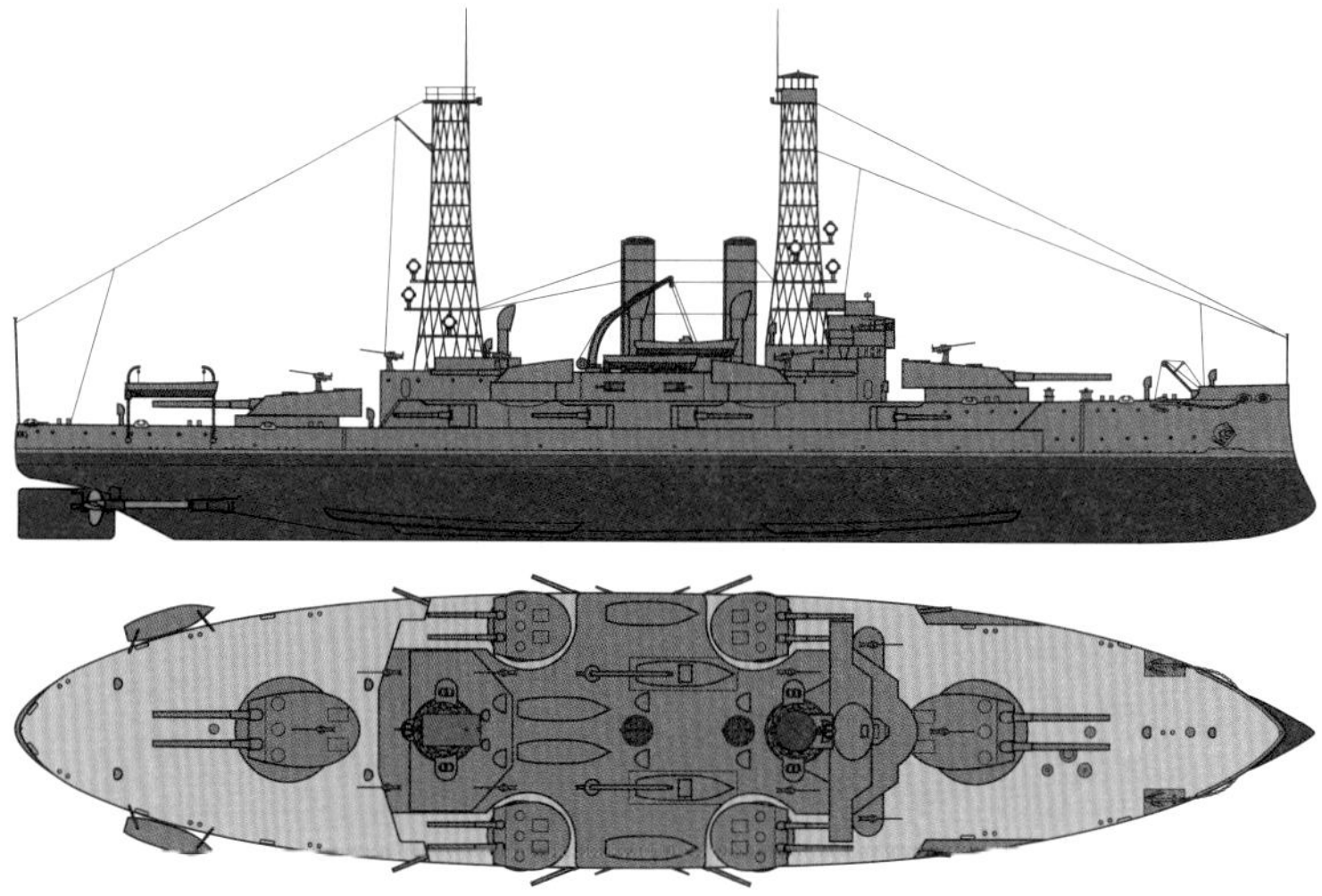

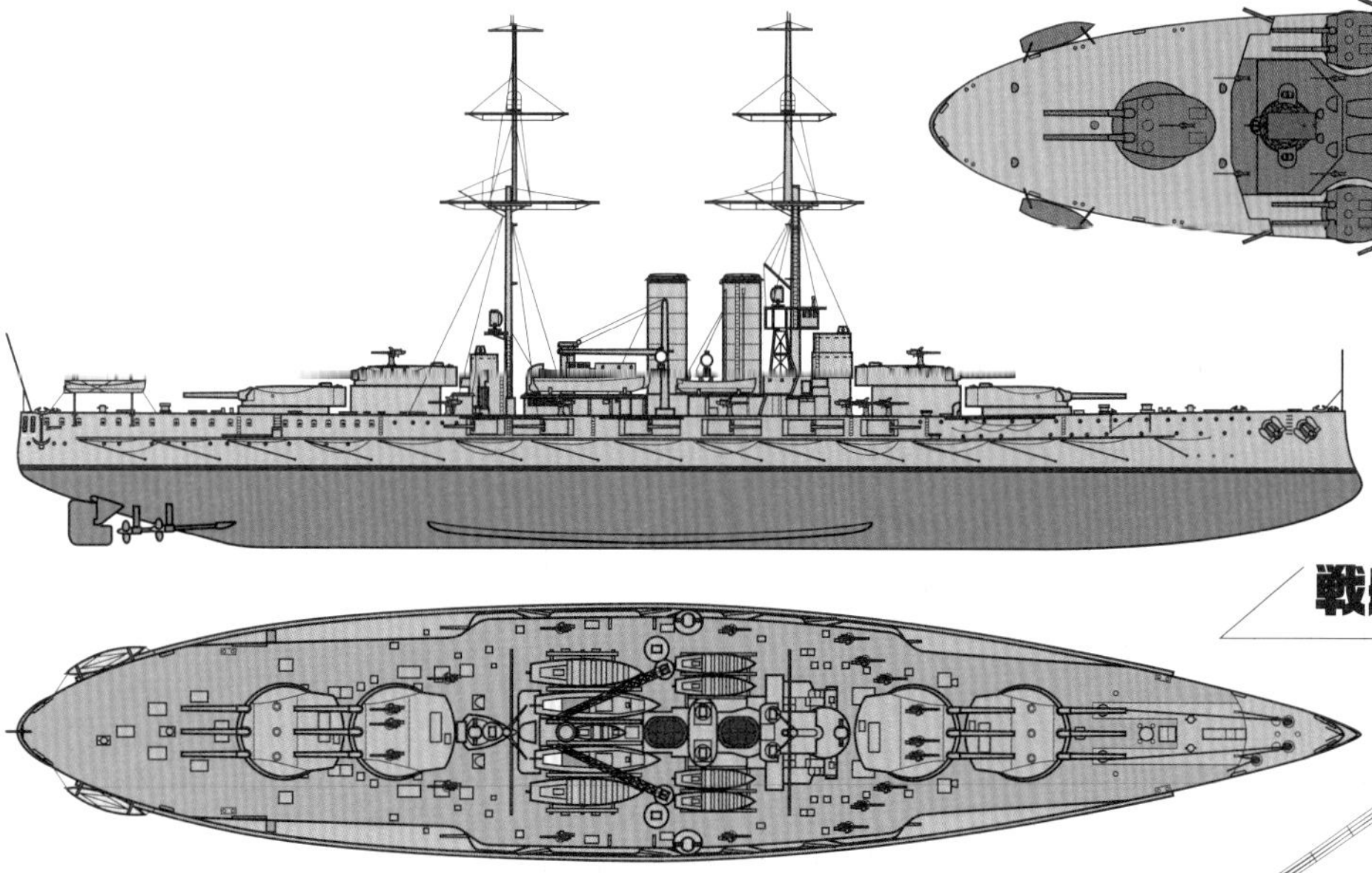

戦艦「フィリブス・ウニティス」

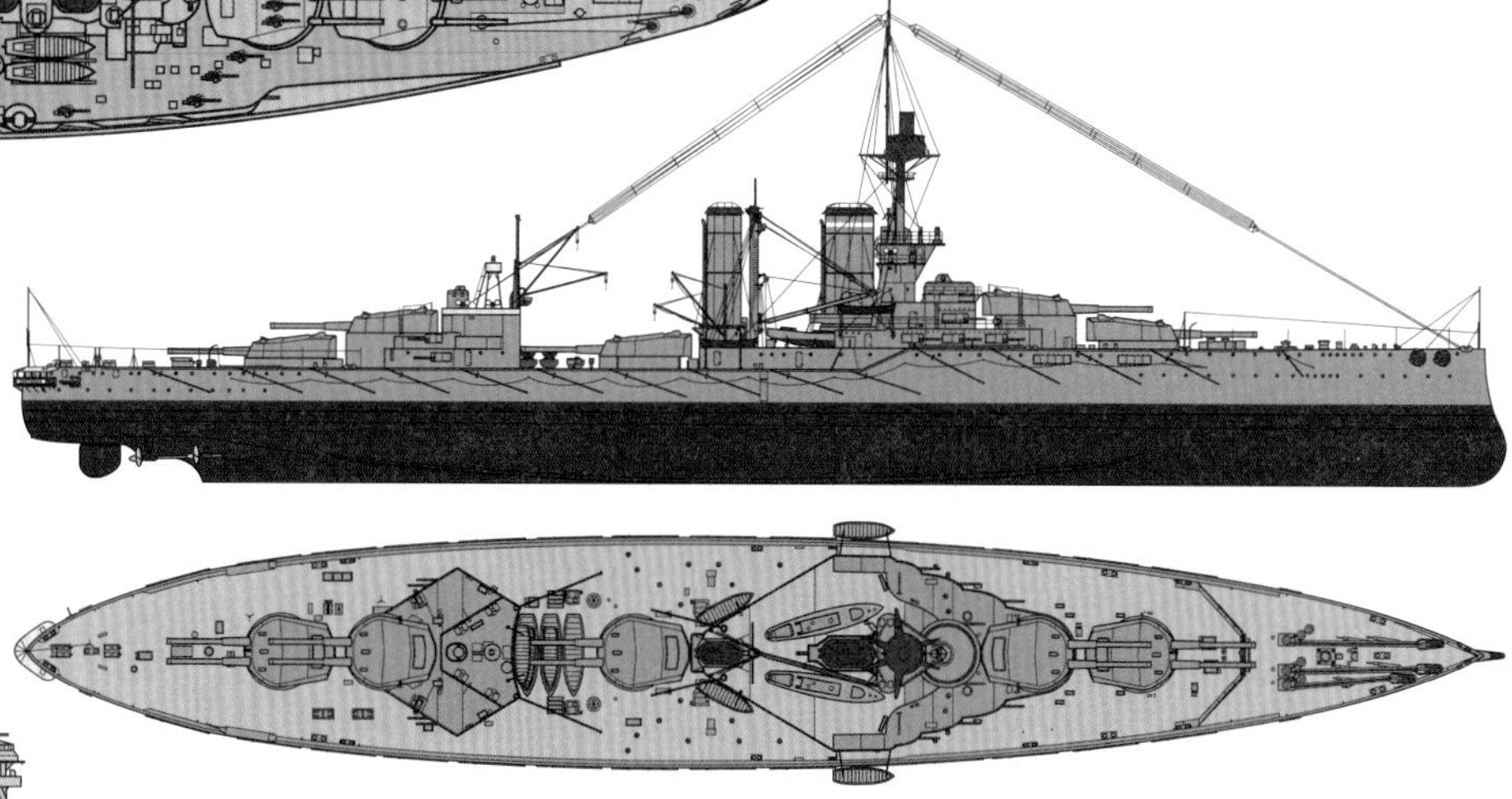

戦艦「センチュリオン」

（1912～1913年時）

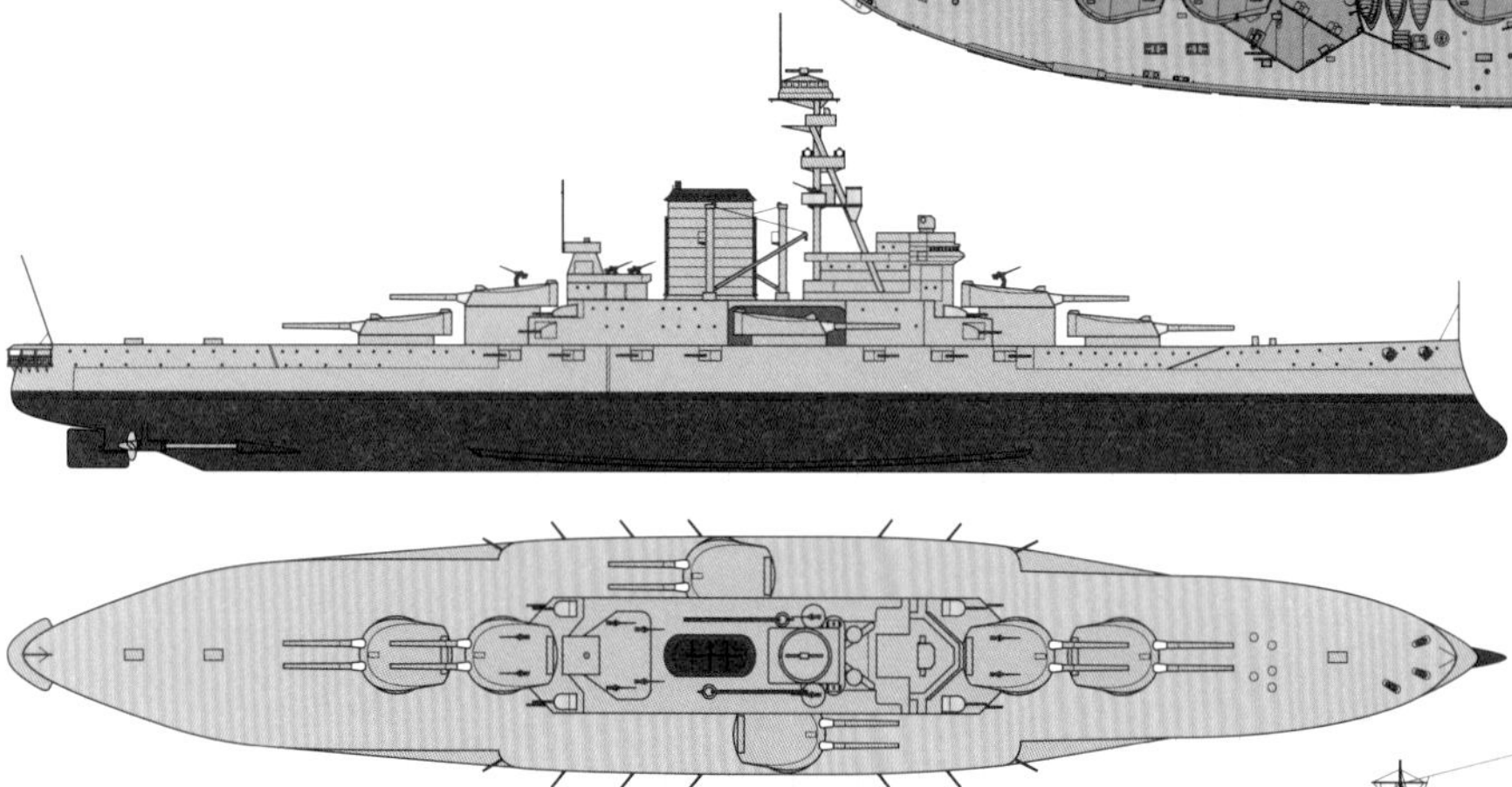

戦艦「ミナス・ジェライス」

（1938年時）

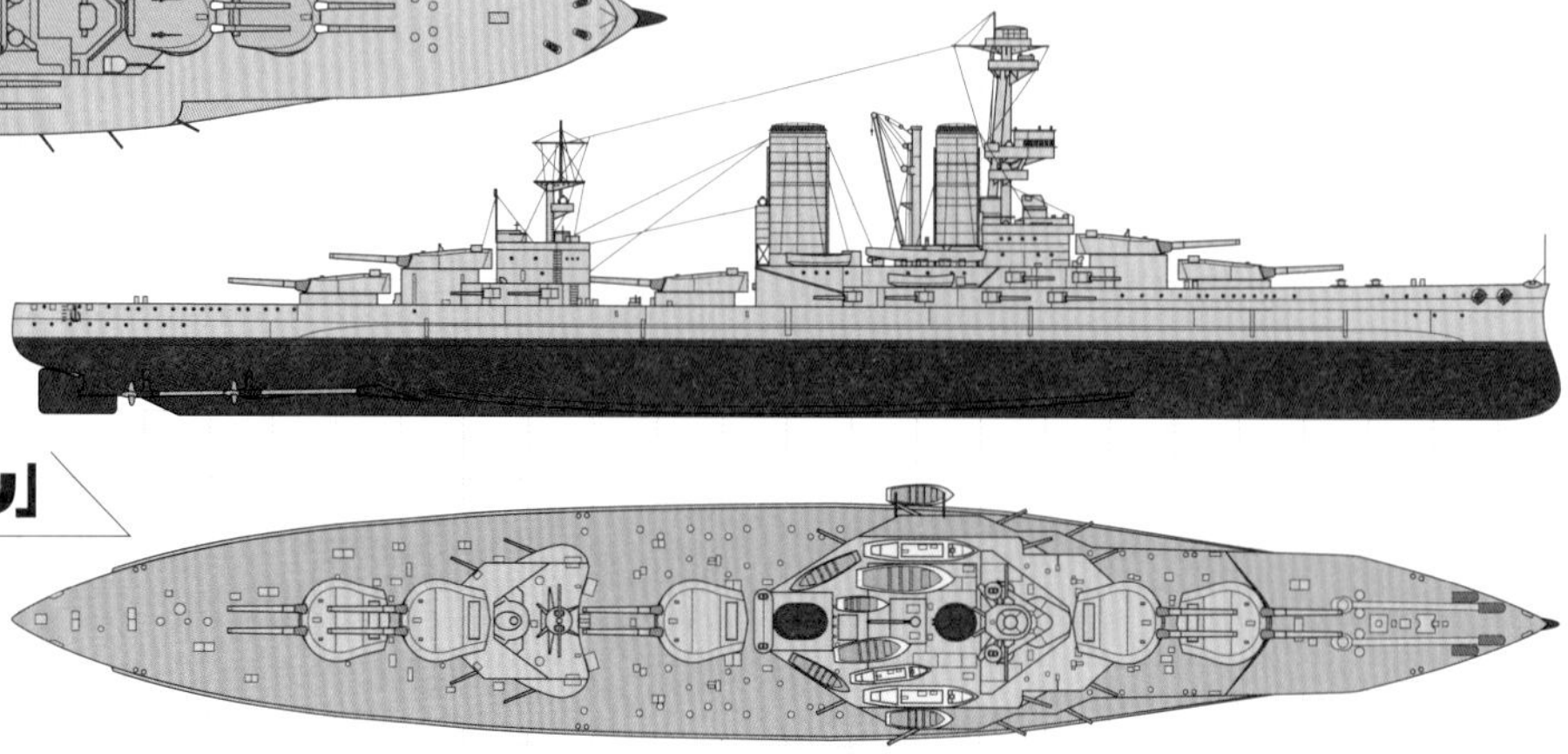

戦艦「アルミランテ・ラトーレ」

（1934年時）

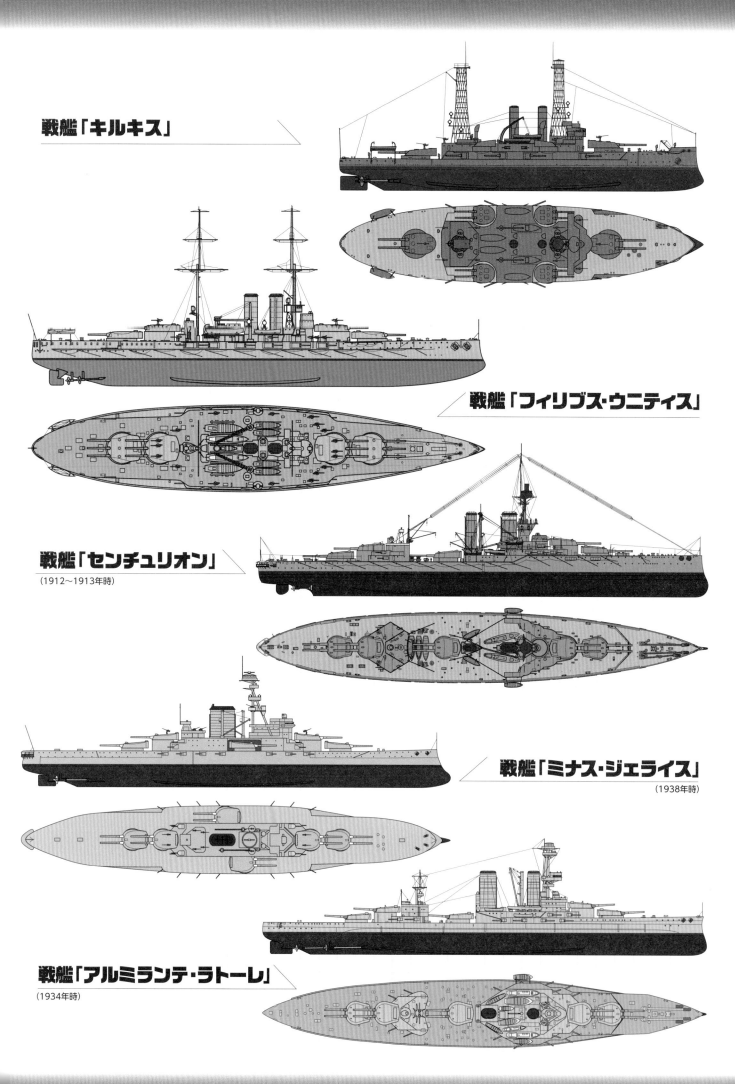

## 戦艦「ジュリオ・チェーザレ」

（1941年時）

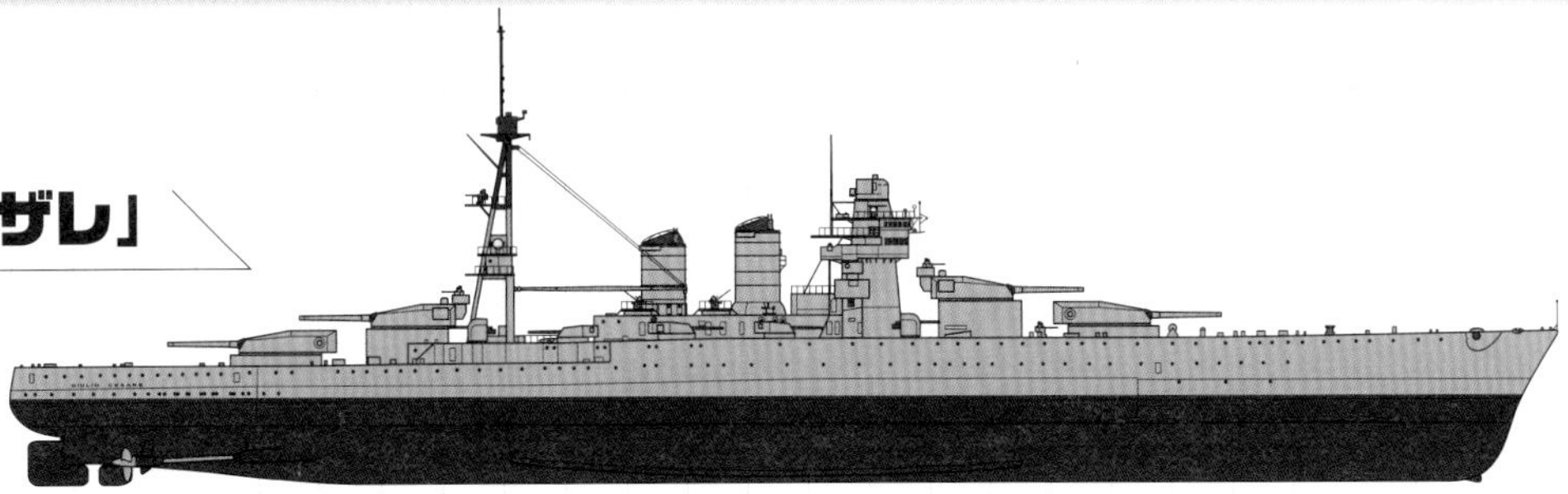

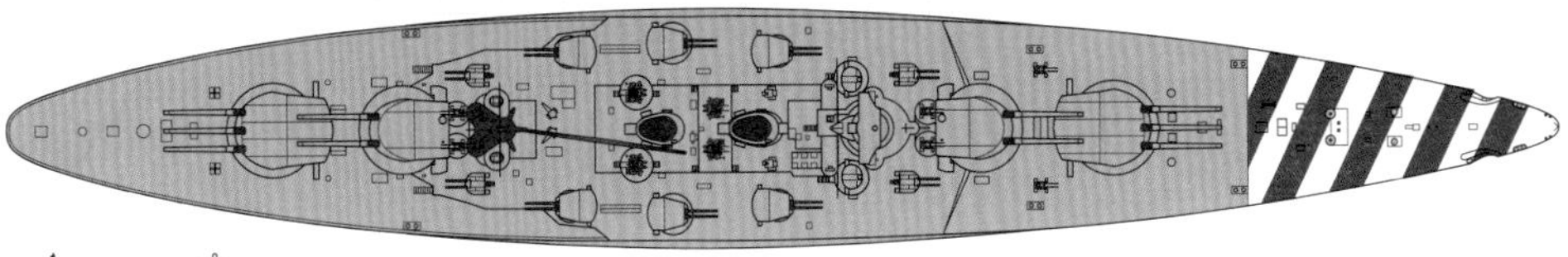

## 戦艦「リシュリュー」

（1943年時）

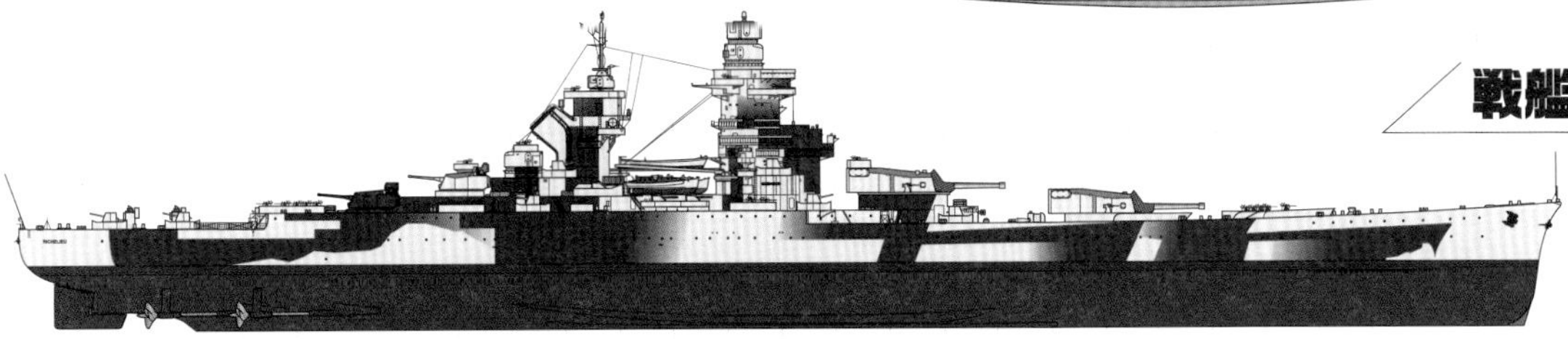

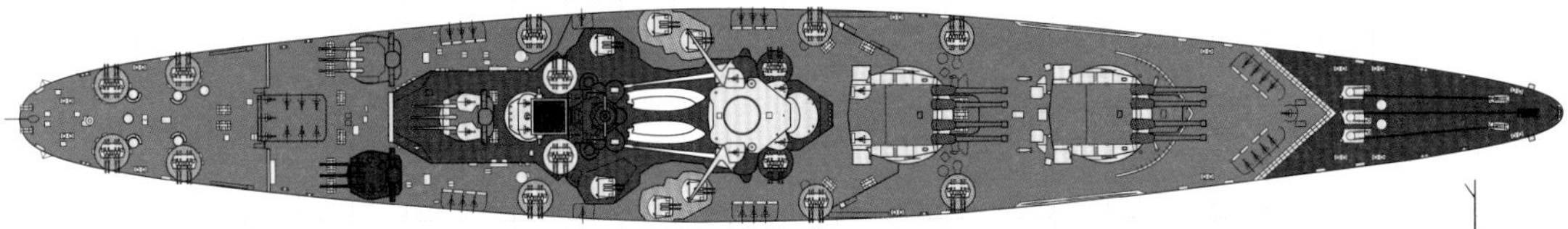

## 巡洋戦艦「ヤウズ」

（1945年時）

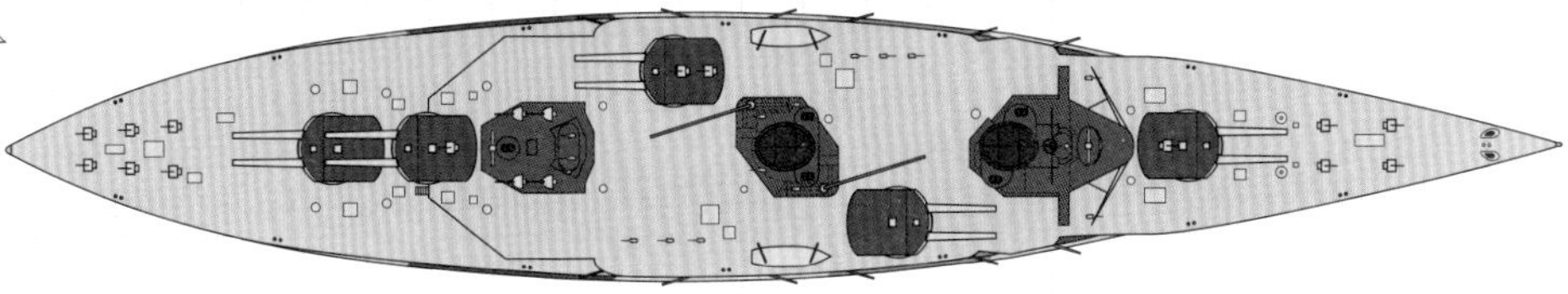

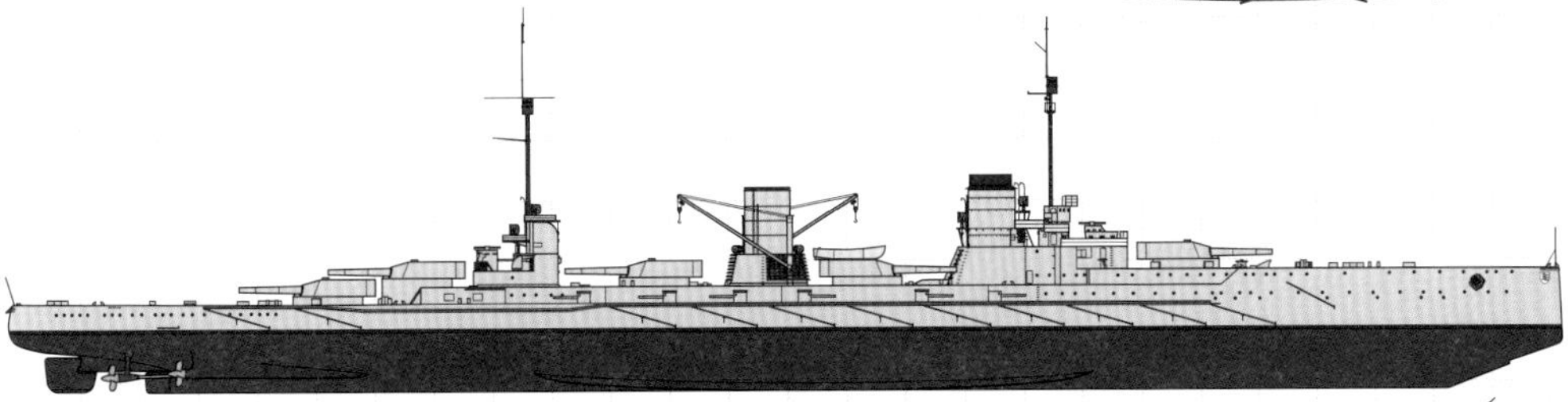

## 巡洋戦艦「ザイドリッツ」

（1913年時）

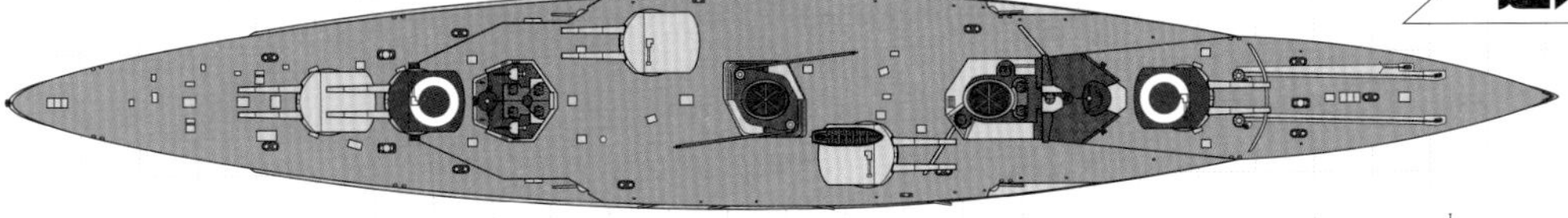

## 装甲艦「アドミラル・グラーフ・シュペー」

（1939年時）

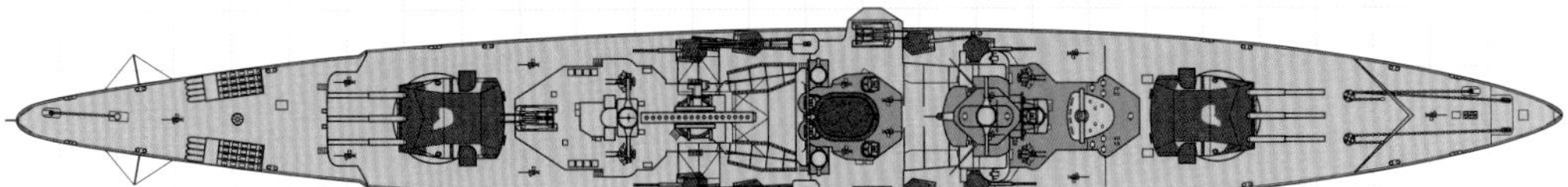

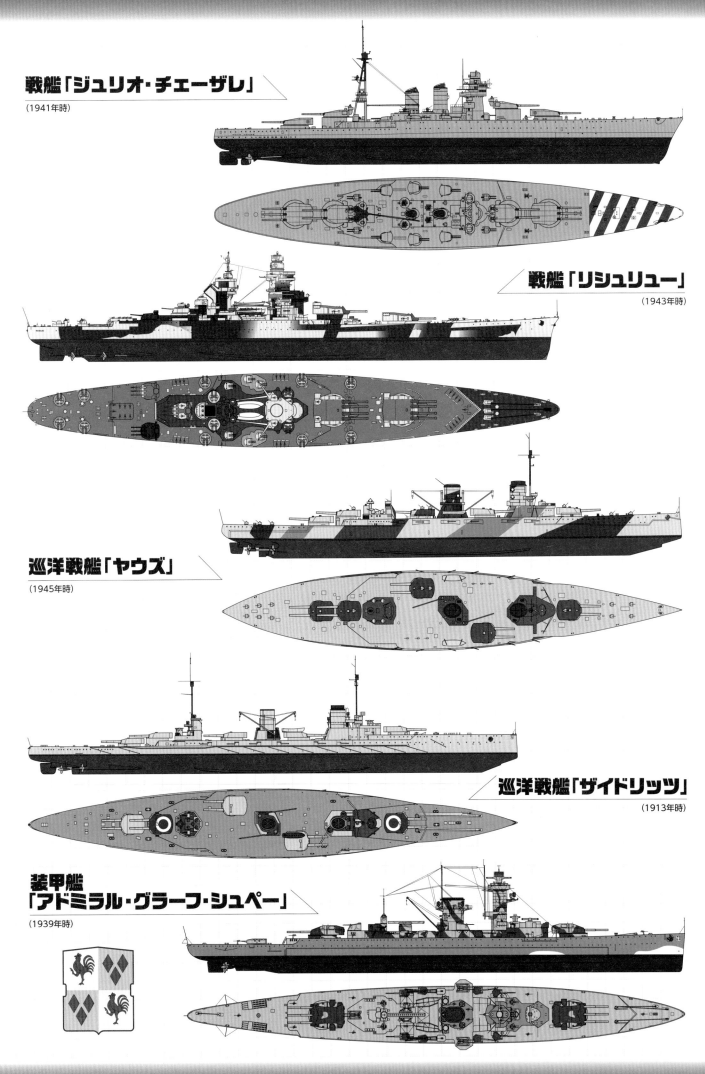

(50、88～89ページ参照)

## ハンプトン・ローズ海戦

1862年3月9日、互いの奇天烈な艦容に驚きつつ、ハンプトン・ローズで史上初の甲鉄艦同士による海戦に臨む「モニター」(右)と「ヴァージニア」。「モニター」は不正を見逃さない正義感あふれる重装女騎士、対する「ヴァージニア」は「メリマック」時代の破壊の傷痕が痛々しいが、装甲艦への改造で機動性が低下したおっとりお姉さんという出で立ちだ。

「モニター」は敵砲火にさらされる面積を局限するために、意図的に小さく小さく設計されており、排水量は「ヴァージニア(約4,000トン)」の約1/4にすぎない。ライバルと比べると大人と子供のような体格差だ。「ヴァージニア」砲郭のたわわな傾斜装甲に対して、「モニター」は垂直に切り立った断崖絶壁のごとき胸囲の格差社会に見えるが、実際は最大装甲厚では「モニター」の方が上回っていた。ただ「ヴァージニア」の傾斜装甲も、海戦で「モニター」の砲弾を逸らして弾く効果を発揮している。

### 砲塔

世界的に見てもいち早く採用された全周旋回式砲塔で、11インチ(28cm)ダールグレン砲を2門収める。砲門数では「ヴァージニア」に劣るが、舷側砲は射界が狭い上に当時の軍艦は機動性も低く、旋回にかなり時間がかかった。そのため艦の向きに関係なく火力を発揮できる旋回砲塔は画期的だったのだ。

砲塔は円筒形につなげた1インチ(25.4mm)厚の鉄板8層で構成され、装甲厚は合計8インチ(20cm)。鉄板の継ぎ目を各層互い違いに配置することで防御効果を高めている。

## 外洋航海はキケン！

ハンプトン・ローズ海戦の後、「モニター」も「ヴァージニア」も度々同海域に出撃したが、結局2隻は再び砲火を交えることのないまま、1862年5月11日に「ヴァージニア」が自爆する。

「モニター」も1862年12月31日、サウスカロライナ州チャールストンへの回航途中で嵐に遭遇し、艦内のいたるところで浸水が発生。乗員による懸命な復旧作業にもかかわらず、16名の乗組員と共にハッテラス岬南方沖に沈んでしまった。

乾舷がほとんどなく、重い砲塔を載せた「モニター」はもともと耐航性が低く、荒天の外洋航行に耐えられるような設計ではなかったと言えるだろう。

イラストの「モニター」も重い鎧が足かせとなって、激しい波に翻弄されてしまっている。

### モニター艦

「モニター」のように乾舷の低い小さな船体に大口径の火砲を搭載した軍艦は、本艦にちなんで「モニター艦」と呼ばれるようになった。航洋性の悪さも「モニター」と同様で、徐々に衰退していったものの、モニター艦は第二次大戦でも実戦に投入されている。

### 機関

「モニター」の機関部は2基の煙管缶と、振動レバー式単動レシプロ主機で構成され、1基のスクリュープロペラを回転させる。このレシプロ主機もジョン・エリクソンが考案したものだった。

## 装甲艦「鎮遠」(清)/(日本)

(50、90～91ページ参照)

### 黄海海戦

1894年9月17日、遼東半島沖の黄海で日本海軍連合艦隊と清国海軍北洋水師が遭遇し「黄海海戦」が発生した。

日本側にも混乱や指揮統制のミスはあったものの、機動力の優位を活かした連合艦隊が砲力・防御力に優る北洋水師を翻弄。また日本側の速射砲が威力を発揮して、北洋水師の巡洋艦4隻が沈没または座礁(ほか1隻も座礁放棄されているが事故扱い)して失われ、日本側の戦没艦は無かったことから、海戦は日本の勝利とされる。

この海戦で「鎮遠」は連合艦隊旗艦「松島」に主砲弾1発を命中させて大破させるも、220発もの中小口径砲弾を被弾。その重装甲は貫徹されることなく、致命傷は受けなかったが、非装甲部分に甚大な被害を生じた。

というわけでイラストは、猛砲撃を受けて服を穴だらけにされてしまった「鎮遠」さん。ドイツ生まれ清国育ちの金髪チャイナ娘で、割とのんびりした性格なので日本艦のペースに翻弄されることも。

もぅ～
なんなんデスかニッポンの艦隊は
ちょこまかと～ッ!

**主砲**

主砲はクルップ社製の25口径30.5cm連装砲2基。砲塔基部(バーベット)には最大305mm厚の装甲が施されているが、それより上には弾片防御程度のフード(覆い)がかぶせられただけで、実質的に上部の装甲が無い「露砲塔」という形式だった。そのフードも、内部に発砲煙がこもったり、司令塔からの視界を遮ってしまうので、日清戦争の時には外されていた。つまり砲は「丸出し」で露出した状態だった。

第一艦隊や第二艦隊の
若い娘たちにばかり
良い格好はさせませんよ〜！

### 装甲

就役当時は「東洋一の堅艦」とうたわれただけに、アジアNo.1のおっぱ　　重装甲を誇った。船体中央部には最大厚356mmの舷側装甲で囲まれた防御区画があり、その中に機関や弾薬庫を収めて防御している。数値だけなら後の超弩級戦艦にも匹敵する装甲厚だ。とは言え「鎮遠」の装甲は、2種類の異なる鋼鉄を張り合わせた「複合装甲」と呼ばれる装甲材で、後世の材質には耐弾性で劣っている。

### 副砲

清国海軍時代はクルップ15cm35口径単装砲を艦首尾に1門ずつ装備していたが、日本海軍編入後に英アームストロング社の15.2cm速射砲に換装。さらに艦後部にも2基新設して合計4門となった。

## 日本海海戦

日本海軍籍となった「鎮遠」は三景艦と第三艦隊第五戦隊を構成し、1905年5月27日の日本海海戦にも参加した。老朽艦の寄せ集めで「滑稽《こっけい》艦隊」とも揶揄《やゆ》された第三艦隊だったが、同日午前10時ごろから露バルチック艦隊に触接し続けて連合艦隊主力に敵情を報告している。本格的に戦闘が始まってからは後方にあったが、午後6時半ごろにロシア工作艦「カムチャツカ」と大型艦1隻を発見、後者は連合艦隊主力との戦闘で識別不能になるほど破壊されたバルチック艦隊旗艦の戦艦「クニャージ・スヴォーロフ」だった。「鎮遠」は僚艦とともに砲撃を加え、他の日本艦艇にも攻撃された2隻は最終的に沈没している。

イラストは日本海海戦において、かつてのライバル三景艦とともにロシア艦を砲撃する「鎮遠」。まさに「昨日の敵は今日の友」的な燃えるシチュエーションだ。すでに艦齢20年を超えていた「鎮遠」おば…お姉さんは機関などに相当ガタが来ていたものの、その後も樺太占領作戦などに参加している。

ちなみに主砲のフードは、波の荒い日本近海での運用を前提とする日本海軍では、基本的に外さないことになっていた。

# 神戸生まれのトンブリさん

ほぇぇ……
トンブリさんは
おっきいなぁ～
はやく竣工して
タイに行きたいのう♪
艦橋
日本の古鷹型や青葉型の巡洋艦とよく似た艦橋構造。
40mm
連装機銃
40口径
7.6cm単装砲
主砲塔
砲塔形状は日本の妙高型重巡のD型砲塔に似ている。

トンブリ級は2隻とも日本の神戸川崎造船所で建造された。兵装類も日本海軍艦艇と同型のものが使用されており、主砲は日本の重巡にも搭載された20.3cm連装砲2基と、船体は小型だが強力な攻撃力を備えている。言うなれば、日本生まれの黒髪美少女ながら、ちっちゃな身体に大人顔負けのおっぱいをもつトランジスタグラマー。タイの王朝の名前を艦名に戴くだけに、王族っぽい雰囲気も感じさせる。

イラストは進水後の艤装工事に備え、搭載兵装を並べた「トンブリ」さん。奥にいるのは同時期に神戸川崎造船所で建造されていた朝潮型駆逐艦「朝雲」で、同じ2,000トン級の排水量ながら、はるかに大きな主砲を搭載する「トンブリ」を羨望の眼差しで見つめている。

## 海防戦艦「トンブリ」(タイ)

(50、92～93ページ参照)

コーチャン沖海戦でフランス極東艦隊の集中攻撃を受け炎上、擱座してしまって涙目の「トンブリ」さん。
1941年1月17日、バンコク南東のコーチャン島沖でタイ海軍とフランス海軍極東艦隊との間で海戦が生起。砲口径では上回る(「トンブリ」は20.3cm砲4門、フランスの旗艦・軽巡「ラモット・ピケ」は15.5cm砲8門)タイ艦隊だったが、錬度の差は歴然でまったく相手にならず、「トンブリ」が大破擱座、水雷艇3隻を撃沈破されるなど、一方的な敗北を喫する結果となった。
主砲
20.3cm連装砲を2基4門搭載。空母「赤城」や「加賀」が全通飛行甲板に改装する際に撤去された砲を流用した、という説もあるが真偽は定かでない。
軽巡ごときに後れを取るとは～～!
こ、こんなはずではなかったのじゃ～～!!
コーチャン沖海戦

# 航空母艦「ラングレー」(アメリカ)

(50、94〜95ページ参照)

## ヒヨっ子の海軍航空隊を育成

ボーイングF2B
ヴォートVE-7
カーチスF6C
あんまり遠くまで一人で飛んで行っちゃだめよ〜

### エレベーター

給炭艦時代のものを流用したエレベーターは、サイズが縦13.7m×横11mとけっこう大型で、最大運用可能荷重は4.5tと、当時の飛行機を運用するには十分すぎる性能だった。

### 煙突

改造当初は左舷後部舷側に1本の直立煙突で、後方に倒れる方式だった。この排煙と煙突が飛行甲板上の気流に悪影響を与えたため、後に煙突は2本となり、倒れる方向も舷側外側に変更されている。

### 着艦制動装置

空母として竣工時の「ラングレー」には、イギリス海軍式の縦索式着艦制動装置が装備されていた。縦索式は着艦機の進入方向と平行(つまり艦首尾方向)に多数のワイヤーを張り、着艦機は主脚の間などに設けられたフックをワイヤーに引っ掛けて、摩擦抵抗で機体を停止させるというもの。新造時の「鳳翔」や「赤城」「加賀」にも導入された方式だが、制動能力が不十分で事故も多発したため、本艦では1929年に横索式に改められた。

空母改造から間もない時期の「ラングレー」さん。アメリカ海軍最初の空母として、試行錯誤を重ねつつ黎明期の空母と艦上機の運用法を確立していった姿は、幼子を優しく見守り育てていく保育士さんに重ねられよう。もとが給炭艦なので速力は15ノット程度しか出せず、かなりおっとりぽよよんとしたのんびり屋さんである。
飛行甲板と船体の間はトラス構造むき出しで、横から見ると反対側がスケスケ。ゆえにイラストの「ラングレー」さんも腰回り丸出しの衣装となっている。

# ジャワ島沖で飛行機輸送中に沈没

も、もう逃げられないかも……
艦橋
空母に改造された際も、艦橋は艦前方の飛行甲板下に給炭艦時代のものがそのまま残されていた。水上機母艦への改装で飛行甲板前部が撤去された結果、艦橋も外からよく見えるようになっている。
カーチス P-40
飛行甲板
給炭艦から空母への改造時に全長159.4m、幅19.8mの飛行甲板が設置されたが、水上機母艦へ転籍させるにあたって、軍縮条約の空母保有枠から外れるように飛行甲板の前側1/3程度が撤去された。それでも小型連絡機（定数3機）を運用可能な能力は有していたとされる。


「ラングレー」はワシントン軍縮条約では空母試作艦という扱いで、保有制限枠から外れていた。しかし、第二次ロンドン条約の予備交渉で保有枠に含めることになると、新たな空母建造枠を確保するためもあり水上機母艦への改装・転籍が決定。1936〜37年にかけて、飛行甲板の一部を撤去する等の改装が実施された。そして太平洋戦争開戦後の1942年2月27日、陸軍のカーチスP-40戦闘機の輸送中に日本海軍陸攻隊の攻撃を受けて激しく損傷し、味方駆逐艦の手で自沈処分された。

　イラストは日本機の爆撃を受けて炎上する「ラングレー」。なお、艦名は後にインディペンデンス級軽空母6番艦「ラングレー」に受け継がれている。

# 航空母艦「ベアルン」（フランス）

（50、96～97ページ参照）

## 足が遅いと新型機の運用が大変！

ぜぇっ……はぁっ……
最近の艦上機たちを
発艦させるのって
とっても疲れます～！

もともとが戦艦なので船体が幅広く、空母としては速力が低い「ベアルン」。かなり肉付きの良いムチムチ体型で、とてもおっとりした性格の持ち主だ。

イラストは第二次大戦開戦前、洋上でLN.401やV-156Fといった艦上爆撃機の発艦訓練を行う「ベアルン」。「ベアルン」としては一生懸命（最大速力で）走っているものの、荒ぶるおっぱいや大きなお尻が邪魔でとても走りにくそう。低速でカタパルトもない「ベアルン」では、大型化・高速化が進む新型艦上機の運用が困難になりつつあった。

第二次大戦勃発時におけるフランス海軍母艦航空隊の配備機種は、パラソル翼のドヴォアティーヌD.373戦闘機や複葉機のPL.7雷撃機、PL.101偵察機など旧式機ばかりで、一線級と言える機体は急降下爆撃機のLN.401やV-156F（輸入機）くらい。しかも第二次大戦では緒戦のドイツ装甲艦「アドミラル・グラーフ・シュペー」追撃作戦に参加（戦闘には参加せず）したのち、「ベアルン」は航空機輸送任務に就くこととなり、所属航空隊は陸上基地に移動してドイツ軍との戦闘に投入された。

### LN 401

逆ガル翼が特徴の艦上急降下爆撃機。主脚は収納時も車輪が露出する半引込式となっている。本機は結局「ベアルン」には搭載されなかったと言われている。

### エレベーター

エレベーターは3基で、サイズは前部が12m×8m、中部が15m×12m、後部が15m×15mと全て大きさが違う。ちなみに前部エレベーターは天板が飛行甲板を兼ねる一般的な構造だが、中部と後部のエレベーターは上昇時に飛行甲板部分が観音開き式に左右に開くという独特の機構となっていた（イラストの右腰部）。

### V-156F

チャンス・ヴォート社が開発した低翼単葉、引込脚の艦上爆撃機。アメリカ海軍での名称はSB2Uヴィンディケーターで、後継のSBDドーントレスの配備が進む太平洋戦争初期まで第一線で使用された。

### 主砲

黎明期の空母らしく、艦首尾の舷側には砲戦用の50口径15.5cm砲をケースメート式に計8門装備している。

この新しいクレーン
便利ですね〜
レーダー
改造と合わせて、マストの頂部に対空索敵用のSFレーダーを装備した。
燃料タンク
航続距離延伸のために燃料搭載量は改造前の2,160トンから4,500トンに大幅に増えており、タンクはより豊満になったものと考えられる。
クレーン
新造時から装備していた右舷アイランド後方のグーズネック型12トン・クレーンに加えて、左舷側にもアメリカ海軍式の17トン・クレーンが追加された。これによってPBYカタリナ飛行艇を自力で積めるようになっている。
煙突
アイランドは艦橋と煙突が一体化した形状となっており、煙突基部の舷側張り出しにあるたくさんの穴は、排煙に混入させる空気の吸気口。空気を混ぜることで排煙を薄くし、飛行甲板上への悪影響を防ぐという工夫だ。
PBYカタリナ
飛行甲板
航空機運搬艦への改造で飛行甲板は全長が短縮され、中部エレベーターも廃止されたという。
対空兵装
対空兵装は12.7cm単装両用砲4基、40mm4連装機関砲6基、20mm単装機銃26基と全てアメリカ式に刷新された。ケースメイト式の15.5cm砲は全基撤去されている。
US

航空機輸送任務中に本国が降伏し、マルティニーク島で連合軍に抑留されていた「ベアルン」だったが、1943年6月30日に自由フランス海軍へと引き渡され、アメリカで航空機運搬艦への改造工事を実施されることになった。

イラストは1943年12月から翌年12月にかけて、ニューオーリンズのトッド造船所で航空機運搬艦への改造工事を受けた「ベアルン」。武装は全てアメリカ海軍仕様に換装、船体には迷彩塗装が施された。

## 航空機運搬艦に改造

必ずフッドお姉さまの仇を討つのよ！
FRONT

## ビスマルク追撃戦

**ソードフィッシュ**
旧式な複葉機ながら後継機に恵まれなかったため、第二次大戦開戦時にも主力として英空母に搭載された艦上雷撃機。

**カタパルト**
飛行甲板の前端に2基の油圧式カタパルト（射出機）を装備している。新造時からカタパルトを装備した英空母は「アーク・ロイヤル」が最初だった。

**エレベーター**
英空母として初めて3基のエレベーターが設けられた。配置はいずれも艦前方寄りで、前部と後部が右舷側、中央のものが左舷側になっている。

**対空兵装**
兵装も英空母では初となる11.4㎝連装両用砲8基と2ポンド8連装機関砲（ポンポン砲）6基を装備する。

空母「アーク・ロイヤル」は比較的短い船体に二段式の格納庫を設置したため、全体的にズングリした艦容となった。さながら身長はそこそこながら胸やお尻が大きいムチムチ体型の高貴なお姫様で、空母としては防御も厚いので露出度は低め。カタパルトや煙突一体型の島型艦橋、エンクローズド・バウに横索式着艦装置など、後のイギリス空母の雛型となっただけに、後輩からの人望も厚い優等生タイプと言えるだろう。
イラストは1941年5月26日、独戦艦「ビスマルク」追撃戦でソードフィッシュ雷撃機を発進させる「アークロイヤル」。この戦闘で「アーク・ロイヤル」搭載機は「ビスマルク」の舵を破壊することに成功し、後の撃沈に大いに貢献した。

## 航空母艦「アーク・ロイヤル」（イギリス）

（50、98〜99ページ参照）

## パーペチュアル作戦

私たちには
まだあなたが必要です！
イラストリアスに…
王立海軍を頼むと…伝えて

ジブラルタルへ曳航の途上、駆逐艦「リージョン」（右）に見守られながら沈みゆく「アーク・ロイヤル」。

1941年11月の「パーペチュアル」作戦にH部隊の一隻として参加した「アーク・ロイヤル」は、マルタ島への戦闘機輸送という目的は達成したものの、帰投中の11月13日に独潜水艦U-81の雷撃を受け損傷。乗員のほとんどを駆逐艦「リージョン」に移し、ジブラルタルへ向けて曳航された「アーク・ロイヤル」だったが、翌14日朝、同地までわずか25浬の地点で遂に力尽き転覆、沈没した。

ナチスのUボートをやっつけちゃえ！
TBF
艦上攻撃機としてはTBF/TBMアベンジャーを、戦闘機は大戦中盤まではF4Fワイルドキャットを、後半はF6Fヘルキャットを運用した。定数は艦戦18機、艦攻12機。
燃料タンク
他艦にも給油できるため小柄な船体ながら立派なタンクを持つ。他艦用の燃料5,880トンを搭載できた。ちなみに前級の量産型護衛空母であるボーグ級の他艦用燃料搭載量は3,290トンだった。
20㎜機銃
艦各部に対空用のエリコン20㎜機銃を装備していた。
カタパルト
飛行甲板前端に斜めに配置されたカタパルト。なお、F6Fをカタパルトなしで運用できた護衛空母はサンガモン級のみである。
12.7㎝砲
主砲は長砲身の51口径12.7㎝単装砲を2基装備している。高角砲ではなく水上の艦艇を狙う平射砲だ。

## トーチ作戦中に敵潜撃沈

「スワニー」はトーチ作戦中の1942年11月11日、北アフリカ沖で潜水艦を撃沈、敵潜を初めて撃沈した米の護衛空母となった。撃沈した潜水艦はドイツのUボートと思われていたが、実はヴィシー・フランスの潜水艦であった。「スワニー」は空母としては小柄（ただし護衛空母としては大型）で寸詰まりだけに背は低いが、元がタンカーなのでバストはかなり大きい。居住性も悪くなく、のんびりしたアメリカの田舎娘のような艦だが、度重なる攻撃にも耐える我慢強さも併せ持っている。

# 護衛空母「スワニー」（アメリカ）

（51、100〜101ページ参照）

## レイテ沖海戦

1944年10月のレイテ沖海戦で「スワニー」は、25日、26日の連日特攻機の突入を受けて大破した。イラストは26日、特攻機の突入を受けて炎上している「スワニー」。飛行甲板上後部エレベーターの前方には、前日（25日）に特攻機が突っ込んだ大穴が空いている。なお同型艦の「サンティー」も同海戦で特攻機の突入を受け大破、「サンガモン」も沖縄沖で特攻を受け大破しているが、同型艦4隻はすべて大戦を生きのびた

### F6Fヘルキャット

サマール沖海戦時の「スワニー」は、F6F を 22 機、TBM を 9 機、計 31 機を搭載していた。

### TBM アベンジャー

TBM はグラマンの TBF アベンジャーをゼネラルモータースがライセンス生産したタイプだ。

# 水上機母艦「日進」(日本)

(51、102〜103ページ参照)

## 潜水艦に甲標的を受け渡し

竣工から約2カ月後の1942年(昭和17年)4月、「日進」はマレー半島西岸のペナンに甲標的を輸送し、甲先遣支隊(伊10、伊16、伊18、伊20、伊30、報國丸、愛国丸)に引き渡した。5月31日、伊16と伊20搭載の甲標的がディエゴ・スアレス港を襲撃、伊20搭載の甲標的が戦艦「ラミリーズ」を撃破、油槽船を撃沈している。

イラストはペナン港で潜水艦「伊20」に甲標的を受け渡す「日進」。基本的には名前の通り真面目で努力家、いざという時は自ら戦うこともできる優等生であるが、まだ日本が連戦連勝の時期で、南方のリゾート的なペナンを訪れたため、露出度の高い水着姿で開放的になっているのが分かる。

私が運んできた甲標的、大事に扱ってくださいね〜
偵
①
① 水上機
水上機母艦としては水偵20機を搭載予定だったが、甲標的母艦時は12機搭載となった。搭載したのは零式水上偵察機や零式観測機。水偵は船団護衛や対潜哨戒も行った。カタパルトは当初4基を予定したが、竣工時には2基に減らしていた。
甲標的
45cm魚雷2本を艦首に搭載する、二人乗りの特殊潜航艇。元々は艦隊決戦時に投入される計画だったが、実際には潜水艦の甲板上に搭載して泊地攻撃に使用された。
クレーン
艦後部に水上機用クレーンを3基、艦中央部に甲標的積み込み用クレーンを4基搭載した。甲標的積み込み用クレーンは前部の2基が40トン、後部の2基が20トンの能力を持っていた。このように多数のクレーンを有していたため、「日進」は輸送艦としても高い性能を発揮した。
伊20潜
巡潜丙型(伊16型)潜水艦の3番艦。巡潜丙型は魚雷発射管8門という強力な雷装を誇る大型潜水艦だったが、大型で甲板が長大だったため、後甲板上に甲標的を搭載し「甲標的母艦」として泊地攻撃も行った。
日進ちゃんお疲れさま〜後はあたしに任せて!
機関
主機は蒸気タービンではなく13号10型内火機械(ディーゼルエンジン)を搭載。「大鯨」や「瑞穂」に搭載した11号ディーゼルエンジンは故障が続発したが、「日進」の13号は故障も少なく、28ノットという高速を発揮可能だった。

## ガ島に貴重な兵器を輸送

1942年9月から11月まで、「日進」は米軍制空権下のガダルカナル島への高速輸送に従事、多数の物資や兵器を揚陸した。特に10月3日夜には、タサファロング海岸で第二師団長丸山政男中将以下陸兵約250名や、九六式十五糎榴弾砲、野砲などの揚陸に成功。この時揚陸された十五榴はジャングル内からヘンダーソン飛行場を砲撃し、「ピストル・ピート」として米軍をガ島戦の最後まで悩ませている。イラストは闇夜に紛れてタサファロング沖に到着、大発(大発動艇)を降ろし、火砲や兵員を揚陸する「日進」。

「日進」は本来の運用法とは異なる輸送任務に従事したが、「補給戦」であったガ島戦において、搭載量の大きな高速輸送艦である本艦の存在は非常に大きいものだった。

日本海軍の艦艇は、太平洋戦争が戦前想定されたものと大きく異なった推移となったため、満足な成果を挙げられず沈んでいったものが多い。だが「日進」はその多用途性が奏功し、短い間ではあるが、持ち前の性能を活かして少なからず戦局に貢献したと言えるだろう。

今なら米軍の攻撃もありません。
ガ島でのご武運を祈ります…！
①


### 燃料タンク

自らの重油タンクは1,200トンだが、1,650トン分の補給用重油タンクも備えており、補給艦としての能力もある。軽巡のようなスマートな艦形ではあるが、バストのタンクはかなり大きいのだ。

### 格納庫

艦内部の後半部分は甲標的格納庫になっており、12隻の甲標的、あるいは機雷700個を格納可能だった。艦尾は観音開きの門扉になっており、そこから甲標的が発進できるようになっていた。この広大なスペースを活かして、「日進」は輸送艦として活躍した。

### ① 兵装

艦前部には強行敷設艦時の名残として、敵駆逐艦に撃ち勝てる14cm連装砲を3基備えていた。これは軽巡並みの武装であり、水上機母艦ではあるがそれなりに戦闘力もあるのだ。対空兵装としては25mm三連装機銃8基を搭載した。

## スパルテル岬沖海戦

### 高角砲

計画では12cm単装高角砲を搭載するはずだったが、生産が間に合わず代わりに10.2cm高角砲を搭載して竣工した。1937年春には12cm高角砲に換装したようだ。

### 船体

元になったケント級と同じ、客船のように乾舷が高い平甲板型の艦形で、航洋性と居住性に優れる。戦闘力を第一に設計された日本やアメリカの重巡より余裕がある設計だ。

### 主砲

タイプシップとなったケント級とほぼ同じ20.3cm50口径砲（1924年型Mark D 50口径8インチ砲）を連装4基8門搭載。砲弾重量は116kg、初速は1,424m/秒で、仰角は49度とることができ、最大射程は29,750mだった。発射速度は1分に3発。条約型重巡としては平均的な砲力といえる。砲塔の装甲厚は25mmとペラペラだった。

### 魚雷発射管

雷装は三連装発射管を左右2基ずつ計12門と額面では強力だが、舷側に埋め込まれた固定式のため、真横にしか発射出来なかった。

1936年9月29日、ジブラルタル海峡のスパルテル岬沖で「カナリアス」は人民戦線側の駆逐艦2隻と交戦。逃亡する駆逐艦「アルミランテ・フェルナンデス」に対し遠距離から命中弾を与えて撃沈、見事な技量を発揮した。この戦いのみならず「カナリアス」はほとんど被害を受けず大きな戦果を挙げており、スペイン海軍史上有数の幸運艦であった。

## 重巡洋艦「カナリアス」(スペイン)

（51、104〜105ページ参照）

## マチチャコ岬沖海戦

ぐっ…漁船にしては見事な戦いぶりだ…！
武装トロール船「ナバーラ」

### 装甲

各部の装甲厚はケント級とほぼ同じで、弾薬庫部の水線装甲厚は114mm、甲板装甲厚は76mmと条約型重巡としては比較的強固である。また水中防御は、より幅の広いバルジを装備するなどタイプシップより優れた水中防御を持っていたが、姉妹艦の「バレアレス」は魚雷2～3発で沈没してしまった。

1937年3月5日、サルバドール・モレノ・フェルナンデス司令官が座乗する「カナリアス」は、ビスケー湾沿岸のビルバオ付近のマチチャコ岬沖で、ビルバオに向かう人民戦線軍側の輸送船団を襲撃。護衛についていたバスク地方政権の特設砲艦（武装トロール船）「ナバーラ」を撃沈、2隻を損傷させ、輸送船「ガルダメス」「マル・カンタブリコ」を鹵獲した。この海戦で「カナリアス」は1発を被弾（武装トロール船「ギプスコア」からの砲弾）し、死者1名を出した。この後「カナリアス」は撃沈した「ナバーラ」の生存者を救助、看護した。後に「ナバーラ」の生存者たちに死刑判決が出るが、「ナバーラ」の勇戦敢闘に感銘を受けたフェルナンデス司令官らがフランコ総統に助命を嘆願し、恩赦されている。「カナリアス」は内乱の中でも勇気ある敵を讃える、騎士道精神を持つ武人だったといえる。

# ミサイル巡洋艦「ロングビーチ」(アメリカ)

(51、106〜107ページ参照)

ミグちん見っけー!
とりまタロス撃っとこっかー☆
①
②
CGN-9
U.S.N.
9
U.S.N

### テリア

艦前部にテリア艦対空ミサイルの連装発射機を2基装備。後部発射機の後方と艦橋頂部にはテリアの火器管制(追尾・照射用)レーダーAN/SPG-55を搭載している。

### ASROC

対潜兵装として、ASROC対潜ミサイルの8連装発射機を艦橋後方に1基装備した。

### ① 3次元レーダー

「ロングビーチ」の外見で最大の特徴と言えるのが、巨大な箱型艦橋とその四面に装備された固定式の電子走査レーダーだろう。後のフェイズドアレイ・レーダーの先駆というべき3次元レーダーで、アンテナ形状が横長で捜索用のAN/SPS-32と、縦長で追尾用のAN/SPS-33から構成されている。非常に画期的なレーダーだったが、信頼性や整備性に問題もあったという。

### ② タロス

タロス長距離対空ミサイルの連装発射機は艦後部に1基。発射機の艦首側にミサイル誘導用レーダーのAN/SPW-2、さらに艦首側に火器管制用レーダーのAN/SPG-49がある。タロスはミサイル本体だけでなくシステムも大型であるため、巡洋艦以上のサイズでなければ搭載できなかった。

ベトナム戦争中、トンキン湾に展開してタロス艦対空ミサイルを発射する「ロングビーチ」。ベトナム戦争で「ロングビーチ」はタロスを計7回発射し、3機を撃墜したとされる。
原子力機関や電子走査レーダーをいち早く導入し、武装もミサイル中心になるなど、当時の最新技術を盛り込んだ「ロングビーチ」は、流行に敏感で新しもの好きなギャルっぽい女の子。艦名の由来になったカリフォルニア州「ロングビーチ」はリゾート地としても有名なので、ゴージャスボディに水着がよく似合っている。

## 対空ミサイル発射!
## @ベトナム戦争

### 5インチ砲

新造時の「ロングビーチ」は魚雷発射管を除けば武装はミサイルのみで、砲熕兵器を装備していなかった。しかしミサイルの性能が疑問視されたため、竣工後、艦中央部両舷に5インチ単装両用砲を1基ずつ装備することになった。

イージス艦か〜
なってみたかった
なぁ…
①
CGN-9
ミサイル兵装
1980年前後の改装でタロス長距離対空ミサイルが廃止され、替わりにハープーン対艦ミサイルの4連装発射筒を2基装備した。同様に艦前方のテリア対空ミサイルも新型のスタンダードに更新された。さらに1985年にはハープーンを移設してトマホーク巡航ミサイルの発射機が設置される。
① 3次元レーダー
1980年から実施された改装により特徴的だった艦橋の固定式レーダーは撤去され、単檣から三脚檣となった前檣に3次元レーダーのAN/SPS-48が搭載された。他の対空・対水上レーダーも新型に更新されている。

CIWS
廃止されたタロスのFCSレーダー撤去跡に2基の20mmCIWSを装備。

1970年代「ロングビーチ」をイージスシステム搭載艦に改装する計画が存在した。実現していれば本艦が米海軍初にして世界初のイージス艦になっていたはずだが、結局この改装計画は中止されている。イラストは1980年代初頭、ピュージェットサウンドに入渠して改装工事を受けている「ロングビーチ」。イージス艦＝知的なデキる女に生まれ変わるかもしれなかった姿を想像して、ちょっぴり残念そうだ。ちなみに1990年代にも「ロングビーチ」をイージス艦に改装する計画が出るのだが、冷戦終結による軍事費削減や、通常動力艦に比べて維持運用コストが高いことなどから、やっぱり断念されている。

イージス艦改装計画

## スパダ岬沖海戦

1940年7月19日午前7時半ごろ、地中海クレタ島沖で英駆逐艦4隻と伊軽巡2隻が遭遇し、スパダ岬沖海戦が生起した。この時、付近を航行中だった軽巡「シドニー」と駆逐艦「ハヴォック」も、戦闘発生の報を受け戦場に向かい、約1時間後「シドニー」は伊軽巡に砲撃を開始する。「シドニー」は9時23分、伊軽巡「バルトロメオ・コレオーニ」の機関部に命中弾を与え、航行不能に陥った同艦は英駆逐艦の雷撃により撃沈された。「シドニー」はもう1隻の伊軽巡「ジョバンニ・デレ・バンデ・ネレ」にも命中弾を与えたが、弾薬が不足したため追撃を断念している。本海戦で「シドニー」も「バンデ・ネレ」の砲弾1発が煙突に命中したが、海戦は喪失艦無しで軽巡1隻を撃沈したイギリス側の勝利だった。

イラストは駆逐艦「ハヴォック」とともに戦場に駆け付けた「シドニー」。イギリス生まれのオーストラリア育ちで、上品かつ純粋な性格の彼女だが、この海戦では大いに気を吐いて勝利に貢献した。

敵はまだ私たちに気づいてないわ！
突撃しましょう！
主砲
主砲は50口径15.2cm砲を、リアンダー級で初採用された新型の連装砲塔4基に計8門搭載している。この砲塔は対空射撃を考慮して、50度までの迎角をとれるようになっていた。
装甲
重巡「エクセター」を元に設計されているため、装甲厚は舷側102mm（機関部）、甲板32mm、弾薬庫は51mm（天蓋）～89mm（側面）など、数値上は同時期の重巡に匹敵する防御力を誇る。なかなかのヘヴィーおっぱいと言えよう。
駆逐艦
「ハヴォック」

## 軽巡洋艦「シドニー」（オーストラリア）

（51、108～109ページ参照）

# 独仮装巡洋艦のだまし討ち!?

そこの商船さ～ん!
お名前うかがってでも
よろしいかしら～!?
ア……アイ キャント
シュピーク エングリッシえ…

1941年11月19日、「シドニー」はオーストラリア西岸沖で発見した商船に対し、識別信号を要求した。実はこの商船はドイツ仮装巡洋艦「コルモラン」で、同艦はオランダ船の信号を送るなどして時間と距離を稼ぎ、戦闘態勢をとっていなかった「シドニー」に対して突如攻撃を開始した。戦闘開始後間もなく、艦橋や射撃指揮装置、前部主砲塔に被弾、艦前部に被雷した「シドニー」は激しく炎上し、やがて「コルモラン」の視界から消えていった。「シドニー」の反撃で「コルモラン」も炎上、弾薬や機雷の誘爆により同日夜沈没した。

イラストはオランダ商船のフリをする「コルモラン(ドイツ語で「河鵜(カワウ)」の意)」に、ホイホイ近づいてしまう「シドニー」さん。「コルモラン」はワザとまごつきながら、ドイツ軍艦旗と15cm砲の準備をしている。なぜ「シドニー」が無警戒に不明商船に近づいたのかは不明だが、もしかすると他人を疑う事を知らないほどピュアなお嬢様だったのかもしれない。

## 機関／煙突

パース級は改リアンダー級とも呼ばれており、原型のリアンダー級とは主に機関配置が異なる。リアンダー級は缶室と機械室を集約配置して煙突も1本だったが、パース級では缶室と機械室の交互配置を採用しており、これにともない煙突も2本に分かれていた。

ジャワ沖海戦
1942年2月4日、ジャワ沖海戦で日本海軍の陸上攻撃機の爆撃を受ける「デ・ロイテル」さん。奥では米重巡「ヒューストン」が被弾している。この戦いで射程の短い対空機銃しか持たない「デ・ロイテル」はほとんど日本機に損害を与えられず、250kg爆弾の至近弾を受けて小破。建造時に高角砲をケチったツケを払わされることとなった。「デ・ロイテル」は寄せ集めの米英蘭豪の軍艦を束ねるリーダーシップの持ち主だが、軽巡にしては速力が遅め、魚雷発射管も持たないため、ややおっとりで温厚なお姉さん。体型は太すぎず細すぎず。同型艦はいない一人っ子である。
水偵
フォッカーC.XI（11）水上偵察機2機を運用可能だった。
あの高度では、対空機銃が届かないわ……！
15cm連装砲
主砲はボフォース社の1938年型50口径15cm速射砲。徹甲弾の重量は46.7kg、最大射程は27,400mだった。
ヒューストン
40mm連装機関砲
高角砲は持たず、対空兵装としてボフォース社の40mm連装機関砲5基を搭載した。
15cm単装砲
当初の計画では連装主砲3基6門搭載だったが、後に日本軽巡に対抗するため船体を延長して単装砲1基を追加、計7門となった。

## 軽巡洋艦「デ・ロイテル」（オランダ）

（51、110〜111ページ参照）

## スラバヤ沖海戦

ヒューストンさん、パースさん、
私に構わずバタビアに退避して…
再起を図ってください…！
ヒューストン
パース
ドールマン提督


1942年2月28日のスラバヤ沖海戦第二夜戦で、日本の重巡「那智」「羽黒」が発射した魚雷が艦後部に命中し大破、沈みつつある「デ・ロイテル」さん。ドールマン提督は「パース」と「ヒューストン」に、「ヒューストン、パースは、我が生存者にかまわずバタビアに退避せよ」と伝え、これが最後の命令となった。この思いもむなしく、「ヒューストン」と「パース」も3月1日のバタビア沖海戦で撃沈された。

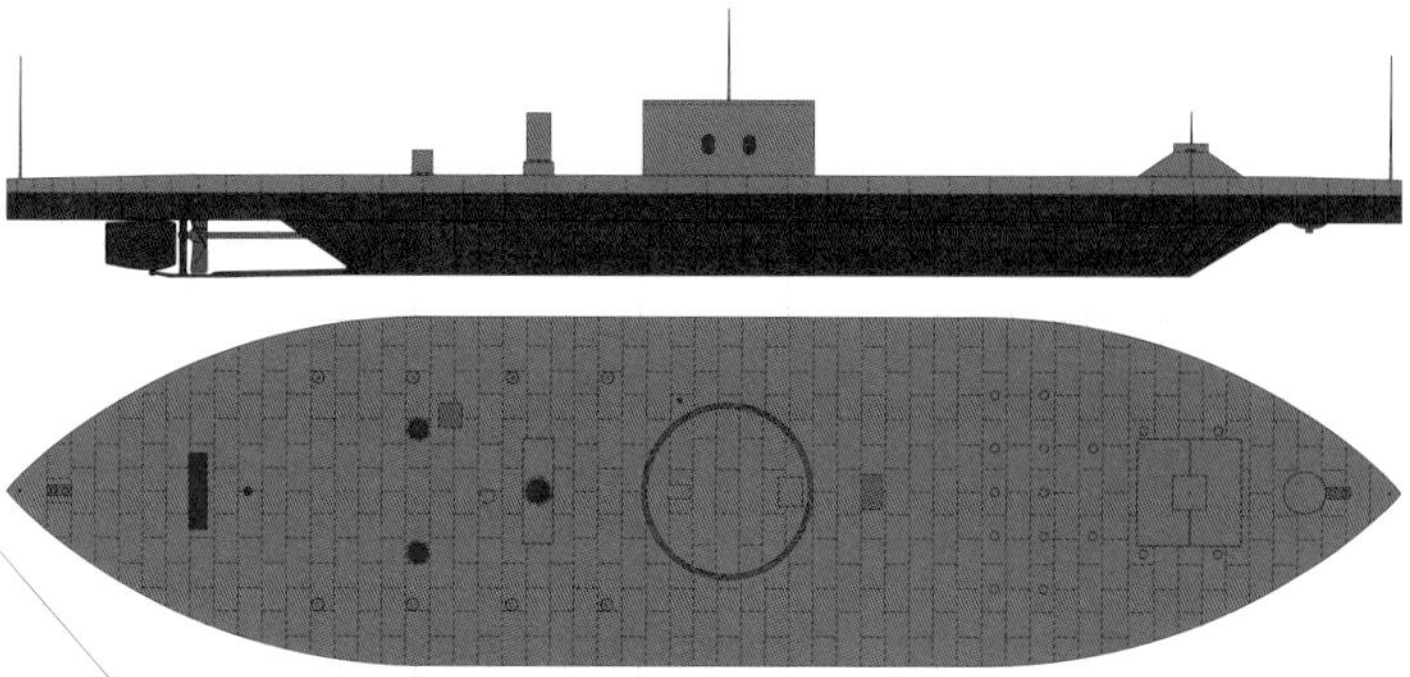

装甲艦「モニター」

（1862年時）

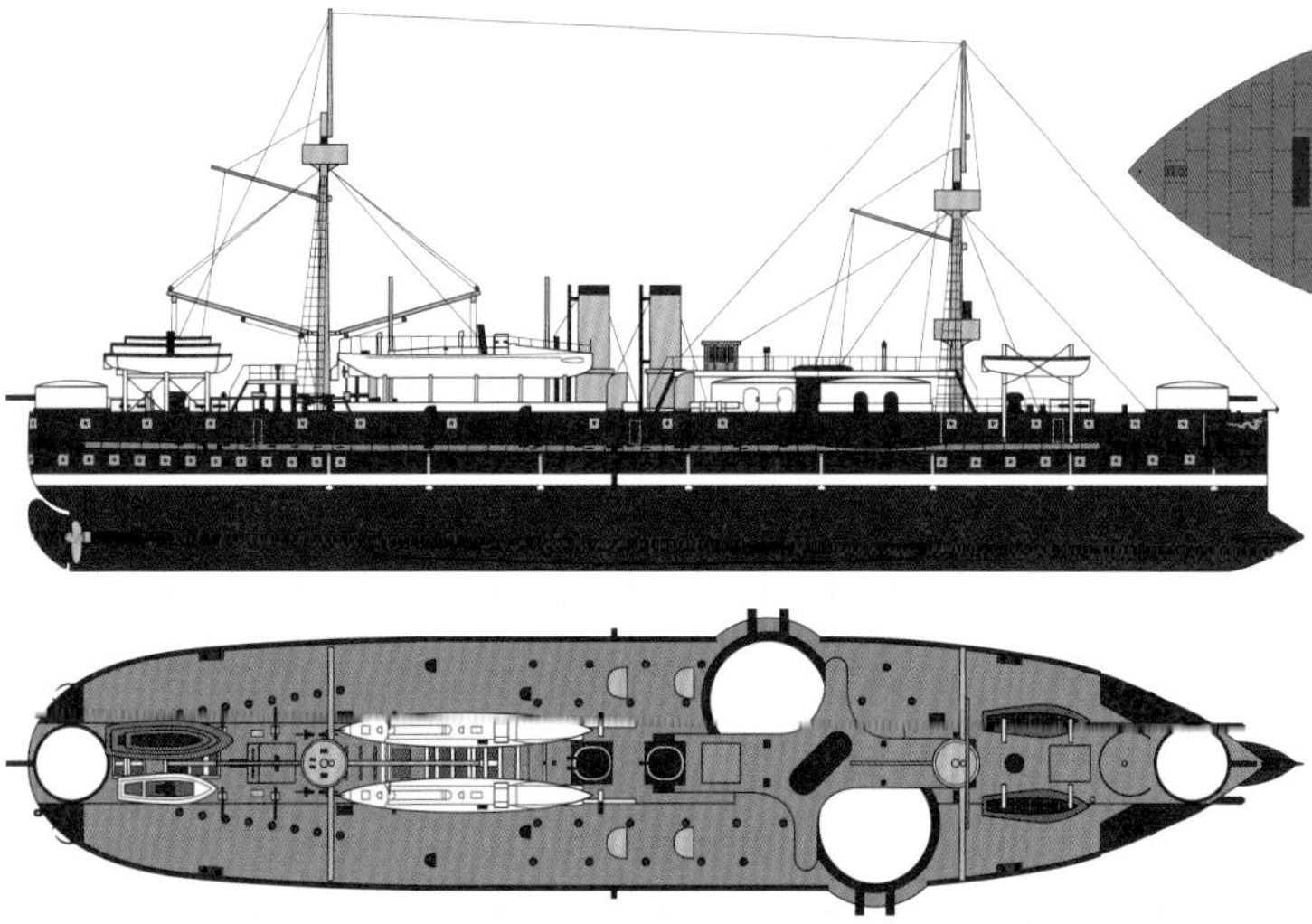

装甲艦「鎮遠」

（1885年時）

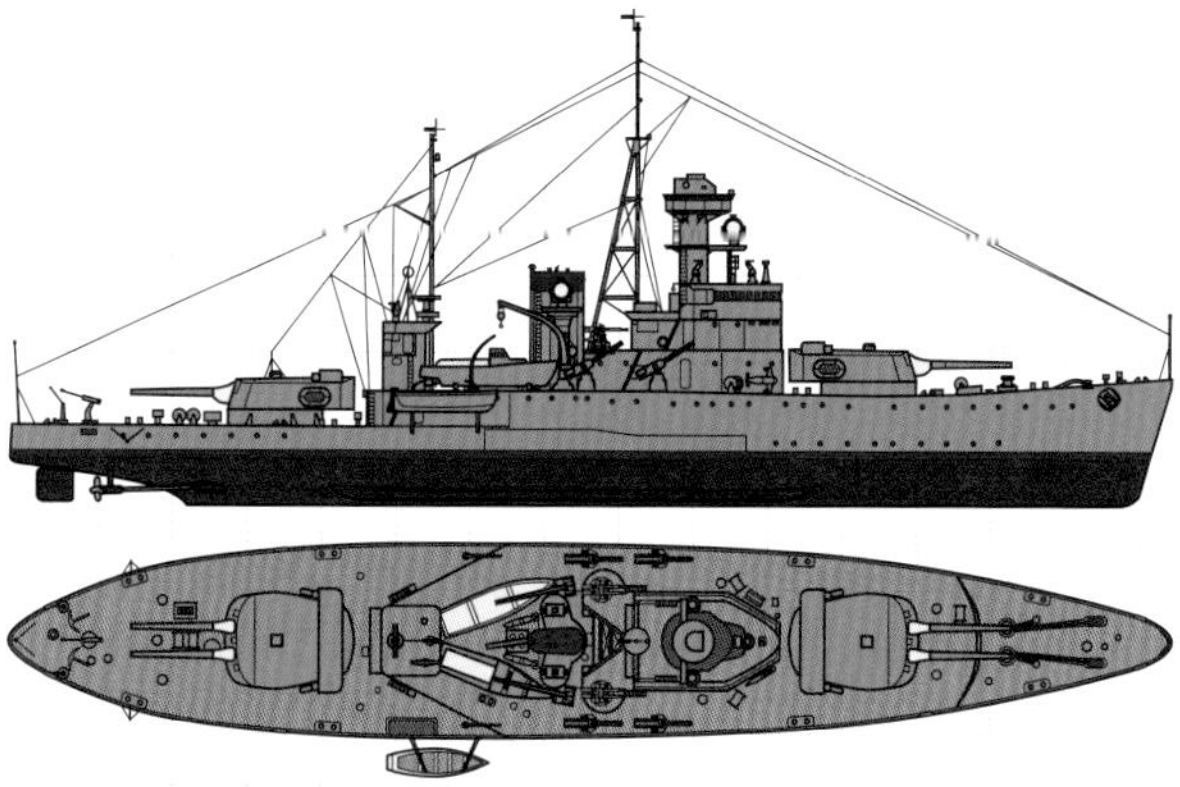

海防戦艦「トンブリ」

（1938年時）

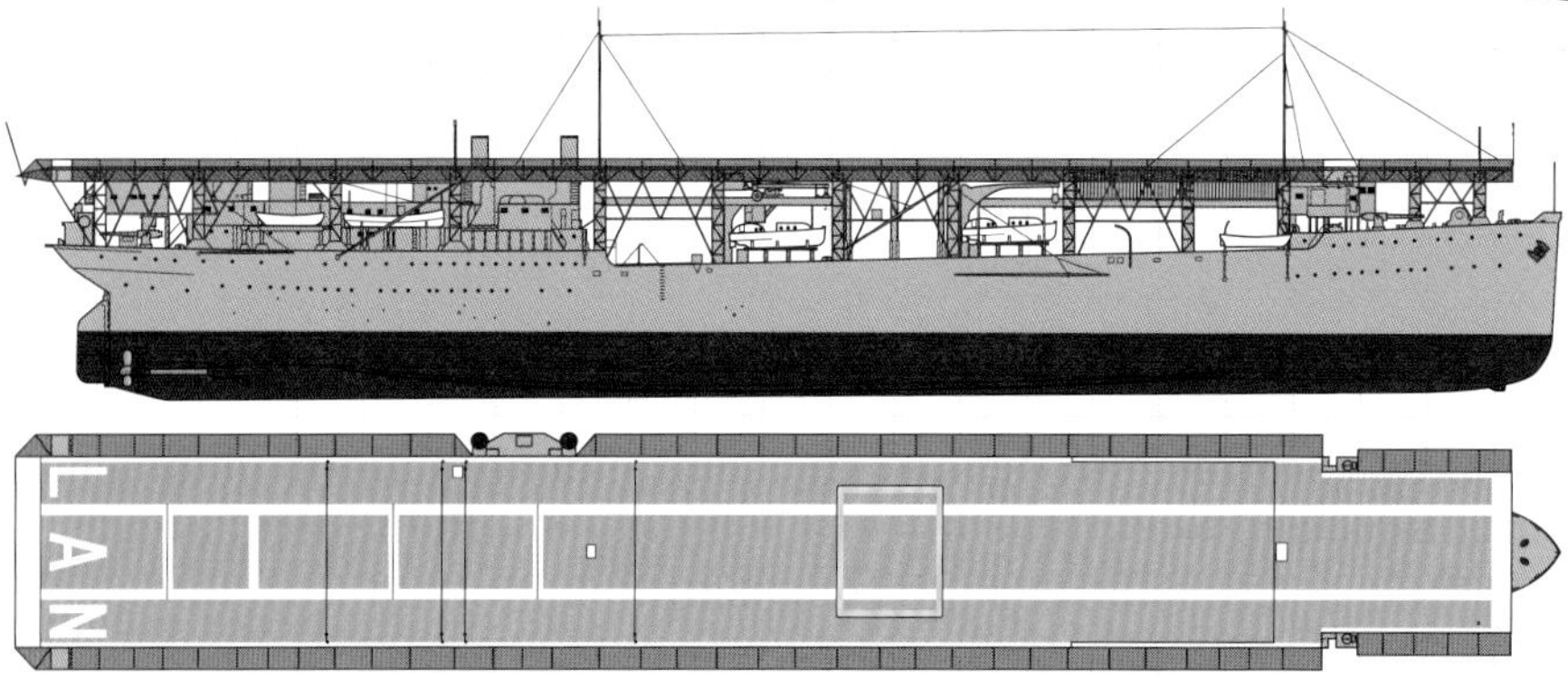


航空母艦「ラングレー」

（1922年時）

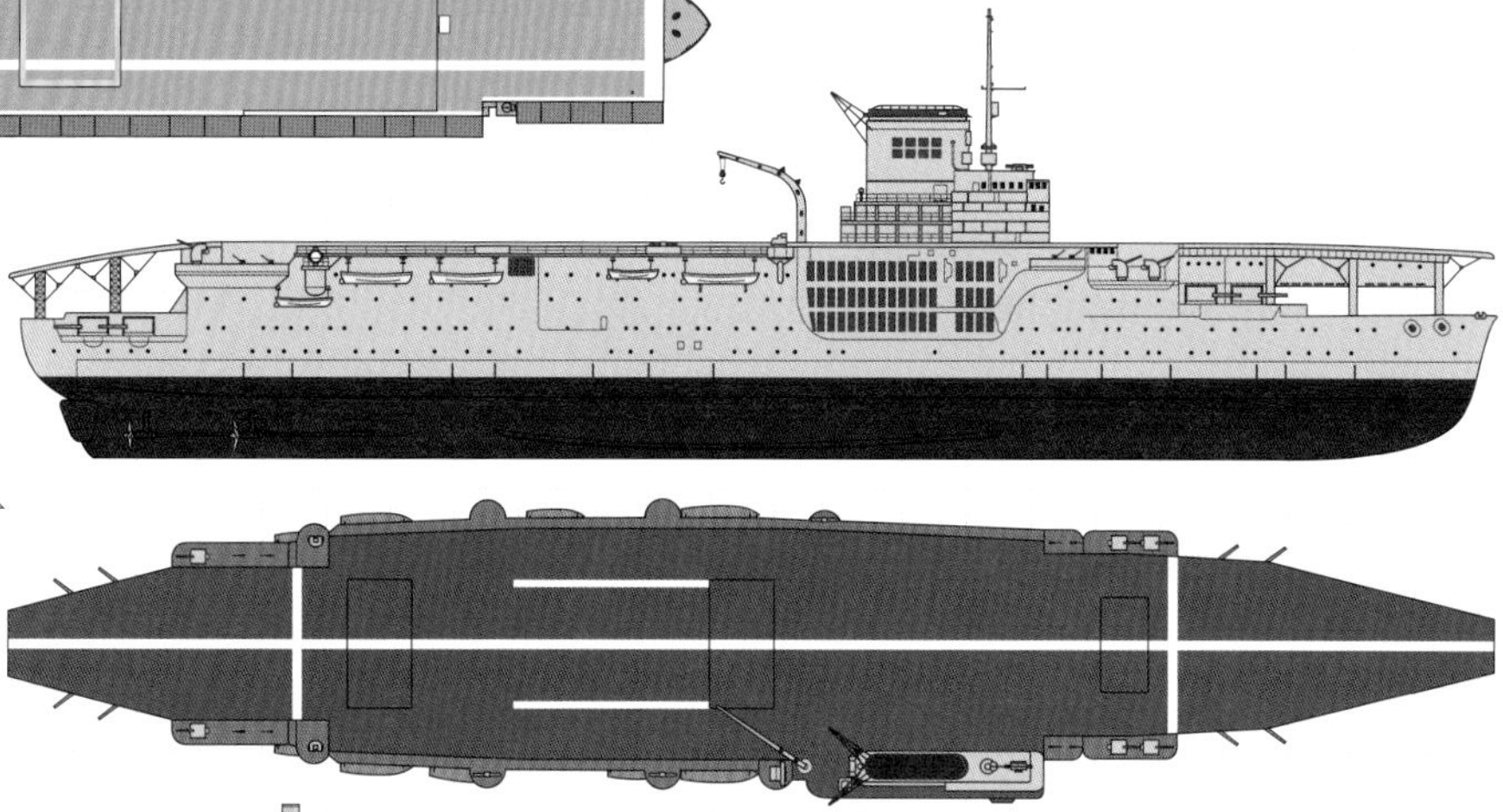

航空母艦「ベアルン」

（1938年時

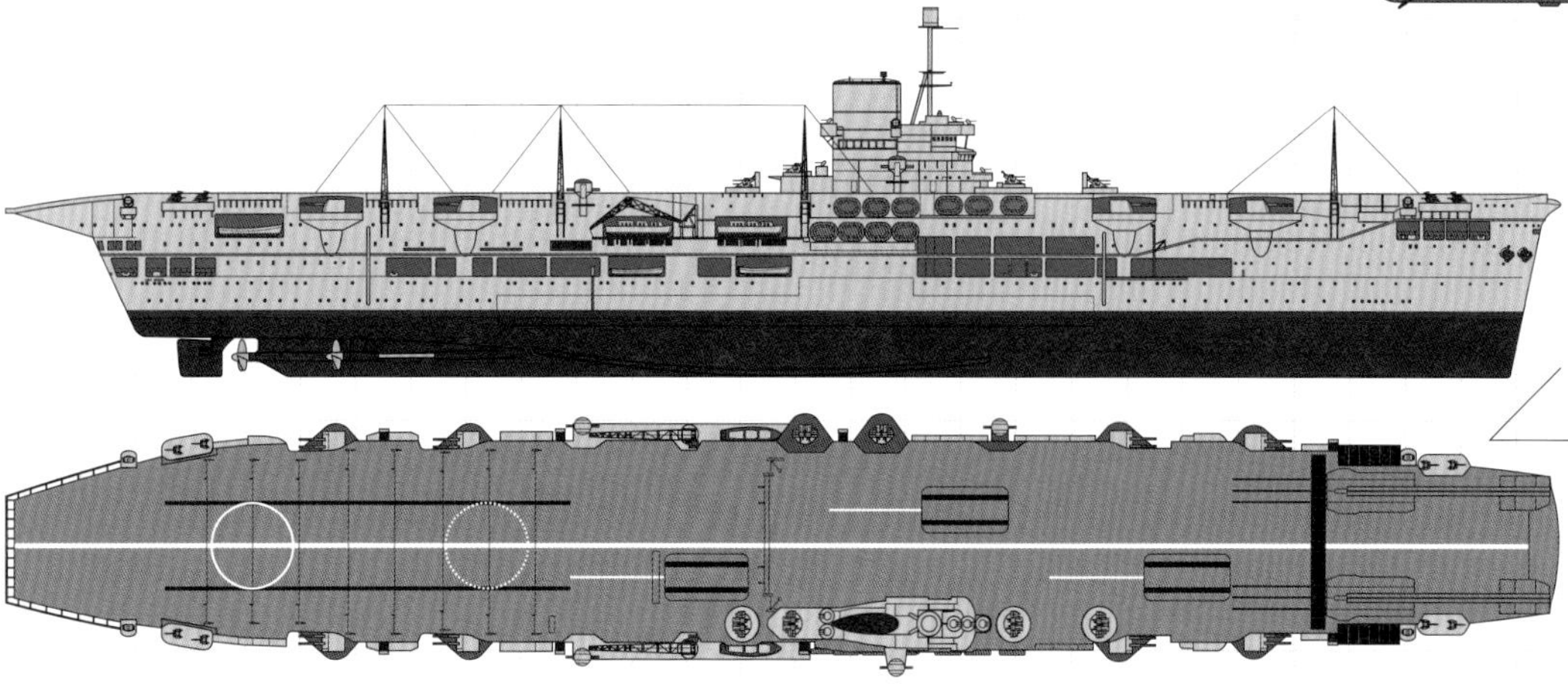

航空母艦「アーク・ロイヤル」

（1939年時）

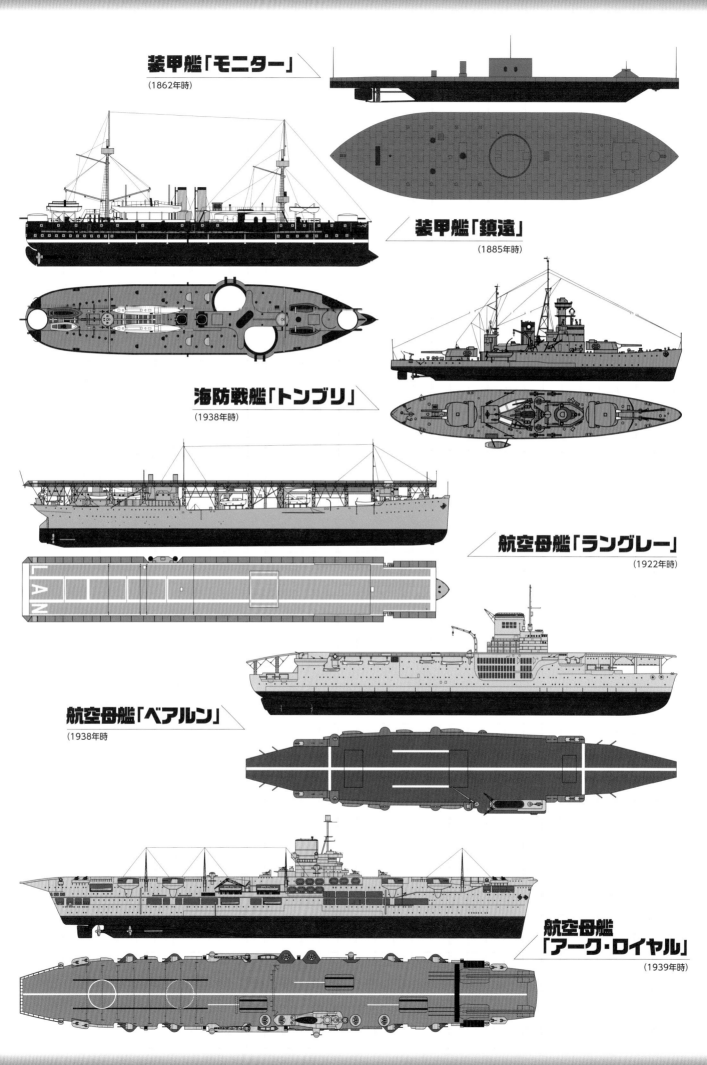

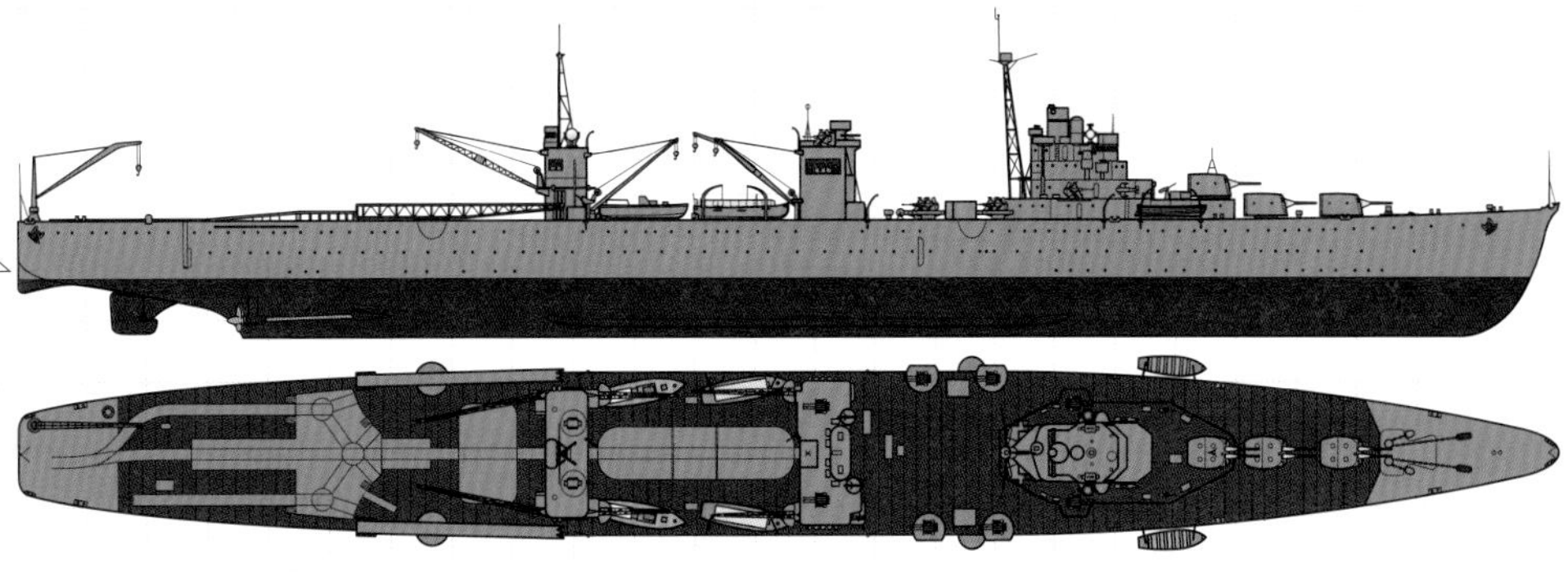
水上機母艦「日進」
(1942年時)

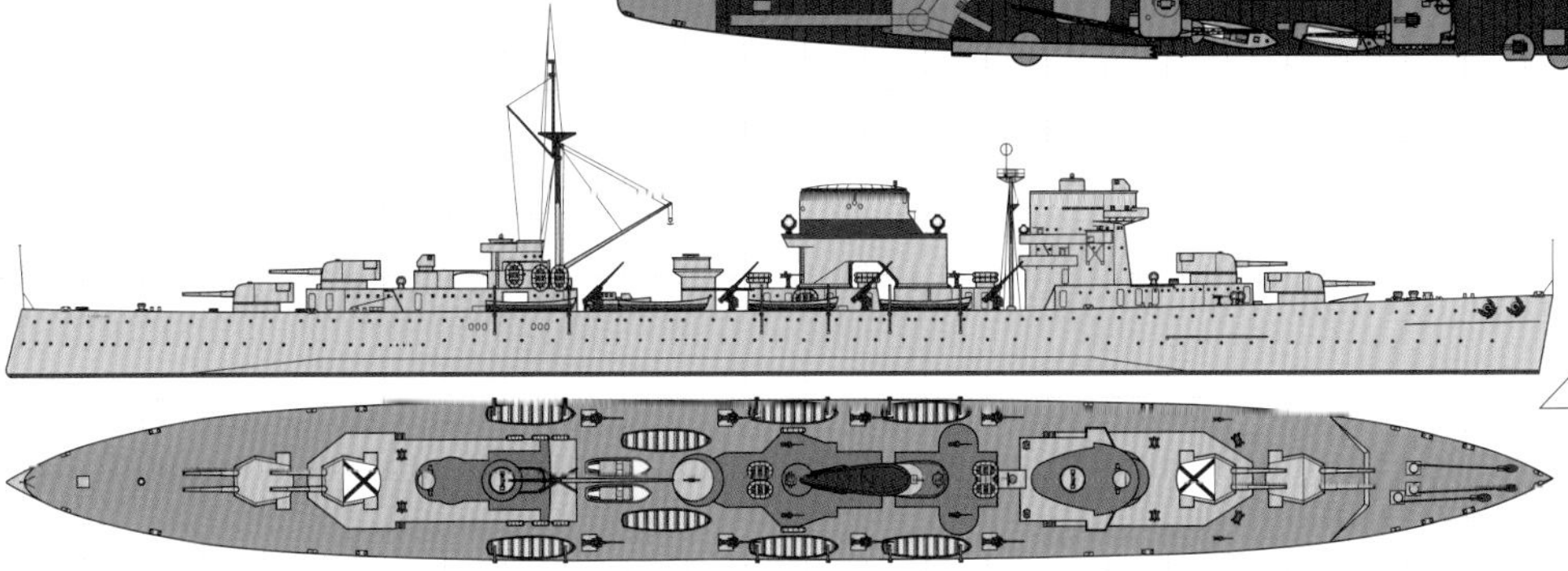
重巡洋艦「カナリアス」
(スペイン内戦時)

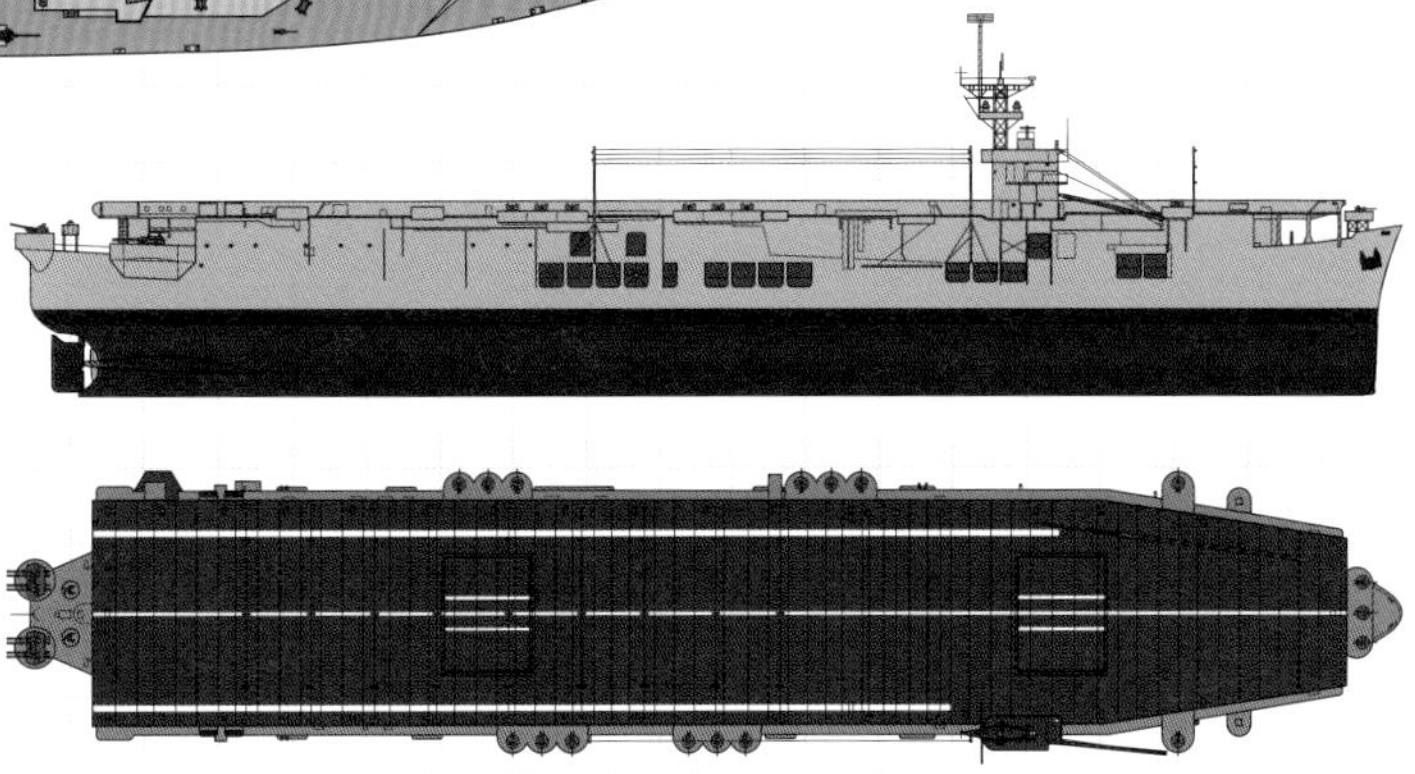
護衛空母「スワニー」
(1944年時)

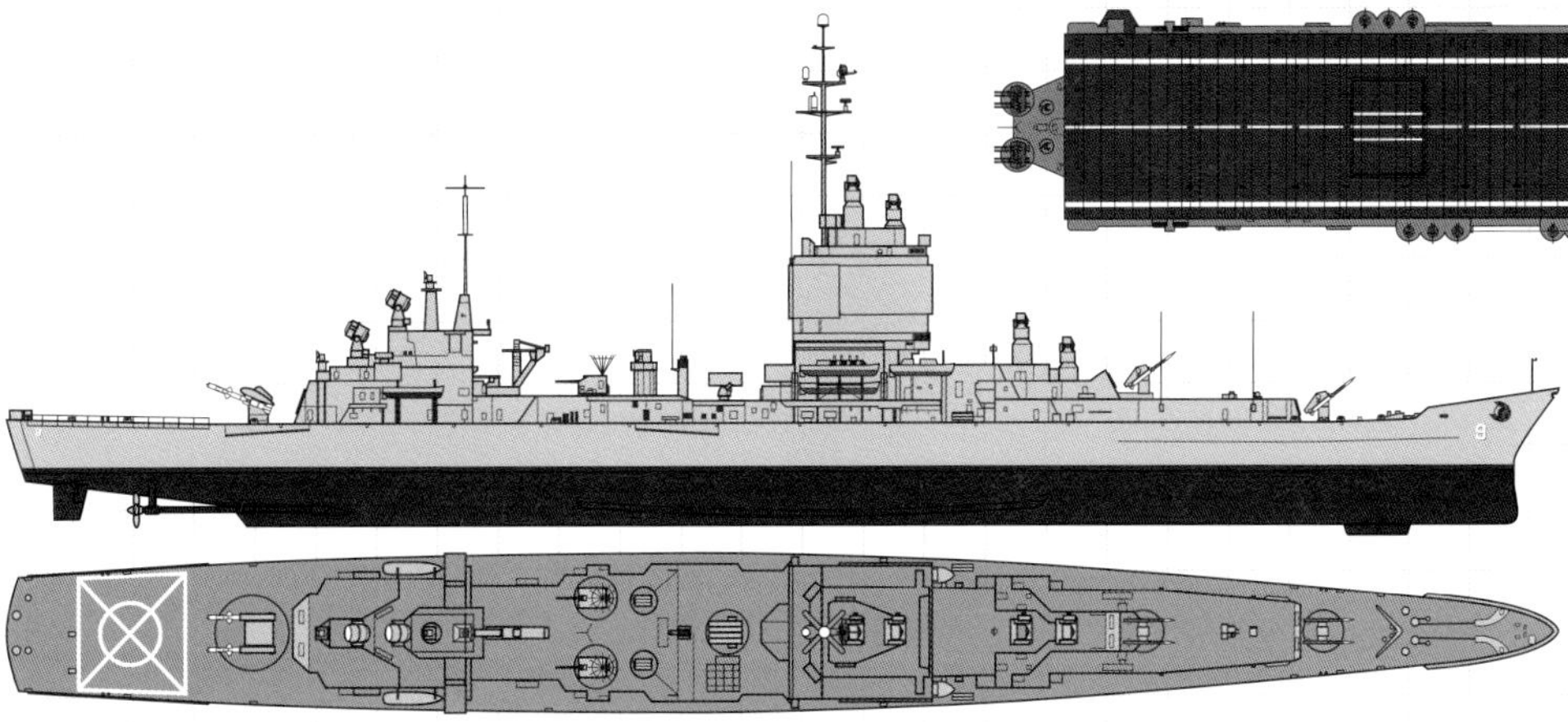
ミサイル巡洋艦「ロングビーチ」
(1960年代)

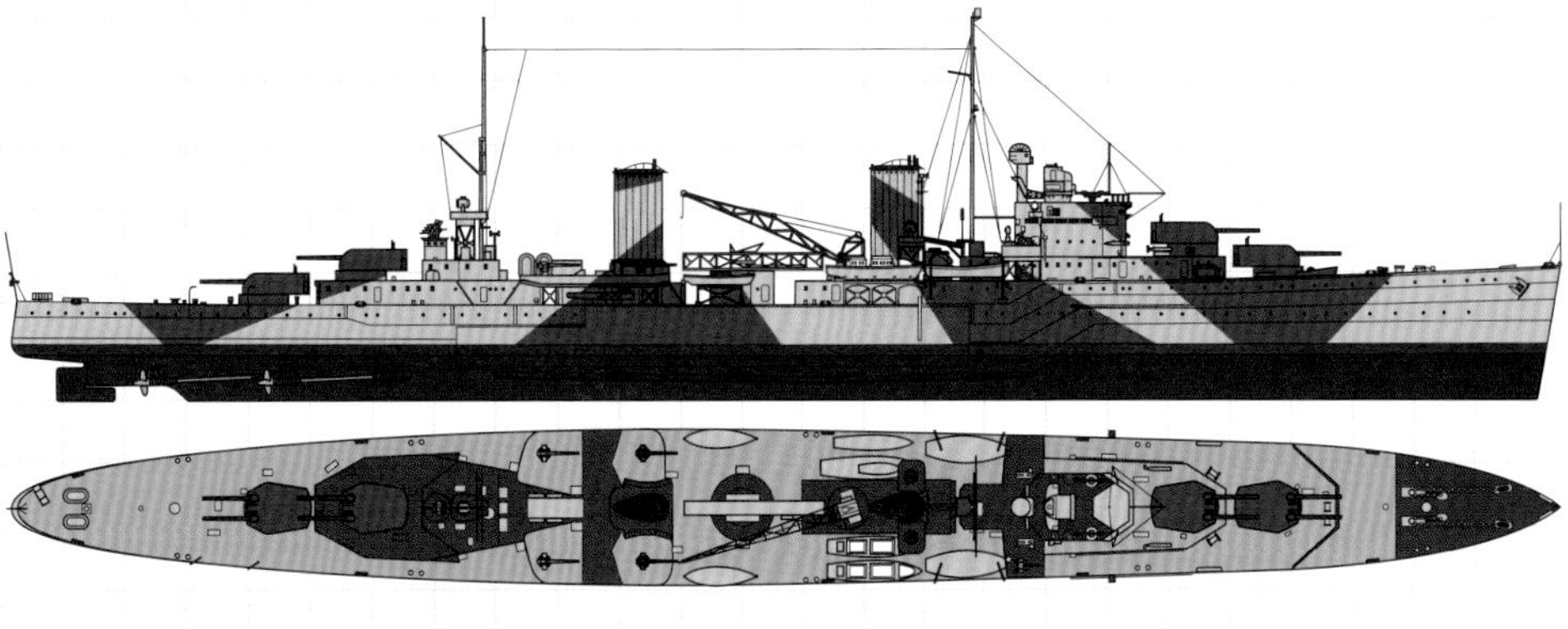
軽巡洋艦「シドニー」
(1941年時)

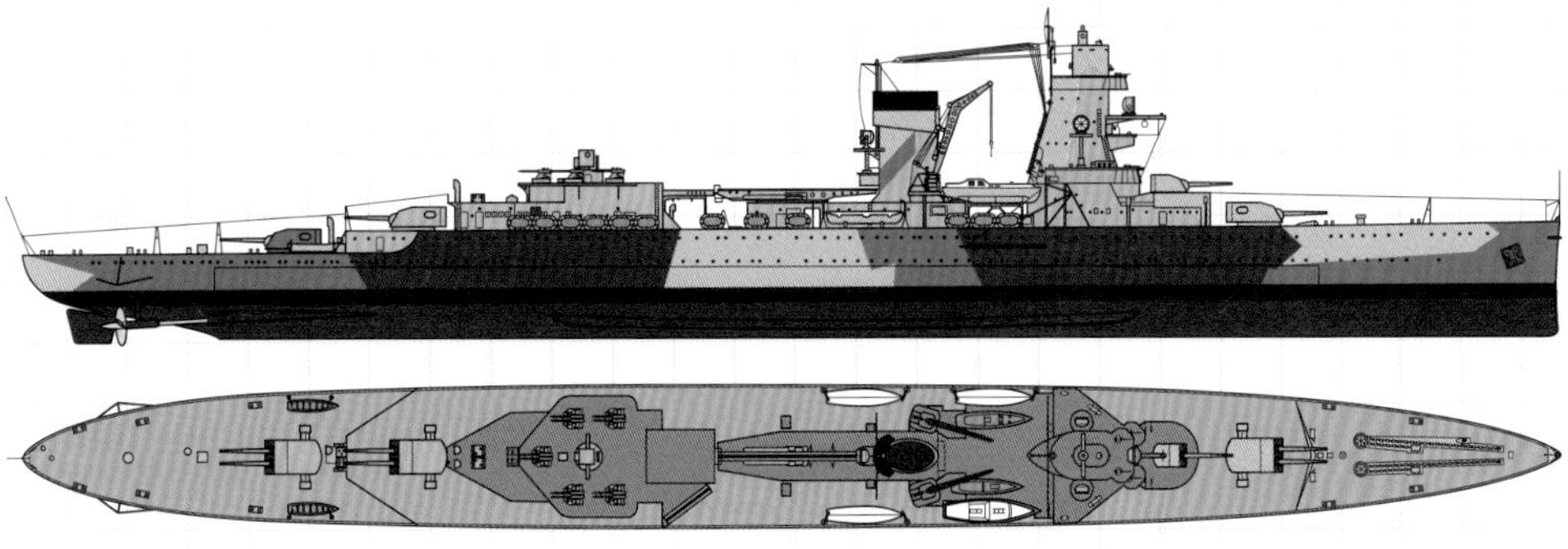
軽巡洋艦「デ・ロイテル」
(1942年時)

# 軽巡洋艦「ライプツィヒ」(ドイツ)

(66、112〜113ページ参照)

## バルト海で地上部隊を支援

今の砲撃は私にしては
うまくいきました。
ソ連の陣地に当たったかな?
この辺にも潜水艦が
いるかもしれないぞ
①


### 装甲

舷側の水線装甲は50㎜厚と厚くはないが、その内部に25㎜の傾斜装甲があった。甲板の装甲も20㎜と同世代の他国の軽巡と比べると薄い。

### エムデン

第一次世界大戦後初めて建造されたドイツの軽巡洋艦で、就役は1925年というベテラン。ライプツィヒ級の2代前のお姉さんだ。主砲は15㎝単砲塔8門。

### 機関

竣工時、主缶は海軍式(シュルツ・ソーニクロフト式)重油専焼缶6基、主機は海軍式ギヤード・タービン2基とMAN式ディーゼル4基を装備し、タービンで60,000馬力、ディーゼルで12,400馬力を発揮し、32ノットを発揮できた。しかし英潜からの雷撃で大破した時に主缶を損傷、練習艦にする際に主缶4基を撤去したため、結局終戦まで最大速度は23ノットに留まった。

### 魚雷発射管

魚雷発射管は竣工時は50㎝三連装魚雷発射管を4基搭載していたが、1936年に53.3㎝三連装魚雷発射管4基に換装している。しかし「ライプツィヒ」はあまり魚雷を発射する機会がなく、もっぱら敵の魚雷に狙われる生涯だった。

### 航続距離

「ライプツィヒ」の燃料搭載量は満載時で重油1,200トン、ディーゼル燃料310トンと少ないため、航続距離は10ノットで3,900浬と足が短かった。これは日本の駆逐艦より短いほどで、外洋での作戦には向かなかった。

### 高角砲

高角砲は、竣工時にはSK L/45 45口径8.8㎝単装高角砲を2基(後に4基に増設)を搭載。改装時にSK C/31 76口径8.8㎝連装高角砲3基に換装した。

### ①主砲

主砲としてSK C/25 60口径15㎝砲を三連装3基9門搭載した。この砲は距離3,200mで60㎜の装甲を貫徹する能力を持ち、最大仰角40度で最大射程は25,700m。1門あたり120〜166発の砲弾を搭載していた。

1939年12月13日、英潜からの雷撃で大破した「ライプツィヒ」は練習艦に艦種変更されたが、40年12月に現役に復帰した。1941年6月以降、「ライプツィヒ」は「バルバロッサ」作戦を海上から支援し、軽巡「エムデン」と共に艦砲射撃を行った。9月にはバルト海の西エストニア諸島を攻略する陸軍部隊の支援を行い、サーレマー島やムフ島の敵陣地に艦砲射撃を行っている。なお「ライプツィヒ」は、ムフ島のソ連軍の陣地を攻撃しているときに、ソ連潜水艦Shch-317に雷撃されたが、幸いなことに魚雷は外れている。イラストは「エムデン」と共に西エストニア諸島のソ連陣地を砲撃する「ライプツィヒ」。引っ込み思案でちょっと自信がない不幸体質の軽巡娘だ。排水量が小さく、装甲も薄く、燃料搭載量も少ないので、小柄でスレンダーな体型をしているぞ。

## 王女《プリンツ》とつながったまま14時間…不幸体質ライプツィヒさん

ご、ごめんなさい！
ライプツィヒ先輩
大丈夫ですか!?
プリンツ・オイゲン
「ライプツィヒ」に衝突したアドミラル・ヒッパー級重巡洋艦2番艦。こちらは世界の重巡でも最重量級の基準排水量15,000トンという巨艦だった。バストもはち切れんばかりの豊かな体型だぞ。
うう…オーバーホールが終わったばっかりなのにまた大破しちゃった…

1944年10月15日、バルト海のゴーテンハーフェン沖で濃霧の中を航行していた「ライプツィヒ」は、機関をディーゼルから蒸気タービンに切り替える作業を行っていたため一時的に漂流していたが、そこを20ノットで航行中の重巡「プリンツ・オイゲン」に艦首から衝突された。「ライプツィヒ」の艦橋と煙突の間は「オイゲン」の艦首で大きく切り裂かれ、両艦は14時間もつながったままだったが、辛うじて「ライプツィヒ」はゴーテンハーフェンに帰還。洋上航海は諦められ、そのまま訓練生用の宿泊船となった。だがその後、侵攻してきたソ連軍への艦砲射撃で最後の活躍を見せ、戦後はドイツ本国に戻ることができた。不幸な出来事が目立った「ライプツィヒ」だが、比較的幸運な最期を迎えることができたと言えるかもしれない。

## バタビア沖海戦

「春風」は、太平洋戦争時の他の日本駆逐艦と比べると小型で古参の部類に入る神風型、そして艦名からもどこか優しい雰囲気を纏ったスマートなお姉さん駆逐艦だ。

　昭和17年（1942年）3月1日未明のバタビア海戦において、「春風」は最初の突撃で命中弾数発を受け損傷。一旦仕切り直した後、再度雷撃を敢行して「パース」に命中させ、同艦の撃沈と海戦の勝利に貢献した。

　イラストでも、ボロボロにされた「春風」さんが、お返しとばかりに魚雷を発射している。

よくもやってくれたわね……
お返しよッ！
主砲
主砲は江風《かわかぜ》型から睦月型までの一等駆逐艦に搭載された、G型砲とも呼ばれる45口径三年式12糎《センチ》単装砲。砲の前面と側面には波除け用のシールドが設けられている。
魚雷発射管
神風型の搭載した十年式連装発射管は、前級の峯風型の六年式が人力旋回だったのに対して動力旋回となっている。魚雷は直径53.3cmの六年式で、次級の睦月型以降が61cmになったのに比べると一回り小さい。


### 駆逐艦「春風」（日本）

（66、114～115ページ参照）

# 船団護衛

**電探**

太平洋戦争中に前檣へ一三号電探が装備されている。この他、12cm 単装砲が竣工時の4基から2基、魚雷発射管も3基から2基に減り、対空・対潜装備が増強されたらしい。

**爆雷投射機**

「春風」を含む神風型前期建造艦は当初、艦尾の爆雷兵装を装備していなかった。6番艦「追風《おいて》」以降の後期型4隻から爆雷投射機などが追加され、前期の艦にも順次装備が反映されている。

第五水雷戦隊の解隊後、護衛任務などに従事していた「春風」は昭和19年3月1日、第一海上護衛隊に編入され、高雄～門司《もじ》間の船団護衛にあたっていた。そして同年10月24日にはマタ30船団を護衛中、米潜水艦群の攻撃に遭遇する。船団は大きな損害を受けたものの、「春風」は探知した潜水艦に対して執拗に爆雷攻撃を実施し、米潜水艦「シャーク」を撃沈する戦果を挙げた。

イラストは、マタ30船団の護衛中に遭遇した米潜水艦群に対して、爆雷攻撃を行う「春風」。

ペキン作戦
あれはドイツ海軍の……？
っととと、あぶなッ!!
グロム
主砲
竣工時の主砲はボフォース50口径12cm砲で、1番砲のみ単装砲、2～4番砲は連装砲で計7門を搭載した。
ケーニヒスベルク
対空機関砲
ボフォース4cm連装機関砲を2基、前部魚雷発射管の前後に装備している。

ペキン作戦でイギリスへ向かう、「ブリスカヴィカ」と姉妹艦「グロム」(右奥)。1939年8月30日にポーランドを出発した「ブリスカヴィカ」たちは、31日に軽巡「ケーニヒスベルク」(イラスト左奥)などのドイツ艦隊と遭遇する。しかし、まだ大戦勃発前であったため戦闘には発展せず、ポーランド艦隊は無事にイギリスに到着した。

かなり重武装かつトップヘビーな駆逐艦ということで、スマートながら出るとこは出ているグラマーだ。イギリスで建造されたためか、どことなくお嬢様っぽい淑やかさも滲えている。

元々バルト海での運用を想定していたためトップヘビーで復原性が低く、波に足を取られてよろめいている。そのためイギリスへ渡った後に、武装等を一部撤去して復原性を改善した。

## 駆逐艦「ブリスカヴィカ」(ポーランド)

(66、116～117ページ参照)

敵艦を捕捉！
4インチ砲の錆にして差し上げますわ!!
H34
主砲
1941年の改装で全ての主砲をQF4インチ（10.16cm）両用連装砲4基（計8門）に換装している。
魚雷発射管
1940年の復原性改善工事で後部魚雷発射管を撤去し、代わりに単装高角砲1基を装備したが、翌年12月の改装で後部発射管を再装備した。


## ブルターニュ沖海戦

連合軍のノルマンディー上陸作戦開始から3日後の1944年6月9日未明、英仏海峡で連合軍とドイツの駆逐艦部隊による海戦が生起した。ドイツ側は駆逐艦3隻と水雷艇1隻、連合軍側はイギリス、カナダ、ポーランドの駆逐艦8隻で、その中に「ブリスカヴィカ」も含まれていた。

このブルターニュ沖海戦で連合軍側は駆逐艦3隻が損傷したものの喪失は無く、一方でドイツ側は駆逐艦1隻が沈没、さらに1隻が座礁し、海戦は連合軍の勝利に終わる。

イラストは味方駆逐艦とともにドイツ艦隊を砲撃する「ブリスカヴィカ」。第二次大戦勃発から約5年、数々の任務をこなしてきた貫録が感じられる。

# セヴァストポリ防衛戦

セヴァストポリの同志たちのため…
この物資は絶対に届けてみせます！
主砲
竣工時こそ13cm単装砲B-13を3基搭載したが、後に計画通り同砲の連装砲塔B-2LMが3基（計6門）となった。この砲の性能は、砲弾重量33.4kg、砲口初速870m/s、最大射程25,597m。
対空兵装
当初は46口径45mm単装高角砲6基、12.7mm単装機銃6基を装備したが、45mm砲は後に73.5口径37mm単装高角砲に換装された。また1941年には艦尾に55口径76mm連装高角砲を追加している。


黒海艦隊の所属で第二次大戦を迎えた「タシュケント」は独ソ戦勃発後、輸送や艦砲射撃など味方地上部隊の支援に大きな活躍を見せた。大型で高速の本艦は輸送能力も比較的大きく、時には30両もの鉄道車両を運んだことさえあったという。

イラストはセヴァストポリ防衛線の最中、兵員や弾薬、燃料、避難民を運びつつ、支援砲撃を行う「タシュケント」。

駆逐艦部隊を指揮する嚮導艦で大型・高性能だったが、ソ連国内での同型艦建造が断念されたあたり、成績優秀だがちょっと近寄りがたい孤高の委員長タイプと言える。駆逐艦としてはかなり大型（日本の軽巡「夕張」と同じくらい）で船体は非常に細長いため、長身スレンダーな体型だが装甲はほぼ無いのでバストサイズは（お察し下さい）。「青い巡洋艦」のあだ名の通り、青髪がトレードマークだ。

## 駆逐艦「タシュケント」（ソ連）

（66、118～119ページ参照）

# ノヴォロシスクへの脱出

私はまだ動けますから
負傷者と避難民を頼みます……


1942年6月27日夜、避難民などを載せてノヴォロシスクに向けて出港した「タシュケント」はドイツ軍機の空襲を受けた。直撃はなかったものの至近弾により浸水、操舵不能に陥る。浮力の45%を失い、徐々に沈降しつつあった「タシュケント」だったが、ほどなくノヴォロシスクから救援の艦艇が到着。救難艦のポンプによる排水も試みられたが艦の沈下は止まらず、特に艦首の沈下が激しかったため後ろ向きに曳航され、辛くもノヴォロシスクに入港することができた。

イラストは救援に駆け付けた友軍艦艇に輸送物件を移乗し、曳航されようとしている「タシュケント」。本艦は間もなく空襲で喪われてしまうが、その活躍は多くの将兵や人々の記憶に残ったのだった。

**魚雷発射管**

533mm三連装魚雷発射管を3基搭載する。装備位置は前後の煙突の間に1基、後部煙突と後檣の間に2基。

**機関**

機関はヤーロー式ボイラー4基とパーソンズ式蒸気タービン2基を搭載。公試では130,000馬力、約43.5ノットという高速を記録した。

流転の駆逐艦メンディップ
中華民国でも
お役に立てるよう
がんばります！
爆雷
対潜兵装として爆雷40個を搭載可能で、投射機2基と投下軌条1基を備えていたが、「メンディップ」は就役直後に自ら投下した爆雷の過早爆発で艦尾を損傷している。
Uボートのお客様は爆雷でおもてなしいたします☆
主砲
両用砲の4インチ（10.2cm）連装砲を艦の前後に1基ずつ、計2基4門搭載する。本来は3基搭載する予定だったが、ハント級I型では復原性改善のため1基撤去された。
これはちょっと照れますね～

日本でいえば松型駆逐艦と海防艦の中間くらいの規模のハント級は、小柄だが輸送船団のお世話が得意なロリメイドさんだ。艦名がキツネ狩りにちなむので、猟犬っぽい垂れ犬耳がチャームポイントと言えよう。イラスト右は第二次大戦中、イギリス海軍の護衛駆逐艦として船団護衛任務に就く「メンディップ」。

左上は1948年5月17日、チャイナドレスに着替えて中華民国にレンタル移籍した「メンディップ」改め「霊甫」さん。1949年、今度はエジプト海軍に引き渡された「ムハンマド・アリー＝エル＝キビール」が左下で、エジプトにちなんだファラオっぽいコスプレに挑戦しているが、まんざらでもないようだ。

## 駆逐艦「メンディップ」（イギリス）
## （台湾）／（エジプト）／（イスラエル）

（66、120～121ページ参照）

1956年10月29日、イスラエル軍のシナイ半島侵攻により第二次中東戦争（スエズ動乱）が勃発。翌30日にはエジプト海軍司令部から「イブラヒム＝エル＝アワル（元メンディップ）」に対し、イスラエル海軍司令部のあるハイファ攻撃が命じられた。

10月31日未明にハイファ沖に侵入した「イブラヒム＝エル＝アワル」は4インチ主砲による艦砲射撃を実施して同海域を離脱したが、イスラエル海空軍の追撃を受けて航行不能に陥り降伏。のちに修理の上で自らが攻撃した「ハイファ」に改名し、イスラエル海軍に編入された。

イラストはハイファ沖にて、駆逐艦の砲撃やダッソー ウーラガン戦闘機のロケット弾攻撃でタコ殴りにされる「イブラヒム＝エル＝アワル」。イスラエル側の駆逐艦「エイラート」と「ヤーファ」はいずれも元英海軍のZ級駆逐艦だった。低速・弱武装の護衛駆逐艦では、艦隊型駆逐艦2隻を相手にするには分が悪すぎたようだ。

## 潜水艦「ハーダー」(アメリカ)

(66、122～123ページ参照)

魚雷発射管
ガトー級は艦首6門／艦尾4門、計10門の魚雷発射管を有し、53.3cm魚雷を24本搭載できる。
ジャップの駆逐艦なんか返り討ちにしてやるわっ！
257
くそっ！魚雷…敵潜カッ!?

4回目の出撃中の1944年4月13日、「ハーダー」はグアム島の南南西で日本輸送船団の直衛機に発見され、護衛の駆逐艦「雷」が制圧に向かってきた。「ハーダー」は「雷」を900ヤード(約800m)の至近距離まで引き付け、魚雷を2本ずつ2回にわたり計4本発射。うち2本が命中した「雷」は5分以内に沈没した。この攻撃は本文にあるディーレイ艦長の簡潔な記録でも有名となっている。

イラストは「雷」を雷撃する「ハーダー」。ガトー級は当時の航洋型潜水艦としては大型で、艦内容積にも比較的余裕があることが、その体型にも表れている。「潜水艦乗りの中の潜水艦乗り」と称され、数々の武勲を挙げたディーレイ艦長が指揮しただけに、かなり勝気で攻撃的な性格だ。

**駆逐艦「雷」を撃沈！**

## “駆逐艦キラー”の最期

1944年8月24日、姉妹艦「ヘイク」と行動中の「ハーダー」はルソン島西方で油槽船「二洋丸」と護衛の第22号海防艦、第102号哨戒艇からなる小船団を襲撃した。しかし第22号のソナーが「ハーダー」を探知、ほぼ同時に潜望鏡も発見される。「ハーダー」は魚雷3本を発射するものの第22号はすれすれでこれを回避し、「ハーダー」の潜没位置で爆雷を投下。午前7時28分、「ヘイク」が15発分の爆雷の炸裂音を感知したが、これが「ハーダー」に止めを刺したと考えられており、以後「ハーダー」の消息は途絶えた。この戦闘は日本の海防艦が潜航中の潜水艦を撃沈した最初のケースとされている。

ちなみにイラスト右上の第22号海防艦はこの後、10月30日に米新S級潜水艦「サーモン」と超至近距離の水上戦を繰り広げている。

**駆逐艦キラー**

太平洋戦争で「ハーダー」が挙げた撃沈戦果は15～17隻（資料によって諸説あり）、約54,000トンとされている。そのうち4隻（雷、水無月、早波、谷風）が駆逐艦という“駆逐艦キラー”であり、しかも4隻中3隻は1944年6月6～9日の4日間で挙げた戦果だった。

## 潜水艦「アップホルダー」（イギリス）

（66、124～125ページ参照）

イタリアの駆逐艦は気づいてないみたい…大物2隻を狙っちゃうぞ！
N99

### 主砲

甲板にはQF3インチ（7.6cm）20cwt対空砲を搭載した。元々第一次世界大戦時にドイツの飛行船を迎撃するために開発された砲だ。

### 艦首

U級では艦首のバルジ（膨らみ）に水上発射管2門を追加したが、これが異常な艦首波を生じて潜望鏡の視野を妨げるなど実用性に問題を生じたため、7隻が装備しただけに終わった。U級第2群の途中からはバルジも撤去されている。

駆逐艦1隻、潜水艦2隻を含む計93,000総トンを沈めた「アップホルダー」だが、最大の獲物が1941年9月18日に撃沈した2隻のイタリア兵員輸送船「ネプテュニア」「オセアニア」（各19,500総トン）だった。また元客船の兵員輸送船「コンテ・ロッソ」（17,789総トン）も撃沈と、「大型兵員輸送船キラー」となっており、北アフリカ戦線へのイタリア軍の増援計画に大きな打撃を与えたといえる。

### 魚雷/魚雷発射管

21インチ（53.3cm）魚雷を8本～10本搭載。魚雷発射管は、第1群の3隻と第2群の4隻は艦首に水中発射管4門、艦首の上部（バルジ部分）に水上発射管2門、計6門搭載。その他は4門を装備していた。

### 大型輸送船2隻をまとめて撃沈！

### 性格

排水量わずか540トンと小さいものの、小型ゆえに運動性は高く、地中海のような浅海域の作戦には適していたというU級潜水艦。だが初期の艦首バルジが大きなタイプは、頭でっかちでかなり特徴的なフォルムをしている。そのため、背は低くて小柄だが、元気ですばしっこく、バストのバルジが大きいロリ巨乳なスク水潜水艦と言えるだろう。「アップホルダー」は「マルタの海賊」と呼ばれたことから、海賊御用達のトライコーン（三角帽子）を被っているぞ。

# マルタの海賊

みんな喜べ～！
今回の狩りも
大漁だったよ～！
N95
N99

英海軍潜水艦部隊では、第一次大戦時の潜水艦「E9」艦長マックス・ホートン中佐に倣って、戦果を挙げて帰還する際は「ジョリー・ロジャー（海賊旗）」を掲げる伝統がある。そして第二次大戦において、帰港する度に海賊旗を掲げる「アップホルダー」はいつしか「マルタの海賊」と呼ばれるようになったという。イラストは海賊旗を掲げてマルタ島に帰投する「アップホルダー」。爆雷攻撃を受けて水着が損傷を受けているようだ。

1941年末にはウォンクリン艦長が英国最高位のヴィクトリア十字勲章を受章（第二次大戦の潜水艦乗りでは初）するなど、輝かしい戦果を挙げた「アップホルダー」だったが、42年4月についに未帰還となった。

## 船体

U級の船体は単殻式で、小型かつ構造がシンプルだったこともあり、改型を含めたU級シリーズは総計で49隻が量産されている。潜航深度も60mと浅めで、薄手のスクール水着を着ているといえるだろう。機関は本級から採用されたディーゼル・エレクトリック式の2軸推進だった。

## 速力/航続距離

出力は水上615hp、水中825hpと水中の方が大きい。速力は水上11.25ノット、水中10ノットと控えめで、さすがに日本の巡潜や米のガトー級など大型巡洋潜水艦と比べると遅い。航続距離も水上10ノットで3,800浬、水中2.5ノットで170浬と小型潜水艦だけに長くはない。ただ地中海のような狭い海域ならこれで必要十分だったといえる。

## 軽巡洋艦「ライプツィヒ」
（1939年時）

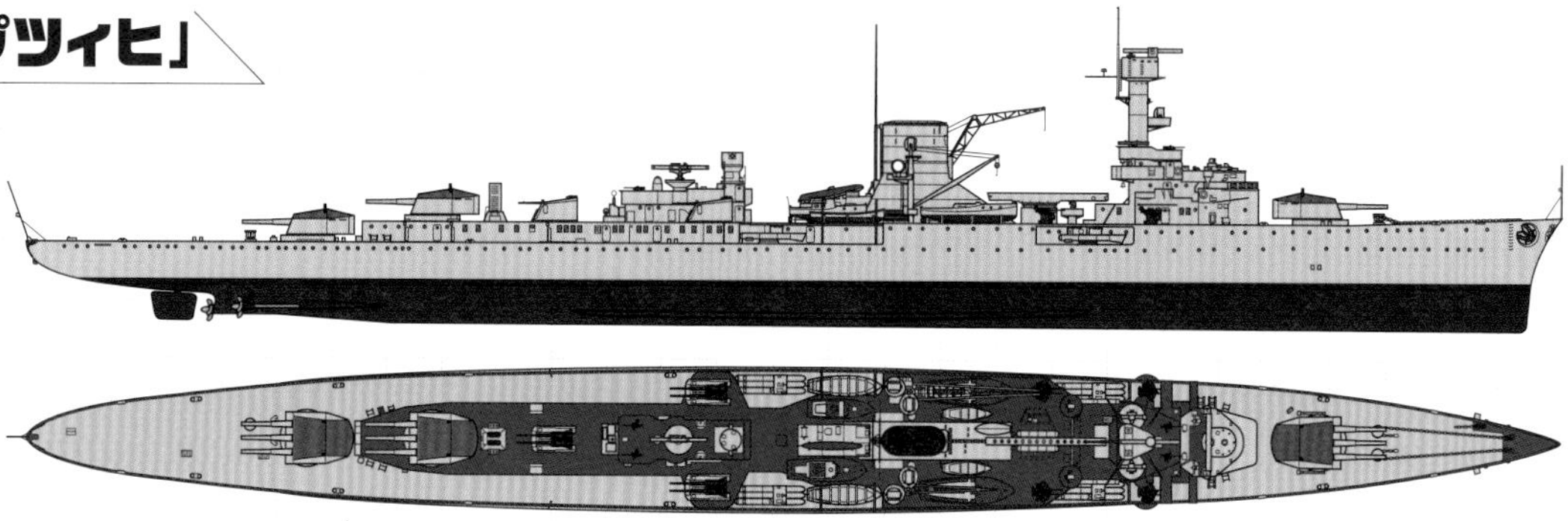

## 駆逐艦「春風」
（1944年時）

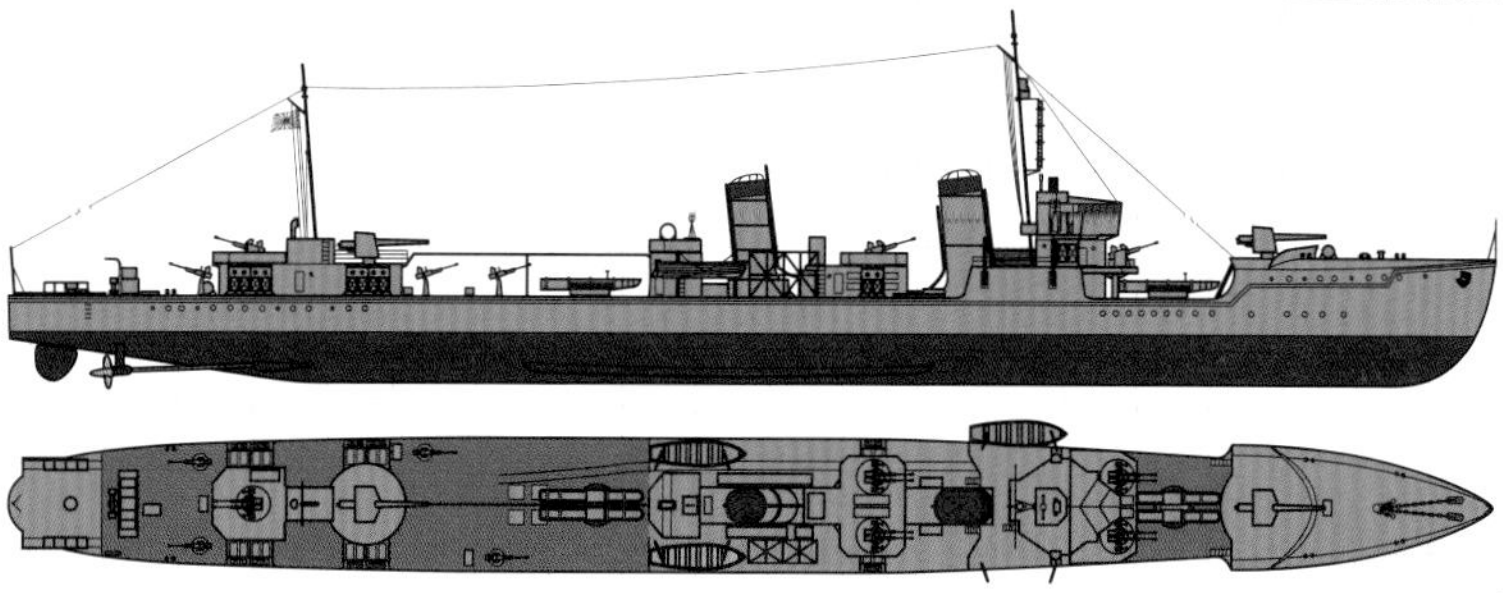

## 駆逐艦「ブリスカヴィカ」
（1944年時）

## 駆逐艦「タシュケント」
（時期不詳）

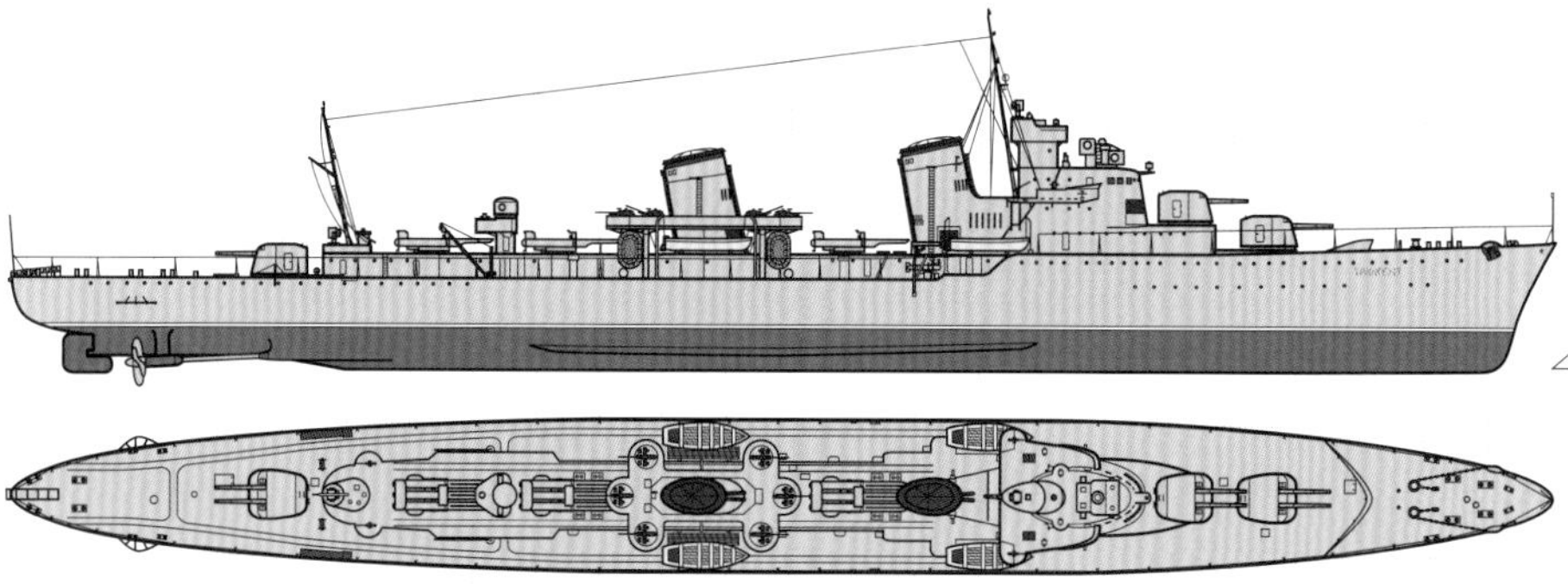

## 駆逐艦「メンディップ」
（第二次世界大戦時）

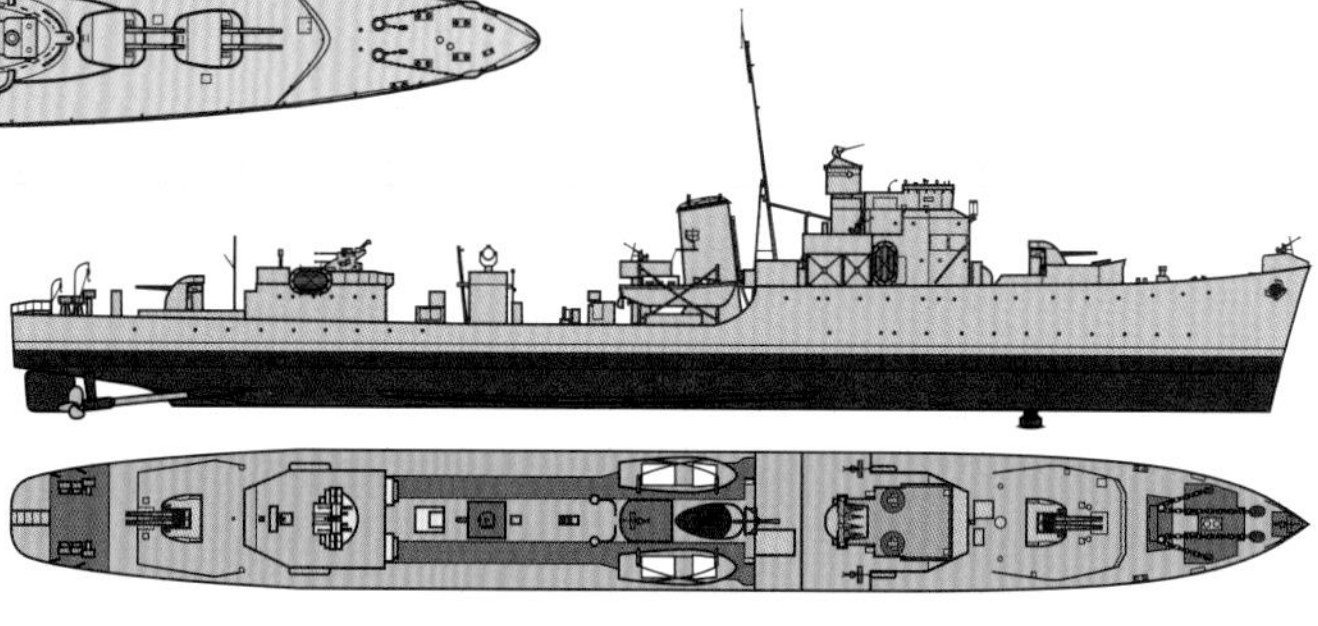

## 潜水艦「ハーダー」
（1944年時）

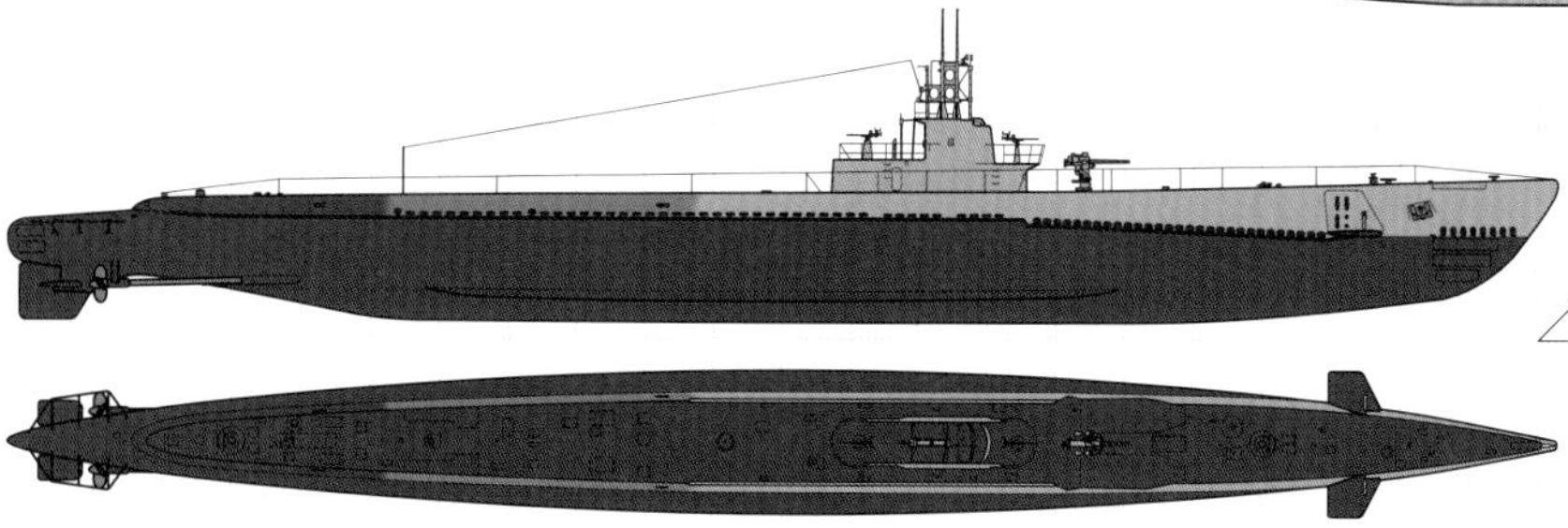

## 潜水艦「アップホルダー」
（1942年時）

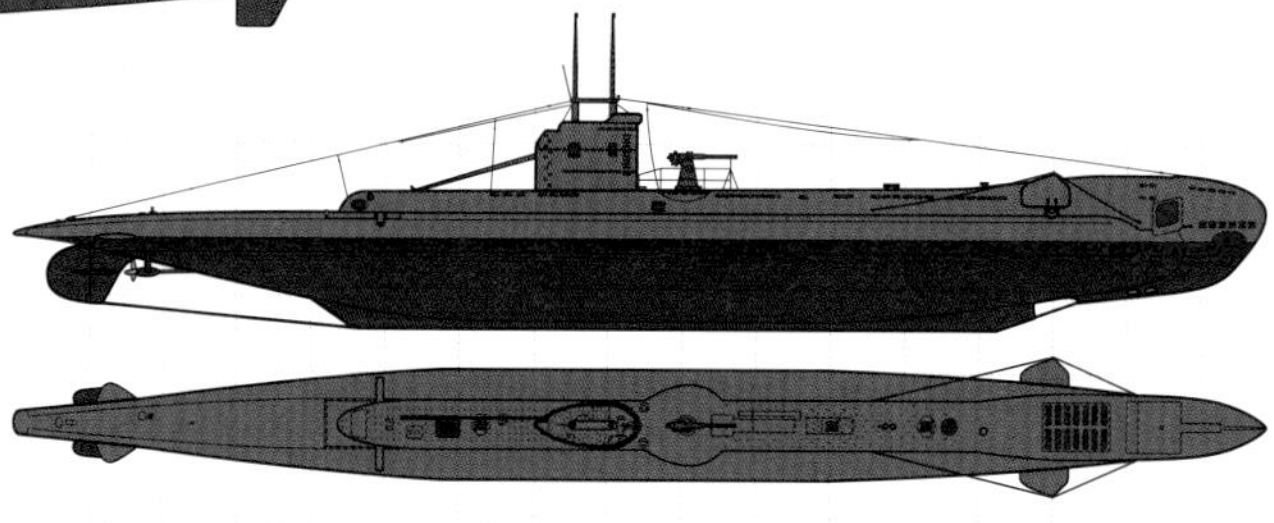

# CONTENTS

# WARSHIP MAIDEN
## 知られざる名艦少女列伝




解説／鈴木貴昭
イラスト／脱狗
艦艇図版／田村紀雄
海戦図等図版／おぐし篤
写真提供／ Naval History and Heritage Command、IWM、Wikimedia commons、イカロス出版、他
写真・図版解説／編集部

# 戦艦「ミシシッピ」/「キルキス」

(アメリカ/ギリシャ)

ギリシャがアメリカから購入した籠マストの前弩級戦艦

## 第二次バルカン戦争での「キルキスの戦い」に由来

本稿で紹介するのは、ギリシャの戦艦「キルキス」である。艦名は、第一次世界大戦直前の第二次バルカン戦争において、ブルガリアとギリシャの間で行われた「キルキスの戦い」にちなんでいる。

第一次バルカン戦争でオスマン帝国に勝利した、バルカン同盟(ギリシャ、ブルガリア、セルビア、モンテネグロ)だが、確保したマケドニアの地の分配で分裂、ブルガリアとギリシャ・セルビア同盟が戦端を開いた。これが第二次バルカン戦争で、開戦直後の1913年6月19日に、ブルガリアが堅固な防衛線を構築していたキルキス~ラハナスラインを、ギリシャ軍が突破を図り、苦戦の末に勝利。更にはこの戦いがきっかけでルーマニア、オスマン帝国がブルガリアに宣戦。同年7月30日にブルガリアが休戦を申し出て、第二次バルカン戦争は終結した。

## 小型戦艦『ミシシッピ』として平穏な日々を送る

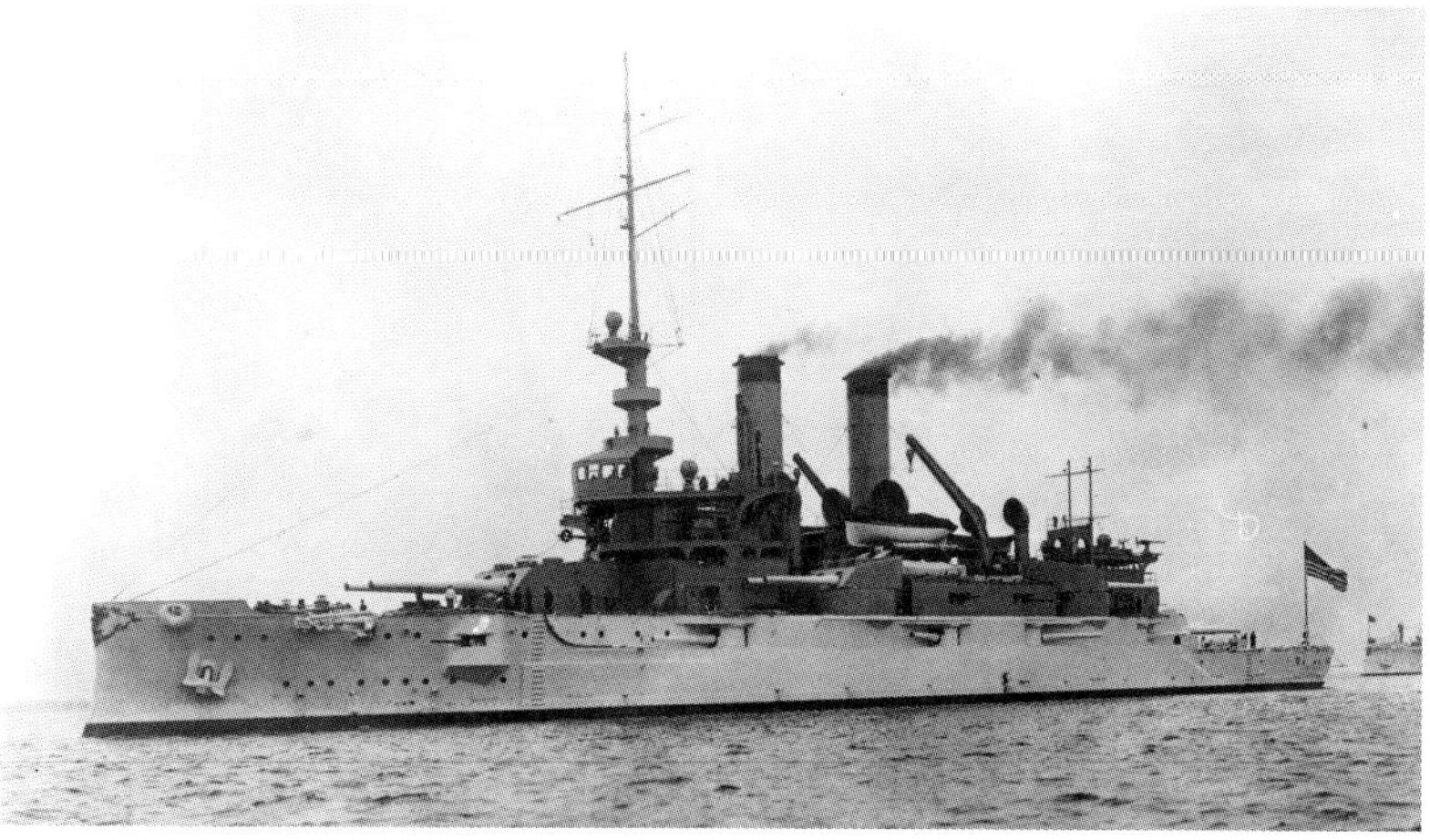

竣工から間もない「ミシシッピ」。前部マストは単檣(棒マスト)で後部マストは設けられていない

アメリカ海軍は、1906年からコネチカット級戦艦を就役させていたが、同級が高額となったため、それを縮小した沿岸用の比較的安価な小型戦艦の建造を決定した。それがミシシッピ級で、速度は17ノットと渾く、サイズも小さいため凌波性にも劣っていたが、多数の武装と日露戦争の戦訓も取り入れた防御を取り入れた艦型であった。

「ミシシッピ」は1908年2月1日に就役すると、乗員の訓練や最終艤装を行い、1909年1月16日にフィラデルフィアからハバナに向けて出港し、キューバのゴメス大統領就任式に参加するアメリカ代表を同地へと送り届けた。その頃、1907年12月16日から世界一周航海に出ていたアメリカ海軍大西洋艦隊、通称「グレート・ホワイト・フリート」が、1909年2月6日にジブラルタルを発って、出発地であるハンプトン・ローズへと向かっていたが、彼女らと合流した。ちなみに、この艦隊の旗艦はミシシッピ級のモデルとなった「コネチカット」であった。

写真は1909年に撮影された「ミシシッピ」の姿で、艦後方に籠マストが設置されているが、前部マストは棒マストのままだ

艦隊はジョージ・ワシントンの誕生日に合わせて帰国、ルーズベルト大統領の観閲を受けた。「ミシシッピ」はこの頃、後部にアメリカ艦特有の籠マストを装備して、片足だけバニーガールへ転職を試みている。

その後カリブ海方面や、自らの名と同じミシシッピ川を遡上して各地を訪問した後、翌1910年1月まで演習に参加する。その後も訓練を繰り返し、この間に完全にバニーガール(籠マスト戦艦)へ転職を決定、前部にも籠マストを装備した。10年11月1日にはイギリスに向けて出港、次いでフランスを経由して翌11年3月13日まで海上演習を行った。

その後も訓練に従事、1912年5月26日には第2海兵連隊の一部をキューバへと輸送、次いでニューイングランド沖で第4戦艦部隊と演習の後、8月1日に第1予備役艦隊所属となった。

訓練に明け暮れたバニーガールはこのまま引退するかと思われたが、1913年12月30日、フロリダ州ペンサコラに海軍航空基地を作る任務を与えられ、翌14年1月6日に資材を積んで出航、21日に現地で航空基地建設を開始する。だがその頃、1910年に勃発したメキシコ革命の影響が、アメリカ企業が製油業に従事していたタンピコまで迫り、14年4月9日にメキシコ軍兵士によってアメリカの水兵が拘束されるタンピコ事件が発生した。

当時のウィルソン大統領は武力行使を決定すると、メキシコシティに近い有力港湾であるベラクルスを占領。「ミシシッピ」もこの任務に駆り出され、4月21日に海軍航空隊を輸送、同地で水上機の海上基地として5月12日まで偵察を支援、最終的に同部隊は9回の航空偵察を行った。

1914年4月、ベラクルスにおける「ミシシッピ」での水上機運用の様子。甲板上の機体はカーチスAB-3飛行艇で、主砲塔上にもカーチスAH-3水上機を搭載している

## アメリカからギリシャに来た籠マストのバニーガール

一方その頃、1906年に進水した「ドレッドノート」によってそれまでの戦艦は陳腐化してしまったため、アメリカ海軍もミシシッピ級の売却を検討していた。ちょうどバルカン半島では、1910年代に入るとオスマン帝国がイギリスに超弩級戦艦を発注したため、それに危機感を感じたギリシャ海軍が新型艦艇を欲していた。と言うのもギリシャ海軍の主力は、第一次バルカン戦争で活躍した装甲巡洋艦「イェロギオフ・アヴェロフ」であり、超弩級戦艦が相手ではあまりにも不利であったからである。

アメリカとギリシャ双方の思惑は一致

し、ギリシャ側としても「ミシシッピ」の性能不足は穏やかな地中海やエーゲ海ではさほど問題とはならないと判断。「ミシシッピ」と姉妹艦の「アイダホ」を約1253万ドルで購入、「キルキス」と「レムノス」と命名した。

こうしてトランジスタグラマー（死語）のOLは、網タイツのバニーガールへ転職し、ギリシャの海運王（「イエロギオフ・アヴェロフ」は同艦購入の予算1／3を国に寄付した富豪）に気に入られて妹と共にギリシャへと嫁入りしたと言えよう。

## ギリシャ海軍の艦隊旗艦として

「キルキス」は1914年7月22日にギリシャ海軍へと引き渡され、その旗艦となった。だが直前の6月28日にはサラエボ事件が発生しており、バルカン半島に濃厚な紛争の匂いが漂う中、7月28日に第一次世界大戦が勃発する。

ギリシャは国王がドイツで教育を受け、ドイツ皇帝の妹と結婚していたため、国王はドイツ寄りであった。また軍部の一部にも親独勢力が強かったが、建国自体はオスマン帝国に対抗するためにイギリス、フランス、ロシアの後援によって行われ、また経済もフランスからの借款で成り立っていた。そのため、ギリシャは中立を選択する。

だが、オスマン帝国がドイツ側（中央同盟）に参加したことで、特にイギリスからの参戦の圧力が高まった。議会はイギリス側（協商国）に立つことを試みたが、国王をはじめとする親独派の反対で失敗。続いてブルガリアも中央同盟に参加したため、ギリシャ議会は再び協商側での参戦を決議するが、国王の反対により、ヴェニゼロス首相は退陣する。

だがブルガリアがマケドニアに侵攻したことで、ヴェニゼロス元首相が臨時政府を樹立し、国王を亡命させ、協商側での参戦を決定した。しかし、フランスはギリシャの中立を無視し、ギリシャ領だったコルフ島を占領、中央同盟側に占領されたセルビア軍の亡命地として使用する。またギリシャ海軍もフランスに押収され、「キルキス」も他の艦と同様に、弾薬を陸揚げされて艦自体も不稼働状態とされ、港湾防衛用艦として終戦まで係留された。

「ミシシッピ」は1914年にギリシア海軍へ売却された。写真はギリシャ戦艦「キルキス」となり再就役した1914年の姿で、前後ともマストが籠マストになっている

1917年にロシア内戦が勃発すると、翌18年には英仏軍が黒海方面で支援活動を開始する。「キルキス」もこれに参加し、1919年4月にはセヴァストポリを防衛する英仏軍を支援した。翌5月にはイギリスの支援を受けて、ギリシャ軍が小アジアのイズミルに上陸し、希土（ギリシャ・トルコ）戦争が勃発する。

「キルキス」は駆逐艦を率いて、小アジアへの兵員輸送を護衛したが、オスマン帝国海軍は協商側に武装解除されていたため、本格的な戦闘は発生しなかった。20年3月にはイギリス軍と共にイスタンブールに駐留、「キルキス」乗員もその支援を行った。

次いで6月3日には、イギリスのスピットヘッドでイギリスのジョージV世の誕生日の祝賀式典に参加する。その後も上陸支援を行ったが、ムスタファ・ケマル率いるアンカラの大国民議会政府がギリシャ軍への全面反攻作戦を実施、ギリシャ側もゲリラによって補給線を随所で寸断され、後退を続けた。最終的にはイズミルからギリシャ軍は撤退、「キルキス」の率いた艦隊は25万人の軍人と民間人を輸送した。

その後、「キルキス」は改装を受けるが1929年には解体が決定、旗艦からも外される。それでも32年まではそのまま使用され、解体は中止されて対空砲の訓練船になった。1939年に第二次世界大戦が勃発すると、イギリス側が「キルキス」をコリント運河の封鎖船に使用するように示唆するが、ギリシャ側はこれを拒否する。

そして1941年4月23日、サラミス島の海軍基地に停泊していた「キルキス」は、ドイツ軍のJu87シュトゥーカの急降下爆撃を受けて大破着底した。その姿はまるで、アメリカから来たバニーガールが「犬神家」の例のポーズで、足を天に突き上げているようであった。

サラミス基地で大破着底した「キルキス」。籠マストや上部構造物を除いて、船体は水没してしまっている

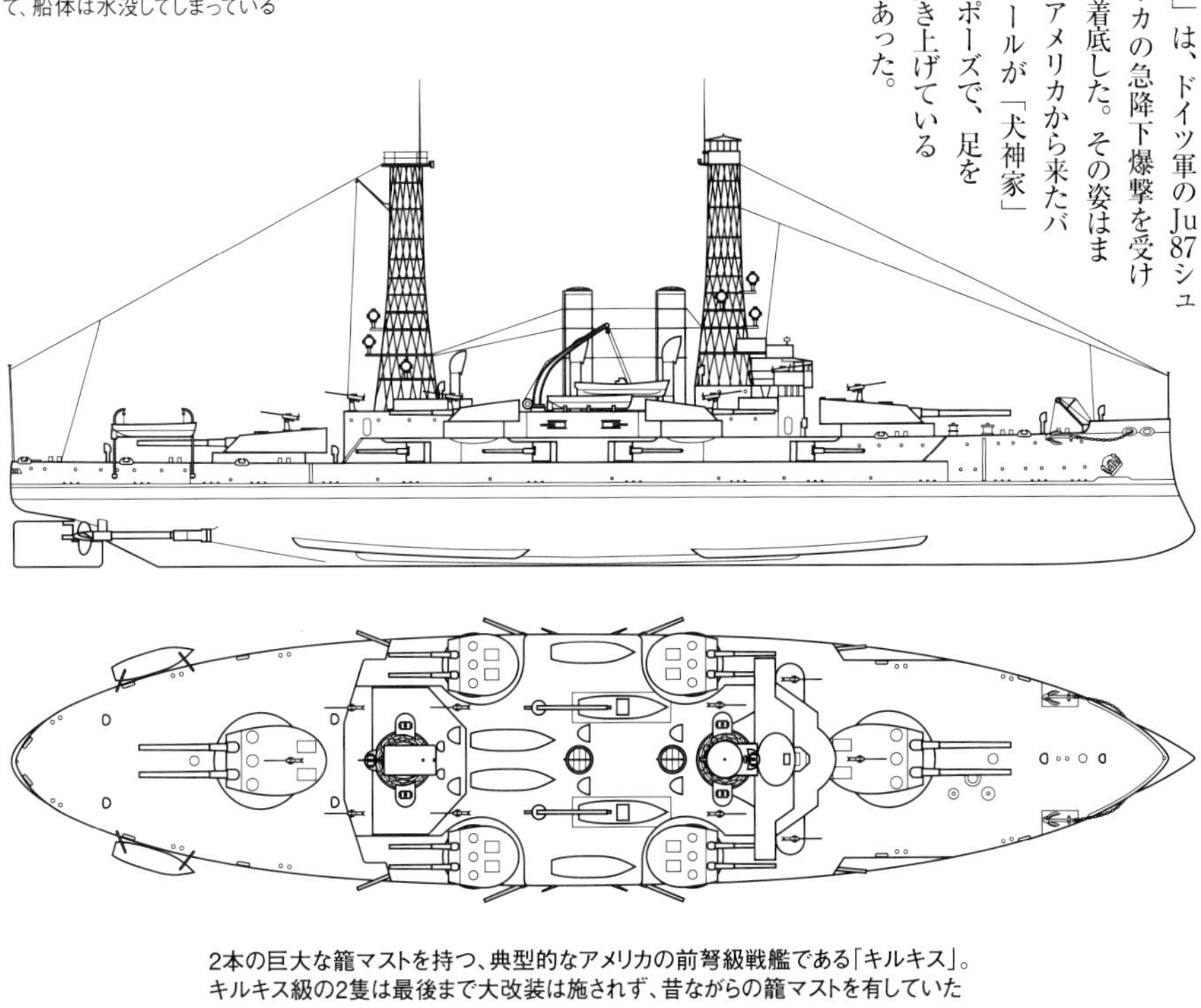

2本の巨大な籠マストを持つ、典型的なアメリカの前弩級戦艦である「キルキス」。
キルキス級の2隻は最後まで大改装は施されず、昔ながらの籠マストを有していた

■戦艦「キルキス」
（1908年「ミシシッピ」竣工時）

| | | | |
|---|---|---|---|
| 常備排水量 | 13,000トン | 全長 | 116.4m |
| 全幅 | 23.5m | 吃水 | 7.5m |
| 主缶 | バブコック・アンド・ウィルコックス式石炭専焼缶8基 | | |
| 主機 | レシプロ2基/2軸 | | |
| 出力 | 10,000馬力 | | |
| 最大速力 | 17ノット | | |
| 航続力 | 10ノットで5,750浬 | | |
| 兵装 | 45口径30.5㎝連装砲2基、20.3㎝連装砲4基、17.8㎝単装砲8基、7.6㎝単装砲12基、47㎜単装機関砲6基、53.3㎝水中魚雷発射管2門 | | |
| 装甲 | 水線229㎜、甲板63㎜、砲塔305㎜、司令塔229㎜ | | |
| 乗員 | 744名 | | |

# 戦艦「フィリブス・ウニティス」（オーストリア＝ハンガリー）

## 第一次大戦時に二重帝国海軍の主力艦として君臨した弩級戦艦

### 〜力を合わせて〜多民族の融和の夢を表した艦名

今回紹介するのは、通称オーストリア＝ハンガリー帝国、正式名称は寿限無ばりに長い国家（※）のテゲトフ級弩級戦艦一番艦「フィリブス・ウニティス」である。なぜテゲトフ級一番艦なのに別の名前かと言うと、当初は「テゲトフ」となる予定だったが、当時の同国皇帝フランツ・ヨーゼフ一世が、自分のモットーであり自国の銀貨にも刻んだラテン語「Viribus Unitis」に改名するように命じたからである。

この言葉の意味は、一般的には「力を合わせて」と訳されるが、同国は多民族国家であり、更には帝国の衰退とともに民族自治の運動が激化していたため、それらの民族の融合と融和を願って付けたのではないだろうか。なお、「テゲトフ」の名は二番艦に付けられたが、これは1866年にイタリア海軍を破ったリッサ海戦のオーストリア海軍の司令官、ヴィルヘルム フォン・テゲトフに因んでいる。

フィリブス・ウニティス」らオーストリア＝ハンガリー海軍の主戦場となったアドリア海周辺。第一次大戦時はトリエステやポーラなどもオーストリア＝ハンガリー領だった（図／おぐし篤）

### イタリアの戦艦「ダンテ」を仮想敵とし、トリエステで誕生

現在のドイツとスイスとイタリアとチェコ及びその周辺諸国に囲まれたオーストリアを考えると、海軍と言ってもどこに船を浮かべるのか考え込んでしまう。

しかしオーストリア＝ハンガリーが存在した当時（1867年〜1918年）は、アドリア海に面したスロベニアやクロアチアも国土の一部であり、前述のリッサ海戦のようにイタリアとアドリア海で戦うことも珍しくなかった。更にはヴェネツィア周辺地域も1815年のウィーン会議の結果、ロンバルド＝ヴェネト王国としてオーストリア帝国の構成国となっていた。

だがイタリア民族運動の高まりとフランスの暗躍によって同地の独立運動が高まり、オーストリアとイタリアの衝突の危険が増してくる。こうしてイタリアを仮想敵として、アドリア海の沿岸防衛を行うためにオーストリア海軍は整備されたのである。

アドリア海は波が穏やかだが、島が多く狭い水道が随所にあるので、そこで使用する艦は比較的小型なものが求められ、更には外海での長期間の活動は考えられていないので、居住性や燃料積載量を削ってでも防御力を強化、小型の船体に出来るだけ強力な武装を施そうとした。

1906年にイギリスで「ドレッドノート」が誕生するまでは、当然ながらイタリアもオーストリアも前弩級戦艦を使用していたが、イタリアでは同年直ちに弩級戦艦建造の指示が出され、07年に設計完了、08年に予算が通過、09年から建造が開始された。これが世界で初めて三連装砲塔を搭載した弩級戦艦、「ダンテ・アリギエーリ」である。

1911年6月24日、トリエステで進水する「フィリブス・ウニティス」

それに対してオーストリアは07年から前弩級艦のラデツキー級を建造中で、そのまま前弩級艦を建造する予定だった。しかし「ダンテ・アリギエーリ」の情報を把握すると、大至急弩級艦の設計を開始する。

設計と建造はSTT社（Stabilimento Tecnico Triestino：「トリエステ工業技術社」くらいの意味か）である。現在トリエステはイタリアの一部だが、14世紀には近隣のヴェネツィアとの戦争で疲弊し、オーストリアの領土になることを望んだ。結果的にオーストリアの自由港となり、一時フランスに占領されたりもしつつ、イタリア領であるよりも長い期間オーストリアの貿易と造船の中心地であった。

■戦艦「フィリブス・ウニティス」（1912年新造時）

| | | | |
|---|---|---|---|
| 常備排水量 | 20,014トン | 全長 | 152.2m |
| 全幅 | 27.3m | 吃水 | 8.9m |
| 主缶 | ヤーロー式炭焼缶12基 | | |
| 主機 | パーソンズ式蒸気タービン2組/4軸 | | |
| 出力 | 27,000馬力 | | |
| 最大速力 | 20.4ノット | | |
| 航続力 | 10ノットで4,200浬 | | |
| 兵装 | 45口径30.5㎝三連装砲4基、15㎝単装砲12基、6.6㎝単装砲18基、53.3㎝水中魚雷発射管4門 | | |
| 装甲 | 水線280㎜、甲板48㎜、砲塔205㎜、司令塔250㎜ | | |
| 乗員 | 1,087名 | | |

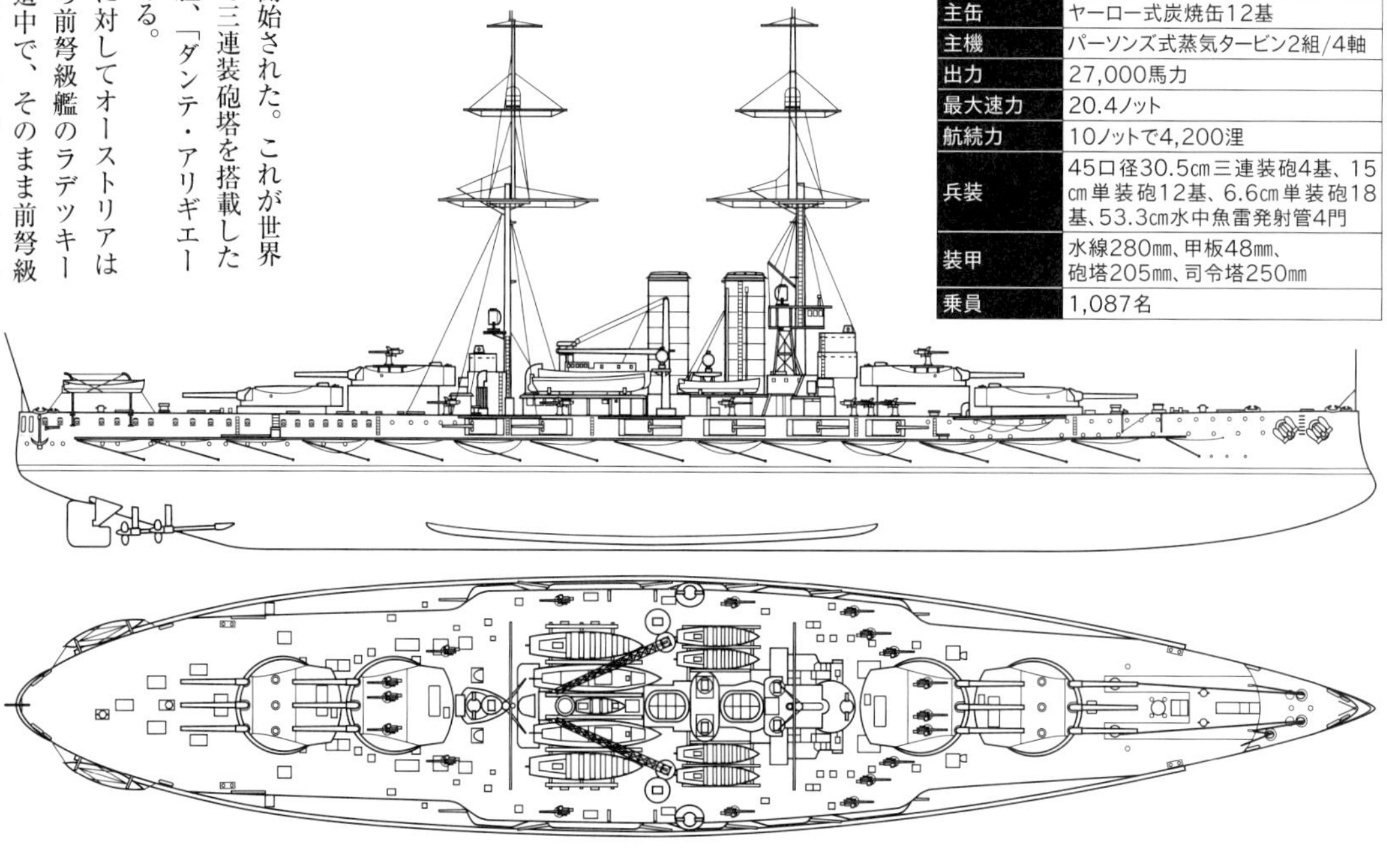
艦の前後に30.5㎝三連装砲塔2基ずつを搭載し、ライバルの「ダンテ・アリギエーリ」と同じく合計12門とした「フィリブス・ウニティス」。砲塔を背負い式に搭載する、当時としては画期的な設計だった。主砲塔上には6.6㎝砲を装備している

（※）正式な国名は「帝国議会において代表される諸王国および諸邦ならびに神聖なるハンガリーのイシュトヴァーン王冠の諸邦」とされる。

こうして08年にテゲトフ級の建造が承認され、ラデツキー級一番艦が1910年6月5日に完成すると、同年7月24日にテゲトフ級一番艦が起工される。後に「テゲトフ」と命名される二番艦は同年9月24日に、三番艦「プリンツ・オイゲン」は12年1月16日、四番艦「シュツェント・イストファン（セント・イシュトヴァーン）」は同1月29日に起工された。

前述の通り一番艦は「フィリブス・ウニティス」に改名され、1911年6月24日に進水、12年12月5日に就役する。全長152・2m、排水量2万トンの船体に、この頃は帝国内の大企業であったシュコダ製の30・5cm三連装砲を背負い式に4基搭載し、15cm副砲を中央舷側のケースメイト（砲郭）に片舷6基ずつ搭載していた。

ライバルの「ダンテ・アリギエーリ」も似たような武装だが、大きな違いはテゲトフ級は主砲を背負い式にしたことである。これによってライバルより全長を15m以上も短くするのに成功した。背負い式砲塔は艦の重心が上がり、横揺れが大きくなるが、運用が波の穏やかなアドリア海だったので許容範囲であった。それでも、全速で舵を切ると大きく傾くことになる。最大速力は20・4ノットで、これは22・8ノットの「ダンテ・アリギエーリ」よりはやや遅かった。

2本の煙突から煙を上げる「フィリブス・ウニティス」。ヤーロー式石炭専焼缶を12基搭載した。主砲の最大仰角は20度で、最大射程は2万mだった

## 大戦では低調な活動に終わり二重帝国と運命を共にする

皇帝フランツ・ヨーゼフ一世の民族融和の夢を乗せて命名された「フィリブス・ウニティス」は、同国海軍第一艦隊第一戦隊に配備された。1914年6月25日にはフランツ・フェルディナント大公（当時同国軍の全軍監察官であった）が、トリエステ港で同艦に乗り込み、サラエヴォの軍事演習視察に出かけた。だが28日にフランツ・フェルディナントは暗殺され、これが第一次世界大戦の引き金となる。なお、その遺体をトリエステまで運んだのも、同艦であった。

こうして第一次世界大戦が勃発すると、イギリスとフランスがイタリアに協力してアドリア海に艦隊を派遣する。ただ、オーストリア側もイタリア側も主力艦は母港からあまり動かず、軽巡以下の小型艦艇での衝突が多かった。

特に狭い水路を熟知した潜水艦の活動は活発で、後に映画「サウンド・オブ・ミュージック」の登場人物のモデルとなるゲオルク・フォン・トラップ少佐は潜水艦U・5でフランス装甲巡洋艦「レオン・ガンベッタ」を沈めるなどの大戦果を挙げている。またU・12もフランス戦艦「ジャン・バール」（初代）を雷撃、中破させたことで、連合軍側は次第に哨戒線を南に下げ、最終的にはアドリア海の出口であるオトラント海峡の封鎖を試みた。

第一次大戦時後期、プーラ港に停泊中のテゲトフ級3隻。手前から「シュツェント・イストファン」、「テゲトフ」、「プリンツ・オイゲン」。「シュツェント・イストファン」は魚雷防御網を撤去している

オトラント海峡は最も狭い所で85kmしかなく、ここに連合軍は防潜網と機雷堰を敷設し、ドリフターと呼ばれる特設掃海艇が哨戒任務に就き、それを駆逐艦などが護衛していた。だがオーストリア側の潜水艦を食い止めることはほとんどできず、更にはオーストリア側は定期的に封鎖部隊への攻撃を仕掛けた。1917年5月15日にはその中でも最大の戦い、オトラント海峡海戦が勃発している。

だが両軍とも主力艦は参加せず、「フィリブス・ウニティス」は同型艦と共に母港であるプーラ（イタリア語ではポーラ、現クロアチア）に停泊しているばかりであった。大戦中の活動は、14年7月末にドイツの巡洋戦艦「ゲーベン」と軽巡「ブレスラウ」がプーラから出港する際に、他のテゲトフ級と共にアドリア海出口近くまで護衛を行った。続いて、15年5月にはイタリアのアンコーナ市を砲撃した。

戦局が悪化してきた18年6月9日にはテゲトフ級4隻を含む主力艦による封鎖線突破が試みられ、プーラを出港した。しかし、途中イタリアの魚雷艇MAS15の攻撃で「シュツェント・イストファン」が撃沈され、結局最後の出撃は中止となりプーラへ引き返した。そして18年10月下旬にはオーストリア軍はほぼ壊滅、オーストリア革命が勃発し、帝国も解体が始まった。

「フィリブス・ウニティス」も、帝国から独立して中立を宣言したスロベニア人・クロアチア人・セルビア人国（後のユーゴスラビア）に10月31日に譲渡され、艦名も「ユーゴスラビア」と改名された。しかし11月1日、人間魚雷を使用したイタリア海軍のラファエレ・ロセッティ技術少佐とラファエレ・パオルッチ軍医中尉によって艦底に爆薬をセットされ、僅か15分で爆沈している。なお二人のイタリア軍人は捕縛、爆弾を仕掛けたのを自白したが、爆発時間になっても何も起こらなかったため、ヤンコ・ヴコヴィッチ艦長は艦に戻った所で爆発、そのまま艦と運命を共にした。

なお皇帝フランツ・ヨーゼフ一世は1916年11月21日に亡くなっており、彼の民族融和の夢が込められた「フィリブス・ウニティス」が沈んで間もなく、オーストリア＝ハンガリー帝国も消滅した。

1918年11月1日、プーラ港でイタリア軍の人間魚雷の爆薬により沈没していく「ユーゴスラビア」（前艦名「フィリブス・ウニティス」）

# 戦艦「センチュリオン」（イギリス）

## 第一次大戦を戦い、戦間期は標的艦に、第二次大戦では囮艦となった超弩級戦艦

### 古代ローマの「百人隊長」

「センチュリオン」とは古代ローマの百人隊の隊長を指す「ケントゥリオ」のことで、イギリス海軍では代々使用されている名前である。初代は1650年に建造された4等フリゲートで、ここで説明するのは1910年度海軍計画によって建造された、初代キング・ジョージV世級戦艦の一隻だ。

なお初代以前に、1588年に起きたアルマダの海戦においても、「センチュリオン」の名の艦が8月1〜2日の戦闘に参加しているが、臨時招集された武装商船だと考えられる。

### 「弩級戦艦」を超える「超弩級戦艦」の時代

1906年に就役したイギリス戦艦「ドレッドノート」は、遠距離砲戦を視野に入れて主砲を45口径30・5㎝連装砲に統一、それを5基装備し、蒸気タービンによって21ノットの速力を叩き出した戦艦であった。

それまでの戦艦は艦の前後に連装主砲、側面に副砲を多数装備し、ボイラーとレシプロ蒸気機関を動力としているのが一般的であった。各国でも単一巨砲艦の研究は行われていたが、コスト面や運用面、用兵面などで試行錯誤中だったのである。

だが「ドレッドノート」は、片舷に向けられる砲力が従来の戦艦の倍となり、遠距離から高速で接近して一挙に大量の砲弾を叩き付けることができ、いざ不利になれば速度を生かして逃げることも可能であった。彼女1隻で従来艦の2〜3隻に相当する戦力となったのである。

これによって従来艦は陳腐化し、各国とも「弩《ド》級艦」の建造競争にまい進する。英国でも「ドレッドノート」の欠点を改良してベレロフォン級、セント・ヴィンセント級、ネプチューン、コロッサス級が建造された。

次いで、コロッサス級を改良し、主砲をそれまでの30・5cmから34・3cmへ拡大、更には主砲塔を全て艦の中心線に一直線に配置して、全主砲を同時に側面へ発射可能とし、舷側砲塔を廃止して防御力が改善されたオライオン級が建造された。

なお、主砲塔を中心線上に配置し、更には背負い式砲塔とするのは1910年に就役したアメリカ海軍のサウスカロライナ級でいち早く行われており、以後のアメリカ戦艦も同様である。

それはともかく、オライオン級は弩級を超えた「超弩級戦艦」と英国メディアで呼ばれるようになり、以後、世界各国とも超弩級戦艦を建造するようになる。そしてオライオン級の不具合を改修し、イギリスで2番目の超弩級戦艦のシリーズとなったのが、キング・ジョージV世級であり、その2番艦が「センチュリオン」であった。

キング・ジョージV世級（初代）戦艦2番艦「センチュリオン」を左舷後部より見る。後部艦橋構造物上に探照灯や測距儀、距離時計などが設置されているのが分かる

### 第一次世界大戦開戦 姉妹艦が早々に喪失

「センチュリオン」は、ネームシップの「キング・ジョージV世」と同日である1911年1月16日に、英国南西部にあるデヴォンポート工廠で起工された。就役は「キング・ジョージV世」から半年遅れの1913年5月22日であったが、遅れた理由は11年11月18日に進水、12月に夜間海上試験を行っていた際に、イタリアの汽船「デルナ」と衝突して艦首を損傷し、その修理に13年3月までかかったためである。

就役後、姉妹艦と共に本国艦隊の第2戦艦戦隊に所属し、4隻揃ってキール運

■戦艦「センチュリオン」（1913年竣工時）

| | | | |
|---|---|---|---|
| 常備排水量 | 25,420トン | 全長 | 182.2m |
| 全幅 | 27.2m | 吃水 | 8.7m |
| 主缶 | ヤーロー式石炭・重油混焼水管缶18基 | | |
| 主機 | パーソンズ式直結タービン2組 | | |
| 軸数 | 4軸 | 出力 | 31,000馬力 |
| 最大速力 | 21ノット | 航続距離 | 10ノットで6,730浬 |
| 武装 | 34.3㎝連装砲5基、10.2㎜単装砲16基、47㎜単装砲4基、533㎜水中魚雷発射管3門 | | |
| 装甲 | 水線305㎜、甲板102㎜、バーベット254㎜、砲塔前盾279㎜、司令塔279㎜ | | |
| 乗員 | 862名 | | |

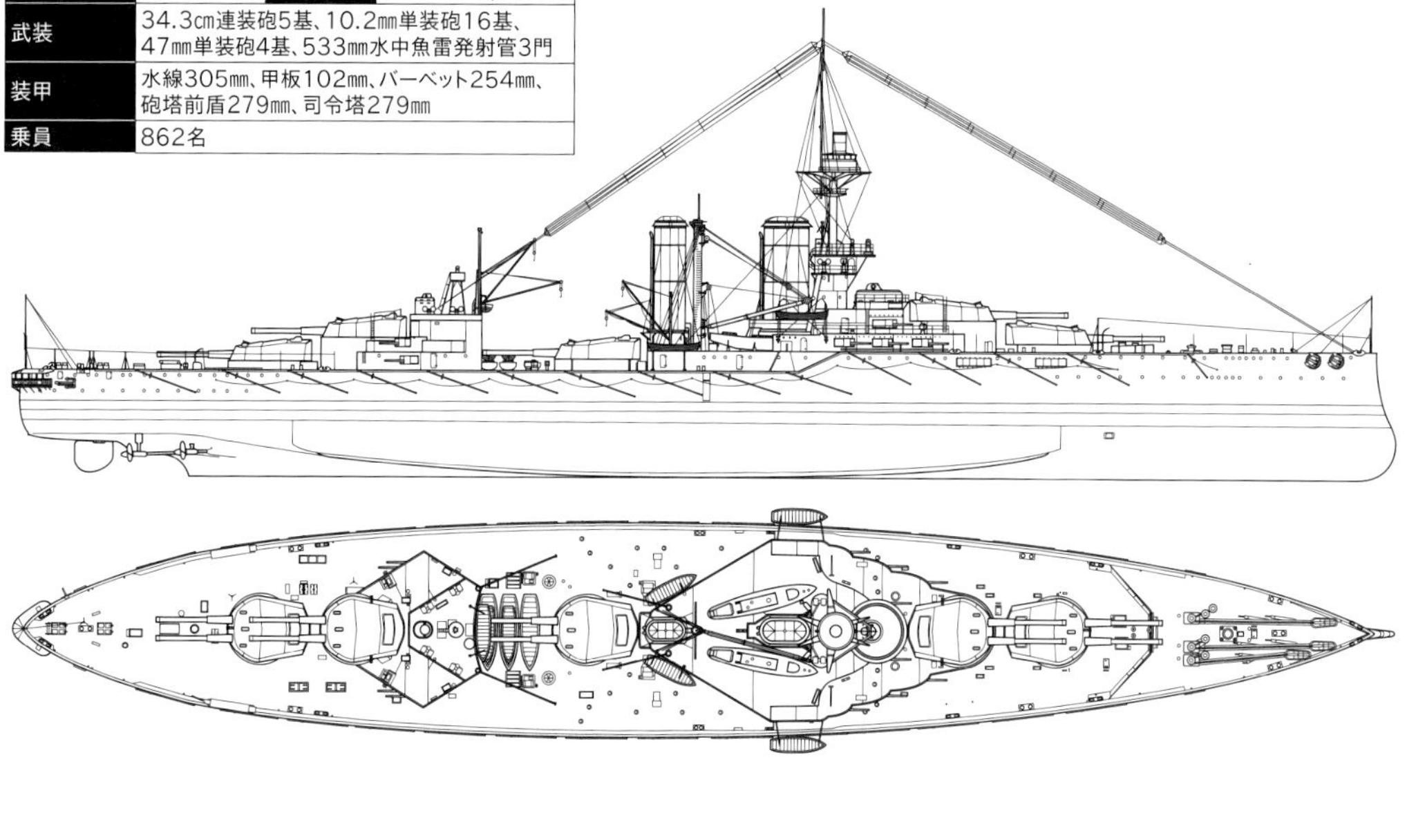

竣工時の「センチュリオン」。船体の中心線上に13.5インチ（34.3㎝）連装砲塔5基を搭載し、片舷に10門を指向することができた。4インチ（10.2㎝）副砲は12門を前部に集中配置し、水線下には魚雷発射管を装備している。前級のオライオン級は前部煙突の後ろに前檣（マスト）を設けていたが、排煙と熱気で射撃指揮に悪影響が出たため、キング・ジョージV世級では前檣を煙突の前に配置した

河拡張を祝う1914年6月の式典に参加している。だが、6月28日にはサラエボ事件が発生し、本艦も7月17日から20日まで試験動員が行われ、25日には英国南部のポートランド島へと移動、独海軍の奇襲に備えるために英国北部のスカパフローへと移動した。

7月28日、第一次世界大戦が勃発すると、本国艦隊と大西洋艦隊が大艦隊（グランドフリート）へと統合され、ジェリコー提督の指揮下に入る。スカパフローは独潜水艦の襲撃を受けていたため、第2戦艦戦隊はスコットランド西岸へ移動した。10月27日に砲撃訓練に出たが、姉妹艦の「オーディシャス」がドイツの補助機雷敷設艦「ベルリン」によって敷設された機雷に接触、曳航にも失敗し転覆、爆沈した。ドイツ側は戦力に勝る英海軍と正面戦闘を行うのは不利と理解しており、英艦隊の小部隊を誘引して各個撃破を狙う一環として機雷の敷設やUボートでの攻撃を行っていたのである。

だが英艦隊の大部分は一カ所に固まっていたため、ドイツ海軍はイギリス艦を沿岸防御に向かわせるために都市攻撃を決定する。11月3日にヤーマスを、次いで12月16日にスカーバラ、ハートルプール、ウィトビーを襲撃。だがこの時既に独側の暗号は解読されており、二回目の襲撃は14日段階で把握されていた。

そこでジェリコー大将はビーティー中将率いる巡洋戦艦隊を迎撃に向かわせ、「センチュリオン」も含めた第2戦艦戦隊も同行させた。作戦はドイツ軍の港湾攻撃を容認し、帰還の際に攻撃を行うというもので、結果的に民間人に多数の死傷者を出し、更には本隊同士の遭遇は無く、小競り合いだけで独艦隊を逃がしてしまった。

竣工から間もない時の、姉妹艦「オーディシャス」。第一次大戦開戦早々の1914年10月27日、触雷してあっけなく沈没してしまった

1918年、スカパフローで第2戦艦戦隊を写した一葉。手前は「エジンコート」、その奥が「エリン」、奥の3隻は順不同で「キング・ジョージV世」「センチュリオン」「エイジャックス」

この失態に英国世論は英艦隊を批判し、後の戦いに影響を及ぼすこととなる。

1915年1月10日から第2戦艦戦隊は砲撃訓練を行ったが、そのために1月24日に勃発したドッガー・バンク海戦には参加できなかった。

## ユトランド沖海戦に参加するもめぼしい戦果なし

その後「センチュリオン」はしばらく北海周辺などで訓練や哨戒を続け、1916年2月10日に再びドッガー・バンクで掃海艇が独艦隊と遭遇したため迎撃に出動したが、独側に大型艦が不在なのが判明して引き返している。

3月25日夜には、デンマーク南部のトンダーにあるツェッペリン飛行船基地などを襲撃する部隊の支援を行い、4月から5月にかけては独艦隊に対する示威行動を行った。ただし5月には「センチュリオン」は修理中だったので、どの程度参加したかは不明である。

この時期に独側では艦隊司令長官のポール大将が病で退任してシェーア中将に代わっており、2月から始まったヴェルダンの戦いでの海軍の積極的支援を求めて、独皇帝は艦隊維持の方針を変更する。

一方、英海軍もロシアからバルト海の独海軍の駆逐と物資支援を要請されており、双方とも積極的な行動に出るために動き出した。その結果発生したのが、5月31日から6月1日の史上屈指の大海戦、ユトランド沖（ジュットランド沖）海戦である。30日朝にシェーアは大洋艦隊主力を率いて出撃、それを把握した英側もジェリコー率いる大艦隊とビーティー率いる巡洋戦艦隊が迎撃に向かう。「センチュリオン」は大艦隊第2戦艦戦隊のまま、戦闘に参加した。

31日には巡洋戦艦部隊同士の海戦が開始され、報告を受けた双方の戦艦隊が戦場へと急行した。双方の巡洋戦艦部隊は主力との合流を行い、英側は丁字戦法で独側を抑え込むことを試みる。「センチュリオン」も独巡洋戦艦「リュッツオウ」に向けて19発の徹甲弾を発射したが、「オライオン」に視界を遮られたために、それ以上の砲撃はできなかった。

次いで独側は巡洋戦艦隊を突入させ、その間に主力が敵前右一斉回頭を行い撤退した。英側も追撃を行ったが、その主力は巡洋戦艦部隊であり、「センチュリオン」の出番はもう無かった。その後、両軍が出撃する機会はあったが、戦艦同士の戦闘は発生しないまま、第一次世界大戦は1918年11月に終結した。

## 戦間期には標的艦となり第二次大戦では囮艦、そして最後は防波堤に

戦後、「センチュリオン」は地中海艦隊第4戦艦戦隊に配属され、1920年3月に予備艦となった。8月8日に再就役、10月から11月にかけてロシア内戦の捕虜交換に参加する。11月12日には駆逐艦「トバゴ」が触雷した際に「センチュリオン」も損傷、マルタで修理を受けた。

1921年4月にはまた予備役になり、22年8月1日に再就役したが、これはトルコ方面の情勢が悪化していたためで、翌9月にはダーダネルス海峡中立地帯を守備する英仏のチャナク駐屯部隊がトルコ軍に脅かされている。24年4月には英国へ戻ってポーツマスで予備艦隊旗艦となり、7月26日に行われた観艦式に参加した。

26年4月には無線標的艦とすることが決定され、チャタム造船所で27年7月までかけて武装と装甲を撤去する改装が行われた。だがコスト削減のために32年1月30日に退役。しかし33年にまたも再就役して急降下爆撃機の試験に使用され、48発の爆弾が投下され19発が命中している。34年11月から35年1月までは修理のためドック入りした。

第二次大戦が勃発しても「センチュリオン」は標的艦のままだったが、対空砲を搭載し防空砲台としての使用が検討されている。一方、地中海艦隊によるトリポリの砲撃と閉塞が検討され、「センチュリオン」はその閉塞艦の候補となったが、成功確率の低さから中止され、建造中の「アンソン」に似せたダミーシップとなった。

1942年6月にはマルタへの輸送作戦であるヴィガラス作戦に囮として参加、輸送自体は失敗したが囮の役割は十分に果たし、急降下爆撃機を引き付け1機を対空砲で撃墜までしている。そして44年6月9日、ノルマンディー上陸作戦においてオマハビーチで防波堤として沈められ、「センチュリオン」はその数奇な運命を閉じた。

1934年、砲撃訓練の標的として運用される標的艦「センチュリオン」

第二次大戦中の1941年に、キング・ジョージV世級（2代目）の新鋭戦艦「アンソン」に偽装した「センチュリオン」。砲塔や後部煙突はダミーである

# 戦艦「ミナス・ジェライス」（ブラジル）

## 南米に建艦競争を巻き起こしたイギリス生まれの弩級戦艦

### あらゆる鉱山
Minas Gerais

　本稿でご紹介するブラジルの弩級戦艦「ミナス・ジェライス」の艦名は、同国南東部の州に因んでいる。この地名は、ポルトガルの植民地時代に金鉱山が発見され、更には宝石類までも採掘されるようになり、あちこちに鉱山があるとして当時は「Minas dos Matos Gerais（ミナス・ドス・マトス・ジェライス＝森の中の普遍的な鉱山）」と呼ばれ、それから来たとする説と、もう一つは鉱山のあるミナス地域とジェライス地域が合わさったという説がある。

### ブラジル海軍の誕生と衰退

　ブラジル海軍はポルトガル海軍から分かれて誕生した。ナポレオン戦争の最中、ブラジル植民地防衛のためにポルトガルは海軍を送り、更に１８０８年にはナポレオン軍の侵攻を避けるために、ポルトガル本国からブラジルへと宮廷を移している。１８２１年に宮廷はポルトガルへと戻ったが、王太子ドン・ペドロが摂政として残り、１８２２年彼を担いだ現地勢力が独立、ブラジル帝国が成立する。

　その際に、ポルトガルが建設した各種海軍施設や艦艇に加え、ブラジル人だけではなく一部のポルトガル人も、ブラジル海軍への編入を希望した。なお、この独立を後押ししたのがイギリスで、初代ブラジル海軍司令官はイギリス海軍のトマス・アレクサンダー・コクラン提督だった。余談だが、彼はナポレオン戦争で活躍し、フランス側から海の狼と呼ばれ、ブラジル以外にもチリ、ペルー、ギリシャなどの独立戦争に加担し、海洋小説として有名な「ホーンブロワー」シリーズにも多大な影響を与えている。チリ海軍超弩級戦艦として建造され、後にイギリス空母「イーグル」となった「アルミランテ・コクラン（コクラン提督）」は彼に因んでいる。

　誕生当時のブラジル海軍は戦列艦１隻、フリゲート4隻を含む38隻からなっていたが、１８２５年のバンダ・オリエンタル（現ウルグアイ）を巡るシスプラティーナ戦争直前には96隻まで増加していた。その後もブラジルでは、スペインから独立した南米諸国との領土紛争が続き、更には南米利権を拡大しようとするイギリスがそれを後押ししたので、海軍も拡張を続けた。

　しかし１８８９年にクーデターが勃発、帝政が崩壊して共和制へと移行した。だが海軍は皇帝支持であったため、海軍幹部は初代大統領となったフォンセカに対して反乱を起こし、副大統領のペイショトを大統領に据える。しかしペイショトに対してもすぐに反乱を起こしたが、弾薬と食料不足に悩み、結局は鎮圧され士官を大量に喪失し、大幅に勢力が減少、独自の軍艦造船能力も失い、アルゼンチンとチリに海軍力で抜かれることとなった。この士官大量喪失は、練度の低下に繋がり、これは１９０６年の装甲艦「アキダバン」の爆沈など後々にまで響くこととなる。

### 誕生直後に反乱に巻き込まれる

　１９００年代に入って、コーヒーとゴムの需要の拡大によりブラジル経済は活発化、ブラジル政府はその資金を背景に強力な海軍を再建することを決定する。１９０５年12月30日に、小型戦艦と装甲巡洋艦を3隻ずつ、6隻の駆逐艦と他の小型艦艇の建造が可決され、06年7月23日にアームストロング社と戦艦の建造契約が結ばれた。

　この小型戦艦は、チリ海軍向けだったがイギリスが購入したスウィフトシュア級の設計を発展させたものだった。しかし直後の１９０６年12月2日にはイギリ

30.5㎝砲を12門搭載したド級戦艦「ミナス・ジェライス」。改装前の、煙突が2本ある時の姿。ミナス・ジェライス級の完成により、ブラジルはイギリス、アメリカに次ぐド級戦艦の保有国となり、世界の海軍関係者を驚かせた

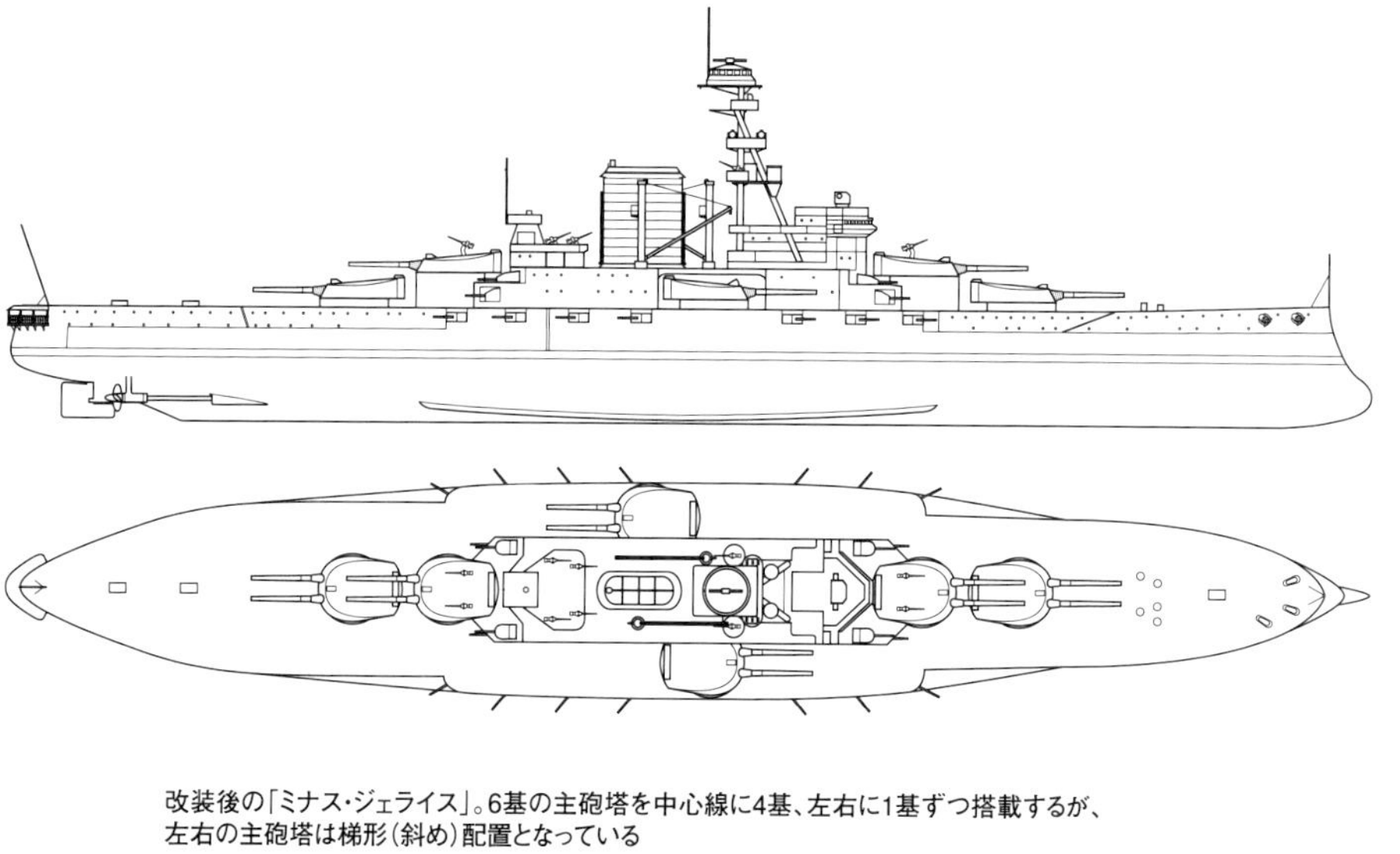

改装後の「ミナス・ジェライス」。6基の主砲塔を中心線に4基、左右に1基ずつ搭載するが、左右の主砲塔は梯形（斜め）配置となっている

■戦艦「ミナス・ジェライス」
（1938年改装完成時）

| | | | |
|---|---|---|---|
| 常備排水量 | 19,281トン | 全長 | 165.5m |
| 全幅 | 25.3m | 吃水 | 7.6m |
| 主缶 | ソーニクロフト式缶18基 | | |
| 主機 | 三段膨脹式レシプロ機関2基/2軸 | | |
| 出力 | 30,000馬力 | | |
| 最大速力 | 22ノット | | |
| 航続力 | 10ノットで10,000浬以上 | | |
| 兵装 | 45口径30.5㎝連装砲6基、12㎝単装砲12基、10.2㎝単装高角砲4基、40㎜機銃4挺 | | |
| 装甲 | 水線229㎜、甲板51㎜、砲塔230㎜、司令塔203㎜ | | |
| 乗員 | 900名 | | |

1908年9月10日、イングランドのニューカッスル・アポン・タイン造船所で進水する「ミナス・ジェライス」。このミナス・ジェライス級に刺激されて、アルゼンチンはアメリカに注文してド級戦艦リヴァダヴィア級2隻を建造し、さらにチリもイギリスに依頼して超ド級戦艦「アルミランテ・ラトーレ」を建造した(2番艦は「アルミランテ・コクラン」だが、イギリスに接収された)

スで弩級戦艦「ドレッドノート」が就役、それまでの戦艦が一挙に陳腐化したことで建造は中止され、直ちに2隻の弩級戦艦を建造する計画に変更された。

1907年4月17日に一番艦の「ミナス・ジェライス」がアームストロング社で、30日に二番艦の「サン・パウロ」はヴィッカース社で起工され、世界で三番目に弩級戦艦を建造着手した国となった。これはブラジルの周辺諸国に衝撃を与え、アメリカすらもブラジルに協力関係を打診するほどだった。

ミナス・ジェライス級の基本設計は「ドレッドノート」に準じており、30・5cm連装砲6基12門を搭載。片舷に10門を指向でき、前後の主砲塔は背負い式となっている。また「ドレッドノート」の特徴の一つがタービン機関の採用だったが、ブラジル海軍にタービンを扱うノウハウが無かったために、旧来のレシプロ機関が搭載されている。

「ミナス・ジェライス」は1908年9月10日に進水、1910年1月6日に竣工、2月5日にアメリカへ向けて出航。死去したブラジル元駐米大使の遺体を載せたアメリカの装甲巡洋艦「ノース・カロライナ」を3月17日にエスコートして、リオデジャネイロに向かい、4月18日にブラジル海軍艦として就役した。

しかし、この時にはブラジルの経済は一転して悪化、同時に軍の内部にまん延する人種差別問題が顕在化するようになる。ブラジル人水兵の多くは、元奴隷の子供か解放された元奴隷が多かったため、水兵のジョアン・カンディド・フェリスベルトを首謀者として反乱が計画されていた。

そして1910年11月16日にブラジル人水兵マルセリノ・ロドリゲス・メネゼスが不服従の罪で鞭打ちを受けたのをきっかけに「ミナス・ジェライス」で反乱が勃発する。22日に艦長以下数名の士官が殺害されて艦から士官が追い出され、同型艦の「サン・パウロ」などにも反乱が伝播、これがラッシュ(鞭打ち)の反乱であった。

反乱軍は水兵を低賃金、長時間労働、頻発する体罰から解放し、奴隷扱いの廃止を要求、陸上に向けて砲撃を行った。国民議会は反乱軍の恩赦と待遇の改善を認めたが、大統領と海軍はそれに反対、魚雷艇での襲撃も検討した。しかし、回航を行ったイギリス技術者などもまだ乗艦しており、攻撃は中止され、大統領も恩赦を認めざるを得ず、26日に反乱は終結した。

## 二度の大戦でも本格的な実戦には投入されず

1914年には第一次世界大戦が勃発。ブラジルは中立国であったが、主要産業であるゴムとコーヒーの価格が下落し、更にはイギリス商船は戦争遂行に必要な物資を優先したために、欧州への輸出が滞った。それでも自国の商船を使って連合国側に輸出していたが、17年にドイツの無制限潜水艦作戦が再開されるとブラジル商船も撃沈され、4月にドイツ帝国へ宣戦布告した。

結果として、ブラジル艦隊も英米仏の艦艇と共に南大西洋のパトロールを開始、また「ミナス・ジェライス」と「サン・パウロ」をイギリスへ派遣すると申し出た。だが、建造以降全く改装を受けていない両艦は、英艦隊と行動するには旧式すぎる、として英国から断られている。

そのため、アメリカで改装を受けることとなり、大戦末期の1918年に「サン・パウロ」が、次いで戦後の1920年7月15日に「ミナス・ジェライス」がニューヨークに向けて出港した。

改装は8月22日から翌21年10月4日まで行われ、機関を石炭専焼罐とレシプロ機関から、重油罐とタービンに変更し、煙突を2本から1本へまとめ、艦橋を大型化して、新式の測距儀と火器管制装置を搭載した。そして主砲塔内に垂直装甲の追加、爆風で悪影響を与えていた4・7インチ副砲を減らし、代わりに3インチ砲などが追加されている。

改装後の1922年7月に陸軍の一部が反乱を起こし、リオデジャネイロのコパカバーナ要塞を占拠すると、「ミナス・ジェライス」は「サン・パウロ」と共に反乱軍を鎮圧した。なお、この際に南米初の海軍航空機による爆撃も行われている。1924年11月には再び反乱が発生、「サン・パウロ」は反乱軍に乗っ取られて他の艦も反乱に加わるように威嚇したが、「ミナス・ジェライス」を含めた大部分の艦は政府軍に留まり、その際に「サン・パウロ」から6ポンド砲の砲撃を受け、コックが負傷している。

1931年6月から38年4月にかけて、リオデジャネイロ海軍造船所で近代的改装が行われ、18基あったバブコック&ウィルコックス社製のボイラーが、新型のソーニクロフト社製6基に交換され、空いたスペースと側面の旧石炭庫は重油タンクに変更された。またツァイス製の測距儀が搭載され、主砲の仰角が13度から18度に増大して射程距離が延び、20㎜砲の増設も行われている。

第二次世界大戦が勃発するとブラジルは中立を維持していたが、1942年8月22日に連合国側として参戦した。しかし「ミナス・ジェライス」を含む主力艦の大部分は艦齢30年以上の老朽艦であり、サルヴァドール港に浮き砲台として係留されているだけだった。戦争には全く参加せず、戦後もほぼ活動を行うことなく1952年5月16日に退役、12月17日までブラジル海軍司令部として使用された。同31日に軍籍抹消、イタリアのスクラップ業者に売却され、1954年4月22日にジェノヴァに到着し、解体された。

1939年～45年に撮影された、大改装後の「ミナス・ジェライス」。以前は前後2本あった煙突が誘導煙突化されて1本になり、大型化された

1942年、ブラジル北東部のサルヴァドール港に停泊していた「ミナス・ジェライス」。前檣には射撃時に僚艦に射撃データを伝える「距離時計」が付いている

# 戦艦「アルミランテ・ラトーレ」（チリ）

**WWIには英戦艦として参加した、チリが誇る南米最強の超弩級戦艦**

## 「太平洋戦争」の英雄ラトーレ提督

本稿で紹介するのは、南米チリの超弩級戦艦「アルミランテ・ラトーレ」である。チリの公用語はスペイン語であり、スペイン語の「アルミランテ：Almirante」は、英語では「Admiral」で、海軍の最高位の将官、もしくは将官の総称である「提督」を指すのが一般的だ。つまり艦名は「ラトーレ提督」との意味になる。

チリやペルーなどはスペインの植民地であったが、19世紀前半にスペインから独立すると、今度はイギリスの経済支配を受けるようになった。この独立戦争以降、チリ海軍は成長を続け、1879年から1884年にかけて「太平洋戦争」が勃発する。

太平洋戦争と言っても、当然ながら日本は全然関係なく、南米太平洋岸の資源戦争である。その資源が主に硝石であったので、別名「硝石戦争」とも言われている。この戦争はペルー・ボリビア連合とチリとの間で行われ、ボリビアには海軍と言うほどの戦力が無かったので、実質的にはペルー海軍対チリ海軍の戦いであった。

ペルー海軍の主力であるイギリス製の装甲艦「ワスカル」は、25・4cm前装式連装砲塔1基を装備し、常備排水量は1199トンで全長66・9m、主砲塔140mm厚、舷側64〜114mm厚の装甲を張り巡らしていた。

それに対して、チリ海軍は訓練などもイギリスの指導を受け、イギリス製の舷側砲郭式の装甲艦アルミランテ・コクラン級2隻を保有していた。これは常備排水量3370トンで全長64m、22・9cm単装砲6門、230mm厚の舷側装甲を備えた強力な艦であった。

だが、老練なグラウ艦長に率いられた「ワスカル」は、1879年5月21日のイキケの海戦では、チリ海軍のコルベット「エスメラルダ」を撃沈し、その後も通商破壊やチリ側の輸送船を捕獲したりと、チリ側を翻弄していた。

チリ側は何とかして攻撃の機会を狙い、同年10月8日にアンガモス海戦が発生すると、第二艦隊の「アルミランテ・コクラン」がアウトレンジ戦法でグラウ艦長以下首脳部を戦死させ、「ワスカル」を降伏に追い込んだ。自沈する前にチリ側は「ワスカル」を拿捕し、この戦いにおける制海権を確保した。この時の「コクラン」の艦長がファン・ホセ・ラトーレ、つまり「アルミランテ・ラトーレ」である。また、この時拿捕された「ワスカル」は、現在もチリで記念艦となっている。

## 南米ABC三カ国の建艦競争によって誕生

ペルーの海軍が壊滅してボリビアも海への出口が無くなり、北方の脅威が減少した後、チリは以前から衝突を繰り返していたアルゼンチンと再び制海権を争うようになった。

お互い建艦競争を活発化させるが、前述の通りこの地域に関心を持っていたイギリスが両国に介入、協定を結ばせる。それによって行き先が無くなったのが、アルゼンチンが発注したジュゼッペ・ガリバルディ級装甲巡洋艦であり、日本がイギリスの仲介で購入して春日型となっている。

またチリがイギリスに発注していた前弩級戦艦は、ロシアに買い取られないようにイギリスが購入、スウィフトシュア級となった。その後、1906年にイギリスで進水した「ドレッドノート」は、一挙にそれまでの戦艦を陳腐化させ、各国とも弩級戦艦、次いで超弩級戦艦の入手にまい進することになった。

これは南米でも同様で、ブラジルがいち早く1907年にミナス・ジェイラス級弩級戦艦2隻をイギリスに発注、起工させた。危機感を抱いた周辺諸国は、1隻をアルゼンチンが購入する提案をブラ

イギリス海軍所属時の戦艦「カナダ」（後の「アルミランテ・ラトーレ」）。「アルミランテ・コクラン」として発注された2番艦は、第一次大戦時にイギリスに買い取られて空母「イーグル」として完成、チリの手には渡らなかった

**■戦艦「アルミランテ・ラトーレ」**
**（1931年改装完成時）**

| | | | |
|---|---|---|---|
| 基準排水量 | 28,000トン | 全長 | 201.5m |
| 全幅 | 31.4m | 吃水 | 8.5m |
| 主缶 | ヤーロー式缶21基 | | |
| 主機 | パーソンズ式蒸気タービン4基/4軸 | | |
| 出力 | 37,000馬力 | | |
| 最大速力 | 22.75ノット | | |
| 航続力 | 10ノットで4,400浬 | | |
| 兵装 | 45口径35.6cm連装砲5基、15.2cm単装砲14基、10.2cm単装高角砲4基、47mm単装速射砲4基、53.3cm水中魚雷発射管4門 | | |
| 装甲 | 水線229mm、甲板102mm、砲塔254mm、司令塔279mm | | |
| 乗員 | 1,170名 | | |

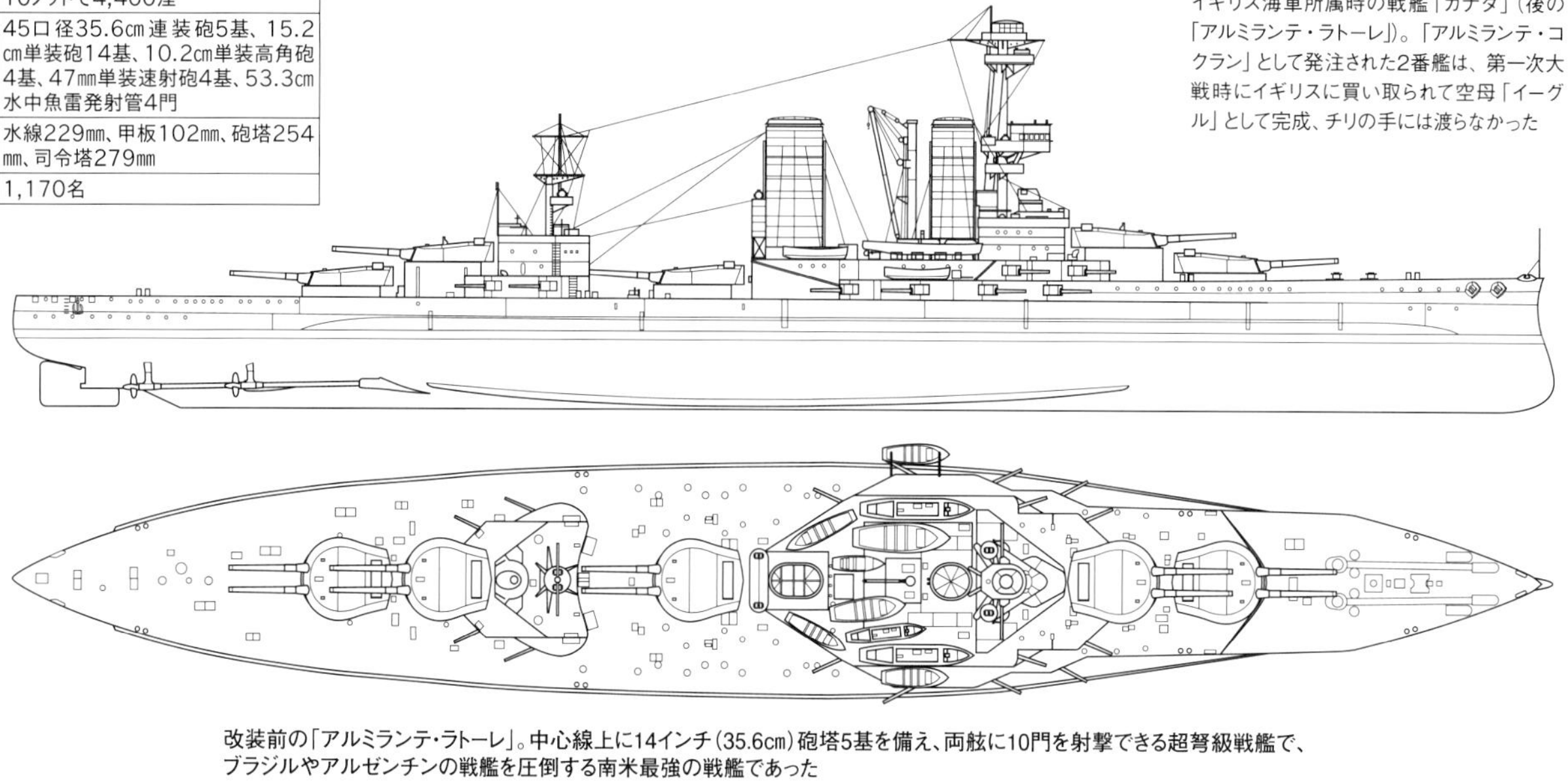

改装前の「アルミランテ・ラトーレ」。中心線上に14インチ（35.6cm）砲塔5基を備え、両舷に10門を射撃できる超弩級戦艦で、ブラジルやアルゼンチンの戦艦を圧倒する南米最強の戦艦であった

ジルに行うが拒否され、アルゼンチンはアメリカにリバダビア級弩級戦艦2隻を発注する。

チリは財政悪化によってやや遅れ、１９１０年に戦艦2隻、駆逐艦6隻、潜水艦2隻の予算が通過、イギリスへの発注を検討する。それを知ったアメリカが、自国製の戦艦の購入を融資をちらつかせながら迫ったが、最終的にはチリはロスチャイルドから融資を受け、１９１１年7月25日にイギリス・アームストロング社と超弩級戦艦2隻建造の契約を結んだ。

チリ海軍時代の「アルミランテ・ラトーレ」。1931年の改装ではタービンの換装、バルジの装着などが施された。1932年にはカタパルトを装備し、航空機運用能力を得たが、38年には撤去してしまった

11月27日には1番艦が起工され、2番艦は１９１３年11月27日に起工された。艦名は、当初は1番艦は「リベルタ」、2番艦は「アルミランテ・コクラン」の予定だったが、1番艦は「バルパライソ」次いで「アルミランテ・ラトーレ」と改名された。

基本設計は、１９１１年計画で建造が決定したイギリスのアイアン・デューク級（起工自体は１９１２年になってから）を参考にしていたが、それよりも大型化され、主砲口径も34・３cm砲から35・６cmへと拡大している。

その代わり、装甲は全体防御方式を採用、アイアン・デューク級の舷側最大装甲厚３０５mmから２２９mmへと減少していた。

1921年の公試時の「アルミランテ・ラトーレ」

### イギリス艦としてWWIに参戦　戦後はチリに移籍

1番艦は１９１３年11月17日に進水するが、１９１４年7月に第一次世界大戦が勃発したため、イギリス政府が購入し、15年9月30日に「カナダ」と改名されて就役した。

「カナダ」はそのまま英本国艦隊に編入され、16年5月31日に勃発した第一次世界大戦最大の海戦であるユトランド（ジュットランド）沖海戦に、第4戦艦戦隊第3戦艦隊として参加している。だが特筆すべき戦果も被害もなく、大戦後にはユトランド沖海戦で判明した水平防御不足の改善をはじめ、近代化改修が行われた。

その最中に、チリへと改めて売却が決定し、１９２０年11月27日に「アルミランテ・ラトーレ」としてプリマスを出港、21年2月20日にチリに到着した。なお建造途中だった2番艦はイギリスが空母「イーグル」として改装、そのままイギリスで使用されている。

余談だがイギリスに戦艦2隻分の購入資金を支払い、乗員まで送っていたトルコは、第一次大戦に際してその艦が接収されたため国民が激怒。その結果ドイツへと接近、18、82ページで紹介する「ゲーベン（ヤウズ・スルタン・セリム）」を入手することとなる。

その後、「アルミランテ・ラトーレ」はチリ北部で１９２２年に発生したバエナル地震での支援物資の輸送などに使用された。また、１９２４年に軍保守派のクーデターで失脚したアレサンドリ大統領が翌年に亡命先から帰還すると、英王太子時代に諸外国を歴訪したエドワード8世を同艦で歓迎している。

１９２９年には再び近代化改修のためにイギリスへ送られ、１９３１年4月12日にチリへと帰還した。だが、その当時は29年に勃発した大恐慌の真っただ中で、チリも不況で財政破綻、公的支出の削減の一環として海軍兵士への給与削減が行われた。

その結果、１９３１年8月31日深夜に、コキンボ港に停泊していた「アルミランテ・ラトーレ」の水兵が反乱を起こし、全士官を拘束、同港の他の艦艇も反乱に同調した。この反乱は海軍基地や造船所、更には陸軍の一部にまで拡大し、チリ共産党との連携を図って社会革命を目指した。だが、9月6日に空軍が反乱艦隊へ爆撃を行ったことで、反乱側は要求が受け入れられないと判断、無条件降伏した。

なお、翌32年に「百日社会主義共和国」が成立したことで、反乱に参加した兵士は特赦を受け、解放されている。

だが、この社会主義政権もすぐに崩壊。その後もチリの財政は好転せず、１９３３年には「アルミランテ・ラトーレ」は予算削減のためにモスボールされた。

「アルミランテ・ラトーレ」の艦橋や主砲塔を艦首側から見た鮮明な写真。「アルミランテ・ラトーレ」の一部の部品は「三笠」の復元に使用された

### 戦艦「三笠」との　知られざる絆

１９４１年12月、日本が真珠湾を奇襲すると、アメリカは「アルミランテ・ラトーレ」の購入をチリに打診するが、これは断られ、WWⅡ時はチリの中立パトロールに使用された。１９５１年に機関室の事故が発生し、以降は１９５８年まで燃料貯蔵施設として使用され、10月に退役する。

１９５９年に日本がスクラップとして落札し、8月28日に横須賀へと到着。当時の日本では、荒廃していた前弩級戦艦「三笠」の復元保存運動が同年に開始されていた。アメリカ軍が撤去した記録が残っている物に関してはほとんどが返還されたが、機関も含め多くの部材が鉄くずとして盗まれていた。

そこにタイミングよく「アルミランテ・ラトーレ」が到着。誕生に10年ほどの違いがあるとはいえ、同じ英国製の艦であったため共通点も多く、チリ政府が一部の部品を「三笠」に寄贈、復元に寄与したという。

# 戦艦
# 「ジュリオ・チェーザレ」
## （イタリア）

### 低速弩級戦艦から高速超弩級戦艦に生まれ変わったイタリア戦艦

1911年10月15日、ジェノヴァで進水時の「ジュリオ・チェーザレ」

### ローマ史上最大の英雄の名を持つ

「ジュリオ・チェーザレ（チェザーレとも）」は「ユリウス・カエサル」のイタリア語読み。これはもう説明の必要もないほど分かりやすいだろう。優れた軍人かつ卓越した政治家で、美文家でもあり、帝政ローマの基礎を築き、絶世の美女クレオパトラを愛人にしたローマの英雄・カエサル（英語読みでジュリアス・シーザー）に由来する艦名だ。

1906年の英海軍の戦艦「ドレッドノート」の誕生は各国の戦艦設計に多大な影響を与えたが、イタリア王国海軍でもそれは同様で、1909年に弩級戦艦「ダンテ・アリギエーリ」（「神曲」で知られるイタリア文学上有数の詩人に因む）を起工する。

だが、仮想敵であるオーストリア＝ハンガリー帝国が、テゲトフ級弩級戦艦4隻の建造を発表したため、より強力な弩級戦艦の設計に着手した。これが、30・5cm砲13門を搭載したコンテ・ディ・カヴール級弩級戦艦で、本艦はその2番艦であった。

1番艦の「コンテ・ディ・カヴール」は「カヴール伯爵」という意味で、日本では今一つ知名度が高くないが、イタリア統一に尽力し、イタリア王国の初代首相にもなった政治家である。3番艦は「レオナルド・ダ・ヴィンチ」で、説明不要の有名人に因んでいる。

なお、イタリアの艦は人名か地名が多いが、軍人以外の著名人から命名することもあるのが、実にイタリアらしい気がする。日本で言えば、戦艦「千利休」「紀貫之《きのつらゆき》」と命名したような感じであろうか……うん、無いな。

背の高い四脚式前檣と三脚式後檣が目立つ、大改装前の「ジュリオ・チェーザレ」。出力は31,000馬力、速力は21.5ノット。コンテ・ディ・カヴール級弩級戦艦は30.5cm砲を三連装3基、連装2基、合わせて13門装備した。「13」はキリスト教圏では不吉な数とされ、他に13門の主砲を搭載した戦艦はほとんどない

### 第一次大戦ではほとんど活躍せず

さて、本艦の起工は1910年6月24日で、就役は1914年5月14日。その2カ月後の7月28日には第一次世界大戦が勃発する。イタリア王国はドイツ、オーストリア＝ハンガリーと三国同盟を結んでいたが、オーストリアに対して領土問題を抱えており、大戦には中立を宣言する。さらには、イギリス・フランス・ロシア帝国の三国協商と1915年4月に、その「未回収のイタリア」を大戦終結後に返還するとのロンドン条約を結んだことで、イタリアはオーストリアに宣戦布告して参戦した。

本艦も、他の弩級戦艦と共に戦闘に参加、と言いたいところだが、第一次大戦では連合軍がオーストリア艦隊をアドリア海に封じ込めるために、イタリア半島の踵の先からその対岸にあるギリシャのコルフ島の間のオトラント海峡を封鎖してしまったので、東地中海方面では大きな海戦がほとんど発生しなかった。そのため、本艦も輸送部隊の護衛などでお茶を濁していた感がある。ただ、同型艦の「レオナルド・ダ・ヴィンチ」は1916年8月2日にタラント軍港で爆発転覆、後に引き上げられたが解体された。

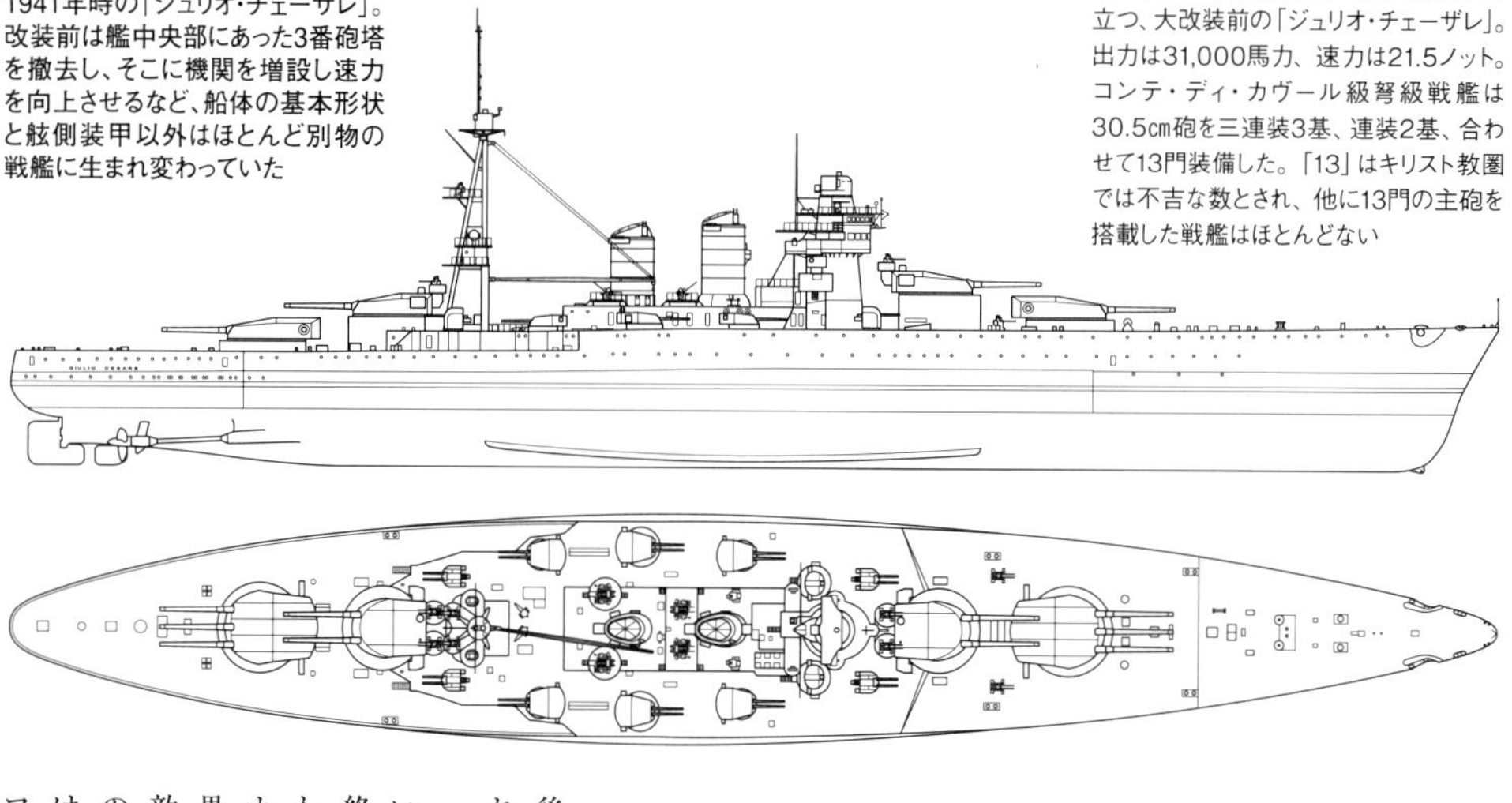

1941年時の「ジュリオ・チェーザレ」。改装前は艦中央部にあった3番砲塔を撤去し、そこに機関を増設し速力を向上させるなど、船体の基本形状と舷側装甲以外はほとんど別物の戦艦に生まれ変わっていた

結局、本艦は戦いらしい戦いに参加せずに第一次大戦終了、最初の近代化改装が行われて練習艦隊に配備された。オーストリア海軍は大戦の結果解体され、イタリアの仮想敵国では無くなったので、次の仮想敵国とされたのが、やはり領土問題でこじれていたフランスである。

### 大戦間、ほぼ新造に近い大改装

フランス海軍は第一次大戦前に超弩級戦艦のプロヴァンス級を建造していたが、その後は大戦で建造が中止され、イタリア海軍と戦力的にはほぼ同等であった。しかし、1930年代に入ってから、ダンケルク級の建造を発表したので、イタリア側もこれに対抗するため、コンテ・

■戦艦「ジュリオ・チェーザレ」（1937年大改装後）

| | | | |
|---|---|---|---|
| 基準排水量 | 23,088トン | 全長 | 186.4m |
| 全幅 | 28.0m | 吃水 | 10.4m |
| 主缶 | ヤーロー式缶6基 | 主機 | ブルッゾー式タービン2基/2軸 |
| 出力 | 93,300hp | 速力 | 28ノット |
| 航続力 | 20ノットで3,100浬 | | |
| 兵装 | 32cm三連装砲2基、32cm連装砲2基、12cm連装砲6基、10cm連装高角砲4基、37mm連装機関砲4基、13.2mm連装機銃6基 | | |
| 装甲 | 水線250mm、甲板135mm、主砲塔280mm、司令塔260mm | | |
| 乗員 | 1,260名 | | |

ディ・カヴール級に更なる近代化改装を行う。

　まずはダンケルク級の速力31ノットに対抗するために機関を増設、速力は21・5ノットから28ノットに向上。そして、機関のスペースを確保するため艦中央にあった3番砲塔を撤去した。これにより砲力が低下するので、通常ならより強力な砲に積み替えるところを、砲身の内筒を削って30・5cm砲を32cm砲にするという荒業を行った。結果的に砲の寿命は低下するが、改造コストは抑えられ、また新たな砲を開発する時間も短縮できた。

大改装後の「ジュリオ・チェーザレ」。全体的に大きな改良が加えられ、新鋭戦艦とほとんど変わらない外見となっている。主砲は32cm砲三連装2基、連装2基で計10門となり、辛うじて超弩級戦艦と呼べる砲力となった

　また、副砲はケースメイト（舷側砲郭）配置から砲塔式に改められ、航空機の発達に合わせて新型高角砲も搭載された。装甲もユトランド沖海戦の戦訓を受け改良される。舷側装甲はそのままだが、より遠距離砲戦に対応して水平防御が強化され、また新型のプリエーゼ式隔壁（二重構造の円筒の外側に重油、内側に空気を入れて外側が壊れても浮力を維持する隔壁）を導入して水雷への防御対策を行った。

　こうした改装に合わせて船体も艦首側に10m延長され、より高速・高機動が発揮可能となった。艦橋構造も前部マストごと装甲で覆われ、円筒形の特徴的な密閉型艦橋へと改められ、「ジュリオ・チェーザレ」は1937年10月1日に再就役した。一番艦の「コンテ・ディ・カヴール」もその4カ月前に再就役しており、二隻揃って練習戦艦からイタリア海軍の主力へと返り咲いた。

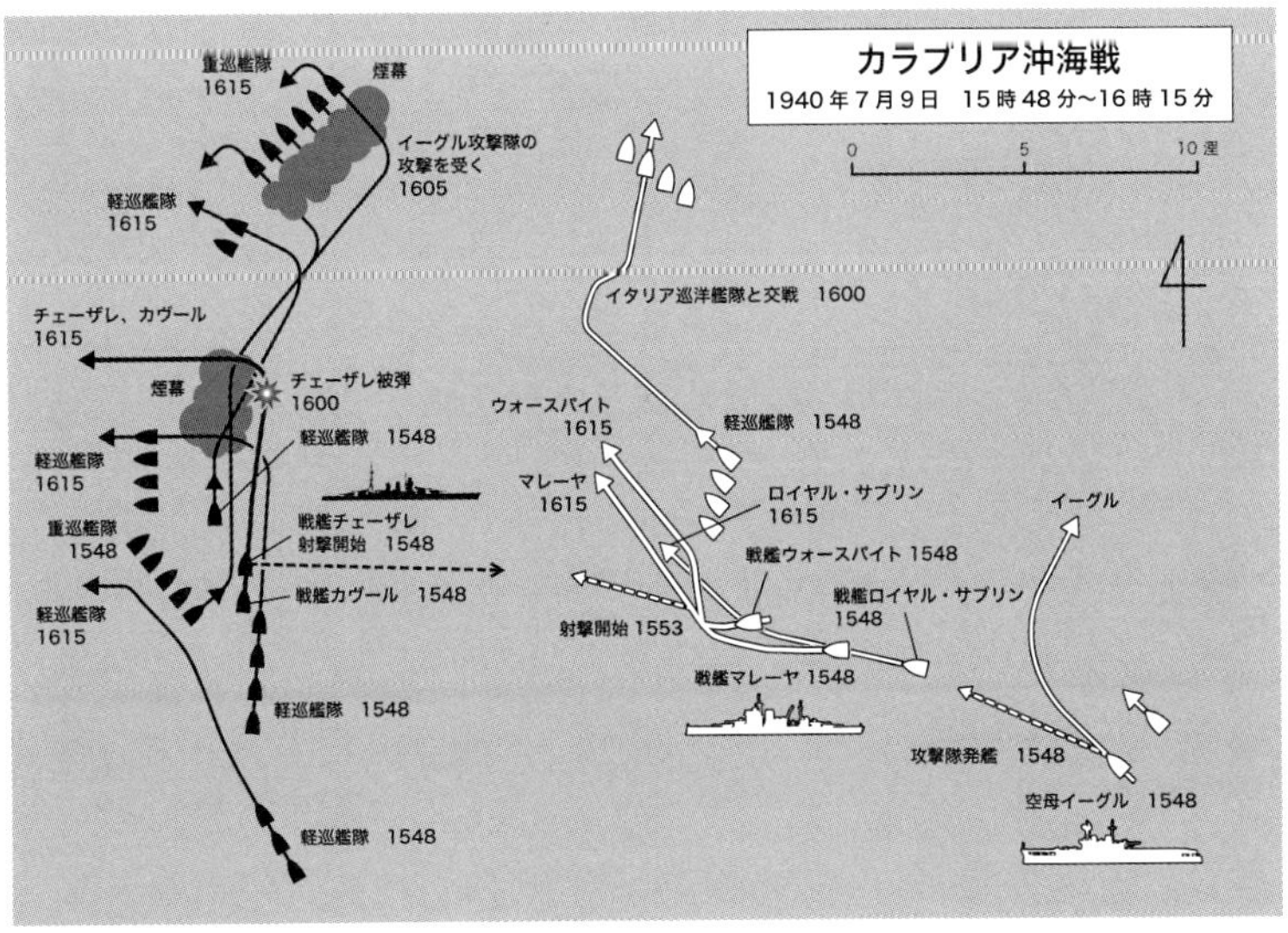

カラブリア沖海戦
1940年7月9日　15時48分〜16時15分
0　5　10浬
重巡艦隊 1615
煙幕
イーグル攻撃隊の攻撃を受く 1605
軽巡艦隊 1615
チェーザレ、カヴール 1615
煙幕
チェーザレ被弾 1600
軽巡艦隊 1548
軽巡艦隊 1615
戦艦チェーザレ 射撃開始 1548
重巡艦隊 1548
戦艦カヴール 1548
軽巡艦隊 1615
軽巡艦隊 1548
駆逐艦隊 1548
イタリア巡洋艦隊と交戦 1600
ウォースパイト 1615
軽巡艦隊 1548
マレーヤ 1615
ロイヤル・サブリン 1615
イーグル
戦艦ウォースパイト 1548
戦艦ロイヤル・サブリン 1548
射撃開始 1553
戦艦マレーヤ 1548
攻撃隊発艦 1548
空母イーグル 1548

プンタ・スティロ沖海戦（カラブリア沖海戦）の戦況図。イタリア艦隊は32cm砲戦艦2隻、重巡5隻、軽巡8隻、駆逐艦16隻、イギリス艦隊は38cm砲戦艦3隻、空母1隻、軽巡5隻、駆逐艦16隻とほぼ互角の戦力だった。どちらにも戦没艦は出なかったが、イタリア艦隊は腰が引けていた
（図／おぐし篤:based on map by Gordon Smith）

## 第二次大戦開戦とプンタ・スティロ沖海戦

　1939年に第二次世界大戦が勃発しても、イタリアは暫く様子見で参戦していなかった。だが、フランスの敗色が濃厚となった1940年6月10日（独仏休戦は6月21日）、突如としてイギリスとフランスに宣戦布告する。参戦したのはいいが、イタリアで稼働可能な戦艦は「コンテ・ディ・カヴール」と「ジュリオ・チェーザレ」の2隻のみで、残りは近代化改装中か建造中という体たらくであった。

　陸軍も似たり寄ったりで、リビアの陸軍へ急ぎ補給を行う必要があり、この護衛としてイタリア海軍は艦隊を動かす。その時、ちょうどイギリス軍もマルタ島に閉じ込められている船団を、アレキサンドリアの地中海艦隊主力が護衛して、アレキサンドリアへと移動させる作戦を実施した。これを察知していたイタリア情報部は艦隊主力を出撃させ、その主力が「チェーザレ」と「カヴール」であった。こうして、1940年7月9日にプンタ・スティロ沖海戦（連合軍側はカラブリア沖海戦と呼称）が発生した。

　双方とも事前に航空攻撃を行ったが、大きな損害は与えられず、徐々に距離は詰まって砲撃戦へと移行する。イギリス側はクイーン・エリザベス級超弩級戦艦「ウォースパイト」「マラーヤ」、リヴェンジ級超弩級戦艦「ロイヤル・サブリン」の3隻が主力だが、「ロイヤル・サブリン」は最高22ノットと速度が低いので隊列から遅れていた。

　そこで「ジュリオ・チェーザレ」は先行していた「ウォースパイト」に向けて、15時52分に距離2万6400mで砲撃を開始、「コンテ・ディ・カヴール」は後方の残り2隻を警戒していた。それに対して、「ウォースパイト」は両艦に対し反撃、2分後には射程外ではあったが「マレーヤ」も砲撃を開始する。

　15時59分に「チェーザレ」の砲弾は「ウォースパイト」に至近弾を出すが、逆に「ウォースパイト」の砲弾が後部甲板へ命中、速度が18ノットまで低下した。これでイタリア艦隊は後退を決意、イギリス側も僚艦と合流するために砲撃を中止、針路を変更した。

　結局、双方とも小競り合いのみで撤退、以後イタリア側は大型艦による積極的な攻撃を自粛し、逆にイギリス側は砲戦で優越していると認識し積極的に動くようになる。

## その後の「ジュリオ・チェーザレ」

　1940年11月にはタラント港が英空母艦上機の航空攻撃を受け、停泊していた「コンテ・ディ・カヴール」が大破着底するが、「チェーザレ」は無傷で、新型艦が就役してきてもイタリア艦隊の主力であり続けた。

　その後、「チェーザレ」は41年1月にナポリでイギリス側の空襲を受けるも、1カ月のドック入りで復活を遂げた。だが、イタリア軍の燃料事情は悪化、燃料は新型艦と小型艦が優先され、42年末には本艦は練習艦となった。翌43年9月にはイタリアは連合国に降伏、本艦もマルタ島へと回航されて武装解除される。

　その後、1944年にはソビエト連邦がイタリア艦隊の1／3を賠償艦として要求、すったもんだの末に49年に本艦が引き渡され、「ノヴォロシースク」と改名された。そこでレーダーなどをソ連製に改められるが、1955年10月29日、セヴァストポリ湾内に停泊中、謎の機雷の爆発によって損傷、ダメコンの失敗によって横転転覆した。

　この際に「ブルータス、お前もか」と言ったかどうかは不明だが、この事故には不可解な点が多く、イタリア海軍の特殊工作員による爆破との説まで出るほどで、この点だけは名前に因んでいたのかもしれない。

第二次大戦後、ソ連に引き渡され「ノヴォロシースク」となった「チェーザレ」。1955年に触雷して沈没したが、イタリア海軍特殊部隊フロッグマンの手による「介錯」であるとの説もある

# 戦艦「リシュリュー」

（フランス）

## 艦前部に38cm四連装主砲2基を集中配備したフランス最強最後の戦艦

### 稀代の大政治家の名を持つ

「リシュリュー」は、デュマの「三銃士（ダルタニャン物語）」で主人公たちに、権謀術数の限りを尽くす敵役（ライバル）としても登場する、実在のリシュリュー枢機卿（アルマン・ジャン・デュ・プレシー・ド・リシュリュー）その人から命名されている。

リシュリューは1624年から1642年に死ぬまで、フランス国王ルイ13世に首席国務卿として精力的に仕え、フランスの絶対王政の基礎を作り上げ、国家の繁栄に尽力した。だが、その過程で多くの貴族や諸外国と衝突し、命を狙われているが、逆にそれを叩き潰し、王権の強化に努めている。

ちなみに、「ペンは剣よりも強し」の言葉は、イギリスの政治家エドワード・ブルワー=リットンの書いた戯曲「リシュリュー」の中に登場した台詞で、リシュリューが死刑執行命令にサインすれば貴族などが剣を持って立ち上がっても無意味である、との意味が込められている。

1940年、ダカール港に停泊する「リシュリュー」。二番主砲塔の主砲が欠けているのがわかる。1940年9月のダカール沖海戦はフランス軍（ヴィシー政府）の勝利に終わった

### 緋色の宰相の復活

さて、こんな艦名が付けられたのは、フランスが本艦によほど期待していたことの表れであろう。形状的には前級のダンケルク級（33cm四連装砲2基装備）で採用した、四連装砲塔を艦前部に2基備える艦形を踏襲、同時にその運用結果を取り入れ、副砲を両用砲から対空と対艦用に分けるなどの改良を行った。

この四連装砲塔は一見、砲塔に被弾すると一挙に4門の砲撃力を喪失するように思われるが、実際は2門ずつがセットになっており、砲塔中央に装甲隔壁があるので、被害は半分だけで済むようになっている。事実、1940年9月24日のダカール沖海戦では、二番砲塔で装填中の主砲弾が爆発したが、使用不能となったのは設計通り2門だけであった。

その砲塔に搭載された主砲は、ダンケルク級の33cm砲からさらに拡張され、新型の38cm砲となった。この砲は2万2000mの距離から393mmの舷側装甲を貫通可能で、これはドイツの新鋭戦艦「ビスマルク」の舷側装甲や主砲塔前部すらも、計算上は貫通できるほどであった。

一方、四連装主砲にして砲塔の重量を軽減出来た分を装甲へと回し、舷側には最大330mmの装甲を15度の傾斜を付けて装備、主砲塔前部装甲は430mm、側面300mm、天蓋170～195mm、バーベット（砲塔基部の円筒）405mm、水平装甲も弾薬庫上甲板170mm、機関部150mmに加え、下甲板中央部40mmと、基準排水量3万5000トンクラスの戦艦としては重装甲であった。

また機関出力は最大15万馬力で計画速力は30ノットだったが、2番艦の「ジャン・バール」は公式で32ノットを叩き出

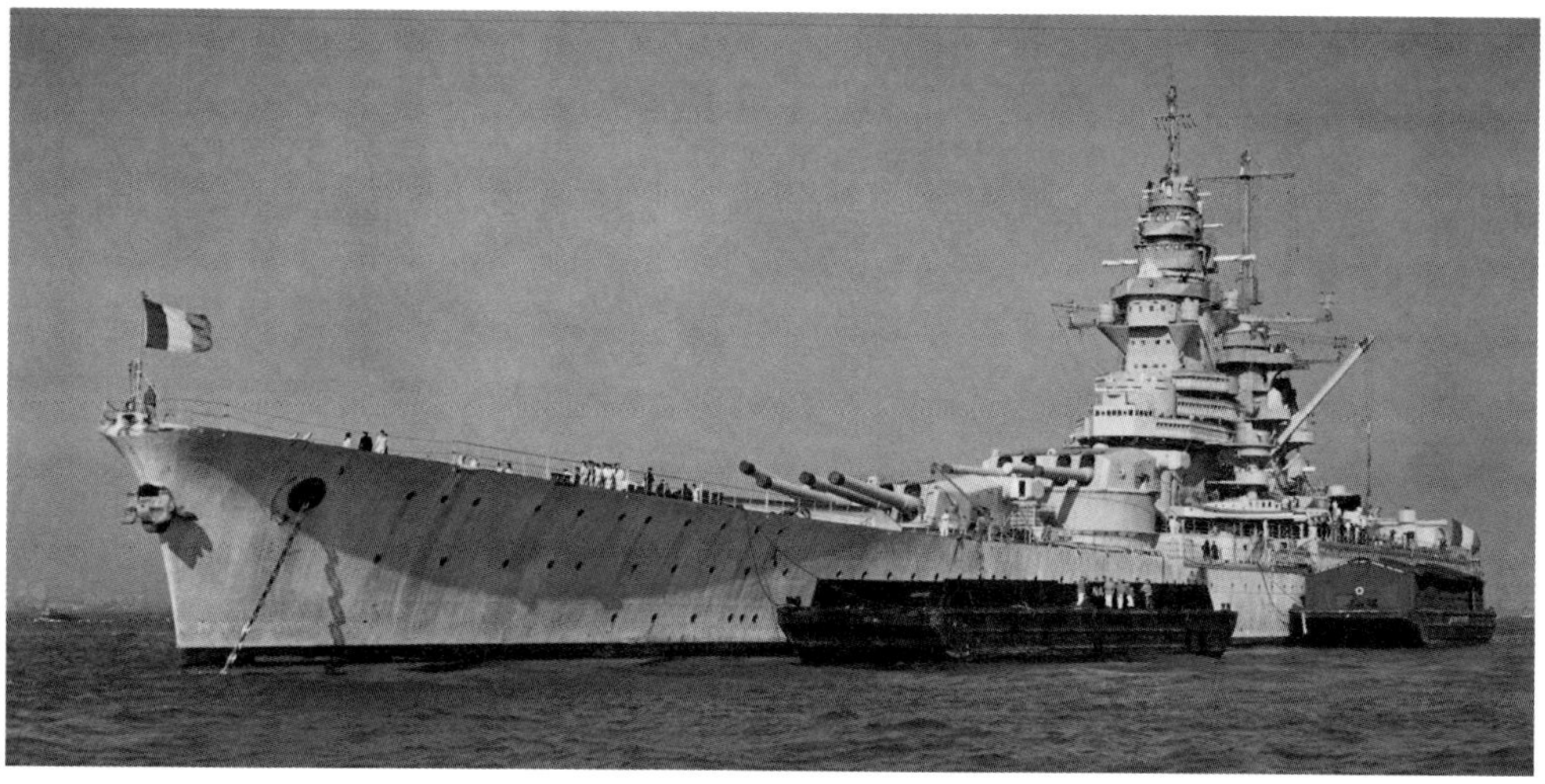

1943年2月、アメリカに到着した直後の「リシュリュー」。艦橋トップの上の三段式の射撃方位盤（上から152mm副砲用、152mm副砲用、380mm主砲用）がよく見える。四連装主砲塔は、実際には連装砲を横に2基つなげたような構造で、砲塔内には左右の主砲2門ずつを仕切る隔壁があった

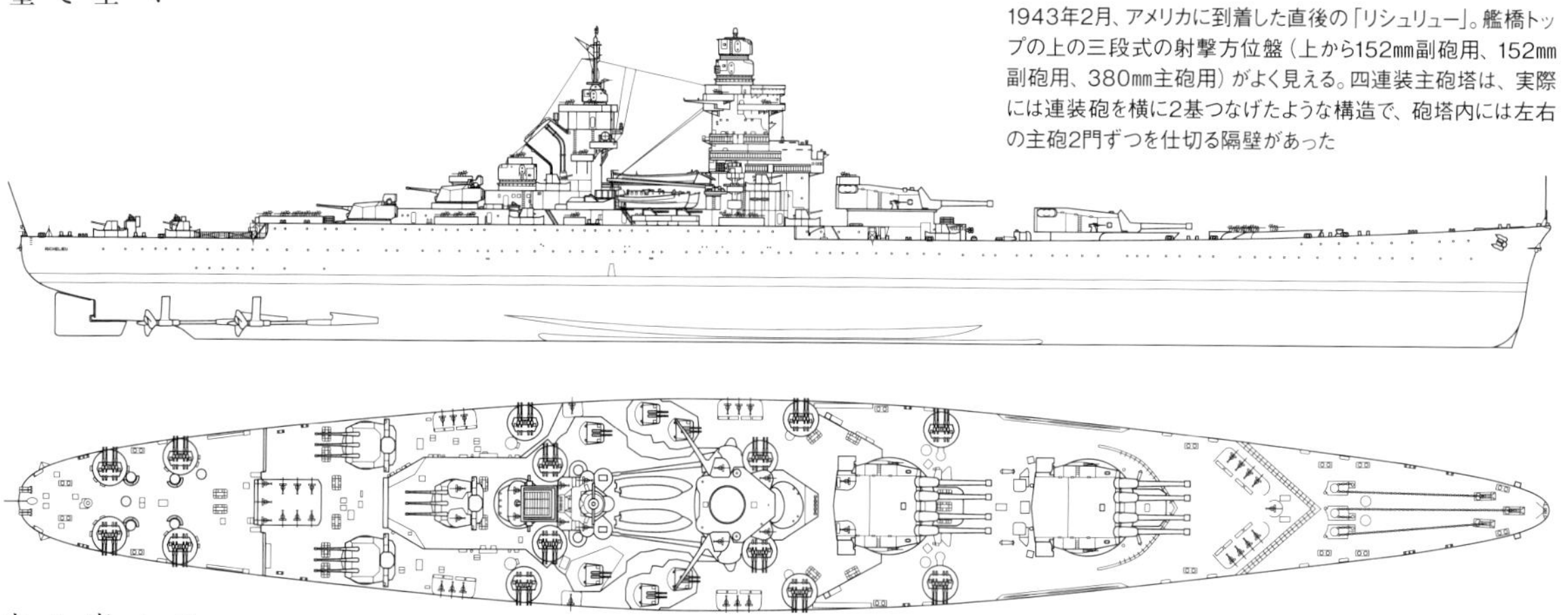

1943年の改装後の「リシュリュー」。艦前部には38cm四連装主砲塔2基、後部には15.2cm三連装副砲塔3基、艦中央左右には10cm連装高角砲を6基装備している。後檣（マスト）と煙突が合体したMACKも特徴的。アメリカでの改装で、ボフォース40mm四連装機関砲14基、20mmエリコン機銃48挺が加えられた

■戦艦「リシュリュー」（1940年）

| | | | |
|---|---|---|---|
| 基準排水量 | 37,250トン | 全長 | 247.85m |
| 全幅 | 33.0m | 吃水 | 9.63m |
| 主缶 | インドル・スラ缶6基 | 主機 | パーソンズ式タービン4基/4軸 |
| 出力 | 150,000hp | 速力 | 32ノット |
| 航続力 | 15ノット/9,500浬 | | |
| 兵装 | 38cm四連装砲2基、15.2cm三連装砲3基、10cm連装高角砲6基、37mm連装機銃2基、13.2mm四連装機銃6基、水上偵察機3機 | | |
| 装甲 | 水線330mm、甲板150mm、主砲塔430mm、司令塔340mm | | |
| 乗員 | 1,550名 | | |

している。

四連装砲塔以外の外観上の特徴として、後檣（後部マスト）と煙突を組み合わせたマック（MACK：mast＋stack）構造を取り入れた点がある。これは、戦後多くの艦で採用されるようになった先進的な構造であった。また、間延びした感じがあるダンケルク級と違い、中央に構造物が凝縮されてコンパクトになったので、識別が容易になっている。

## 期待の宰相、大戦に間に合わず

「リシュリュー」は、1935年10月22日にブルターニュ半島の西端にあるブレスト工廠にて起工、39年1月17日に進水、40年4月1日に就役した。だが、その時は既に第二次世界大戦が勃発しており、直後の5月10日にはドイツ軍は一斉にフランスへとなだれ込んだ。「リシュリュー」も就役したとはいえまだ艤装途中で、6月19日にはダカールへ向けて避難を開始する。

なお、2番艦は17世紀後半に私掠船艦長として活躍した「ジャン・バール」、3番艦は第一次大戦後半のフランス首相「クレマンソー」、4番艦はフランス南西部のスペインと面した地域である「ガスコーニュ」となっている。4番艦だけ地名なのは、前述のダルタニャンはガスコーニュ出身として知られているということと、これ以降（6番艦まで計画があった）が、主砲塔を通常の戦艦と同じように艦の前後に配置した改リシュリュー級となるためであろう。

2番艦の「ジャン・バール」は、ブルターニュ半島南側の付け根にあるサン・ナゼールにて建造中だったが、工事進捗76％の状態で進水、カサブランカへ向けて出港している。3番艦の「クレマンソー」はブレストで建造中だったが、第二次大戦の勃発で建造中止、ドイツ軍に鹵獲され、後に対空砲台として使用されている。次の「ガスコーニュ」は、資材が予定通りに集まらず、起工さえ行われなかった。

## 昨日の盟友・イギリス海軍との戦い

このようにフランス海軍の艦艇は、出来るだけ海外の植民地に避難させられていた。だがフランスが降伏しヴィシー政権が誕生すると、それらの艦艇をドイツ軍が利用するのを恐れたイギリスが、自軍の指揮下に収めるか、もしくは使用不能にすることを狙ったカタパルト作戦を実行した。

まずは1940年7月3日に、アルジェリア北西の地中海に面した港湾都市メルセルケビールに停泊中のフランス艦隊を、サマヴィル中将率いるH部隊が攻撃する。この際、一応イギリス側は交渉は行ったが、これは到底フランス艦隊側が受け入れられるようなものではなく、イギリス側も明確な回答が無いのを口実に攻撃を行っているので、後にまともに交渉する気が無かったと言われても仕方がない。これがメルセルケビール海戦である。

次いでイギリス艦隊は、7月7日に「リシュリュー」のいるダカールに現れ、翌8日に攻撃を開始した。「リシュリュー」は空母「ハーミーズ」の雷撃隊による魚雷攻撃で艦尾に浸水、着底する。だが港湾での被害だったので、すぐに浮揚の後応急修理をされたが、直ちには航行不能であった。

9月23日には自由フランス軍が、イギリス軍に支援されてダカール上陸を試みるメナス作戦が行われる。23日はフランス側の陸上砲台とイギリス艦隊の戦闘が行われ、翌24日には、「リシュリュー」と少数のフランス艦艇に対し、戦艦2隻、空母1隻、重巡3隻、駆逐艦10隻などからなるイギリス艦隊が襲いかかる。

「リシュリュー」は戦艦「バーラム」と砲撃戦を開始、「バーラム」の武装は38・1cm連装砲4基と、砲力は「リシュリュー」と互角だが、あくまでも第一次大戦時の旧式艦であり、全体的な性能は劣っていた。

「リシュリュー」は動けないにも関わらず、「バーラム」へ主砲弾を1発命中させ中破させたが、前述の通り二番主砲で爆発事故が発生した。結局、損害を恐れたイギリス艦隊が一時後退したことで、ダカール沖海戦は終了、自由フランス軍の上陸も中止された。

## 連合軍に参加、大戦末期は東洋艦隊に

その後、「リシュリュー」には応急修理が行われてかろうじて航行可能となった。また1942年11月には、アフリカにいるフランス陸海軍は連合軍に参加することが決定したので、本艦はアメリカへと移動、ニューヨークにおいて1943年10月まで改修工事が行われた。

修理後は、イギリス本国艦隊からイギリス東洋艦隊を渡り歩き、45年5月12日にシンガポールを出航した日本の重巡「羽黒」の迎撃を試みたが、「羽黒」が引き返したために空振りとなった。

その後「リシュリュー」は第一次インドシナ戦争に参加、輸送船団の護衛や艦砲射撃を行い、45年末にようやくフランスへと帰国の途に就いた。その後しばらくフランス海軍で現役だったが、52年には砲術学校などの練習艦、56年には宿泊船、58年に予備役艦となって、1968年9月に解体された。

また、同型艦の「ジャン・バール」も、未成状態でカサブランカ沖海戦においてアメリカ海軍の戦艦「マサチューセッツ」と交戦。戦後に本格的に工事が再開され、世界で最後に完成、就役した戦艦となっている。

1943年10月にアメリカで改装が完成した後の「リシュリュー」。舷側にはブロックのような幾何学的迷彩が施されている

同じく改装後の「リシュリュー」。艦後部のカタパルトを撤去し、ボフォース40mm対空機関砲を装備した

戦後の1953年に撮影された「リシュリュー」。マストのトップには新型の281Q型対空レーダーなどが装備されている

# 巡洋戦艦
# 「ゲーベン」/「ヤウズ」
（ドイツ/トルコ）

## ドイツからオスマン帝国に譲渡され、トルコの運命を変えた巡洋戦艦

### プロイセンの名将からトルコの皇帝へと改名

本稿で取り上げるオスマン帝国（トルコ）の「ヤウズ・スルタン・セリム」（以後「ヤウズ」）は、元々はドイツ帝国海軍の巡洋戦艦「ゲーベン」であった。モルトケ級巡洋戦艦の2番艦「ゲーベン」は、1909年に起工され1912年に就役した。艦名は、モルトケ（大モルトケ）の部下であり友人でもあった、普仏戦争時のプロイセンのアウグスト・カール・フォン・ゲーベン将軍に由来する。

それが第一次大戦時にオスマン帝国へと譲渡され、16世紀の高名な第9代スルタン（皇帝）セリム1世にちなんで「ヤウズ」となった。「ヤウズ」は、僅か8年の在位間に国土を3倍近くまで拡大し、対立勢力を容赦なく処刑したセリム1世のあだ名で、「厳格な、獰猛な、冷酷な、卓越した」といった意味である。

1912年、公試時の「ゲーベン」。28.3cm砲10門を有する弩級艦で、装甲厚は水線270mm・水平50mmと、当時の超弩級戦艦に匹敵する。同時期の英巡洋戦艦に比べ、火力はやや劣るが防御力が高く、速力は同等というドイツ巡戦の典型であった。なお厳密にはドイツ海軍に「巡洋戦艦」という艦種はなく、モルトケ級も正確には「大型巡洋艦」だった

### トルコにWWI参戦を決意させた戦艦

ドイツでも最新鋭だった「ゲーベン」がオスマン帝国に売却されたのは、就役から僅か2年後の1914年8月16日だった。同年6月28日にサラエボ事件が発生し、1カ月後にはセルビアに対してオーストリアが宣戦布告している。

それに続き、モルトケ（大モルトケ）の甥にあたるドイツ帝国の参謀総長・小モルトケは対仏開戦を強硬に主張、8月2日にロシアに、3日にフランスに宣戦布告した。

同時に、小モルトケはロシアを牽制するため、友好国のオスマン帝国に参戦を要求していた。だがオスマン帝国海軍は予算不足で、旧式の装甲艦と水雷艇、そして国民の寄付もあってドイツから購入した前弩級戦艦ブランデンブルク級2隻と駆逐艦4隻程度の艦艇しか保有していなかったので、参戦を逡巡していた。

ちょうどその頃、オスマン帝国はイギリスから超弩級戦艦と弩級戦艦を購入する計画を進めており、イギリスに代金も支払った。にもかかわらず第一次大戦勃発に伴い、海軍大臣チャーチルの指示によってイギリスがその2隻を接収したので、オスマン帝国の対英感情は一挙に悪化した。そこにドイツから最新鋭の「ゲーベン」と軽巡洋艦「ブレスラウ」が到着したので、そのままドイツから購入。「ゲーベン」はオスマン帝国の主力となり、同国が第一次大戦に参戦するきっかけとなった。

### 連合軍の追跡を振り切りオスマン帝国に逃げ込む

「ゲーベン」は1911年3月28日に進水、12年7月2日に就役すると、同年5月10日に就役したマクデブルク級軽巡「ブレスラウ」を伴い、勃発したばかりの第一次バルカン戦争の警戒も兼ねて、11月4日にキールから地中海方面へと向かった。

13年4月からヴェネツィア、ナポリ、アルバニアなどを歴訪し、8月には当時オーストリアの海軍基地だったイストリア半島のプーラ（イタリア語だとポーラ）へと寄港、メンテナンスを受けた。その間の6月29日、第二次バルカン戦争が勃発していたが、引き続き地中海の各港を歴訪する。

1914年6月にサラエボ事件が勃発すると、戦争が近いと見て、ボイラーの修理中ではあったが出港した。「ゲーベン」と「ブレスラウ」（以下ゲーベン艦隊）は本国から地中海西部か大西洋で破壊活動を行うように指示されており、イタリアのメッシーナでドイツ商船から石炭の補給を受ける。

そこでアフリカ沿岸の仏領アルジェリアの砲撃を計画、14年8月3日の対仏宣戦布告を受けて攻撃に向かうが、途中本国よりオスマン帝国に向かうように指示を受けたので、8月4日、アルジェリアを砲撃した後、再びメッシーナに補給に戻った。

当時イギリスはまだ参戦していなかったが、フランス支援のため艦隊を送っており、巡洋戦艦「インドミタブル」と「インディファティガブル」がゲーベン艦隊の捜索に当たった。途中ゲーベン艦隊と遭遇するが、英艦隊も機関不調で取り逃がしてしまう。

ゲーベン艦隊にしても、中立のイタリアから急いで退去する必要があり、まるで25年後に発生する「アドミラル・グラーフ・シュペー」のような状況に陥った。幸い「シュペー」とは違い、石炭は不足していたが損傷は無く、また英側の誤認もあって逃走に成功。8月16日に無事オスマン帝国の首都イスタンブールへと到着した。

そこで「ゲーベン」と「ブレスラウ」

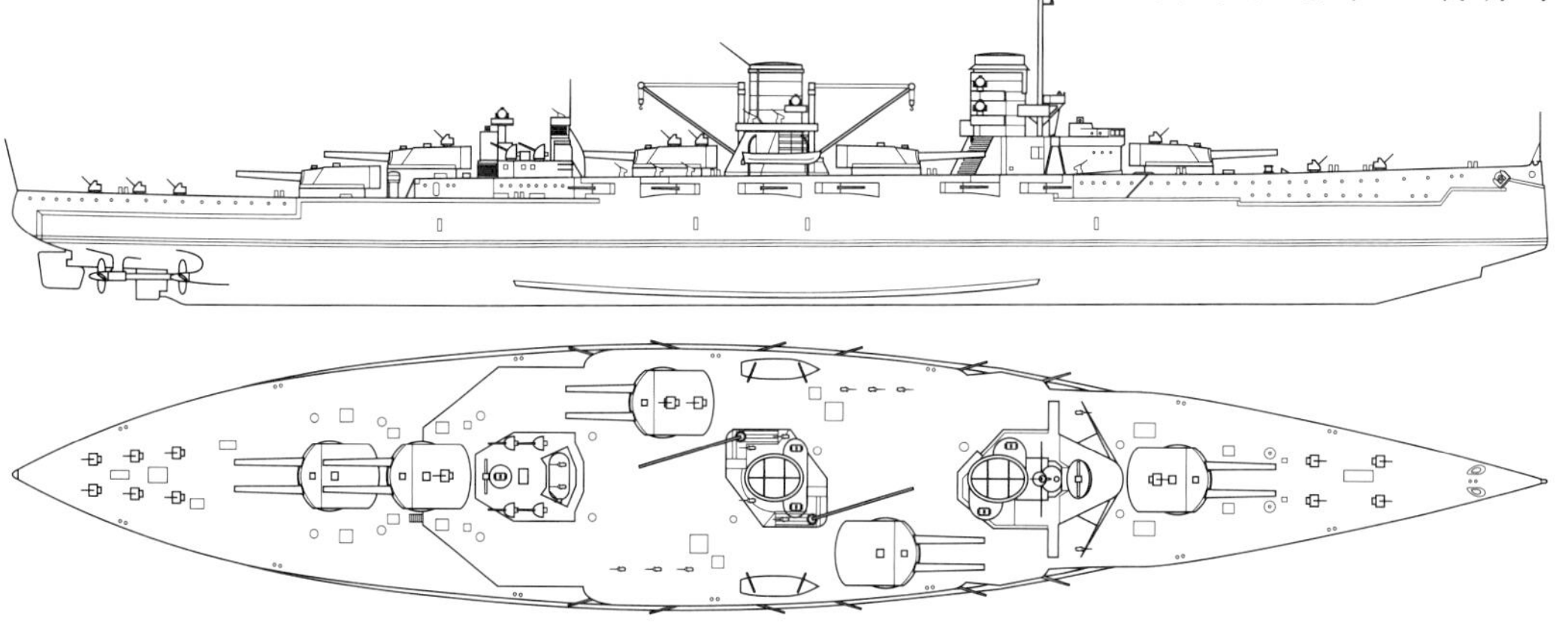

1945年時の「ヤウズ」。巡洋戦艦の割には全幅が広い艦型で、中央左右の主砲塔2基は第一次大戦時の英独戦艦に良く見られた梯形（斜め）配置である。当時は米艦のような幾何学的迷彩が施されていた（25ページの塗装図参照）

■大型巡洋艦「ゲーベン」（1912年竣工時）

| | | | |
|---|---|---|---|
| 常備排水量 | 23,616トン | 全長 | 186.6m |
| 全幅 | 29.4m | 吃水 | 8.2m |
| 主缶 | 海軍式石炭専焼缶24基 | | |
| 主機 | パーソンズ式直結タービン4基/4軸 | | |
| 出力 | 52,000馬力 | 最大速力 | 25.5ノット |
| 航続距離 | 14ノットで4,420浬 | | |
| 兵装 | 28.3cm連装砲5基、14.9cm単装砲12基、8.8cm単装砲12基、50cm水中魚雷発射管4門 | | |
| 装甲 | 水線270mm、甲板50mm、砲塔230mm、司令塔350mm | | |
| 乗員 | 1,053名 | | |

はオスマン帝国に買い上げられ、「ヤウズ・スルタン・セリム」と「ミディッリ」と改名される。なお、所属が変わった後も乗員はドイツ人のままであった。

## オスマン海軍の主力として奮闘 二つの大戦を生き抜いた長寿の艦

こうして「ヤウズ」はオスマン海軍の主力となり、黒海方面で活動を開始。まずは手始めに1914年10月29日にクリミア半島のセヴァストポリ軍港を強襲する。次いでオデッサを砲撃、機雷敷設艦「プルート」を撃沈、護衛の駆逐艦「プーシチン」も損傷させた。この時まだオスマン帝国とロシア帝国は開戦前であり、激怒したロシアは11月1日に宣戦布告する。これは、オスマン帝国を戦争に引きずり込もうとした小モルトケの意図通りであった。

黒海に配備されていたロシア海軍の艦艇は旧式・劣速だったが、オスマン側の英国艦購入計画に対応して改装を実施しており、建造中のインペラトリッツァ・マリーヤ級弩級戦艦も設計を変更し、強化を図っていた。

11月15日にロシア黒海艦隊は戦艦5隻、巡洋艦2隻、通報艦1隻、駆逐艦12隻のほぼ全力で出撃し、黒海沿岸のオスマン側都市トラブゾンを砲撃、更に機雷を敷設した。オスマン側は迎撃に出撃、18日にヤルタ南西のサールィチ岬沖で両艦隊は遭遇する。だが濃霧のため視界が悪く、「ヤウズ」とロシア旗艦の戦艦「エフスターフィイ」のほぼ一騎打ちになった。「ヤウズ」は小破したが、速度を生かし逃走する。これがサールィチ岬の海戦であった。

二週間の修理の後に再出撃するが、12月26日に触雷して損傷。オスマン帝国には「ヤウズ」を修理できるほどの大型ドックが無く、破孔にコンクリートを張り付けて修理するような状態で、艦の状況は悪化していった。

それに対して、ロシア艦隊はボスポラスを砲撃してオスマン側を挑発。1915年5月10日には「ヤウズ」が出撃、再び「ヤウズ」は「エフスターフィイ」を砲撃する。だが、「ヤウズ」の砲撃は全て外れ、それに対して露側も集中砲火で「ヤウズ」を狙うが、被弾した「ヤウズ」は逃走し、ボスポラスの海戦は終了した。その間に、連合軍は近代戦初の上陸作戦・ガリポリ上陸作戦を実行するが大失敗し、チャーチルも失脚した。

15年末には前述のインペラトリッツァ・マリーヤ級2隻が就役し、1916年1月8日にはその1隻である「インペラトリッツァ・エカチェリーナ・ヴェリーカヤ」と「ヤウズ」が遭遇、「ヤウズ」は射程一杯からの砲撃を行うが命中せず、撤退した。

戦況の変化に伴い、1918年1月20日に「ヤウズ」は連合軍攻撃のためにエーゲ海のイムロズ島からレムノス島へと向かった。しかし、同行の「ミディッリ」が触雷、救出活動を行った「ヤウズ」も触雷し、後退を余儀なくされる。「ミディッリ」は複数の触雷によって沈没、「ヤウズ」もダーダネルス海峡で座礁した。空爆を受けるも損傷は軽微で、元ブランデンブルク級戦艦「トゥルグート・レイス」に牽引され、イスタンブールへと撤退した。

1917年のロシア革命によってロシアは大戦から離脱。翌18年3月3日に結ばれたブレスト＝リトフスク条約の後、「ヤウズ」はオデッサに向かうオスマン帝国停戦委員会のメンバーを護衛し、セヴァストポリに進駐する。11月にドイツ側が正式に「ヤウズ」の所有権をオスマン側に引き渡した。

第一次大戦後、賠償として「ヤウズ」は英に引き渡されることになったが、トルコ革命により同条約は破棄され、トルコ共和国の艦艇となった。その後、ドイツから購入したドライドックをマルマラ海沿岸のゴールククへと運び、フランス企業の手によって修理と第一次近代化改装が行われた。改装後の艦名は「ヤウズ・セリム」となり、その後「ヤウズ」のみとなった。その後の1938年にはトルコ初代大統領ケマル・アタテュルクの遺体を運ぶ名誉を得た。

第二次大戦時も健在であったが戦う機会は得ず、ほぼ象徴的存在のまま54年に退役。予備艦として保管されていたが、71年には解体業者に売却される。1912年の就役以来、約60年という戦艦として最長の艦暦を誇った名艦は、1976年に解体された。

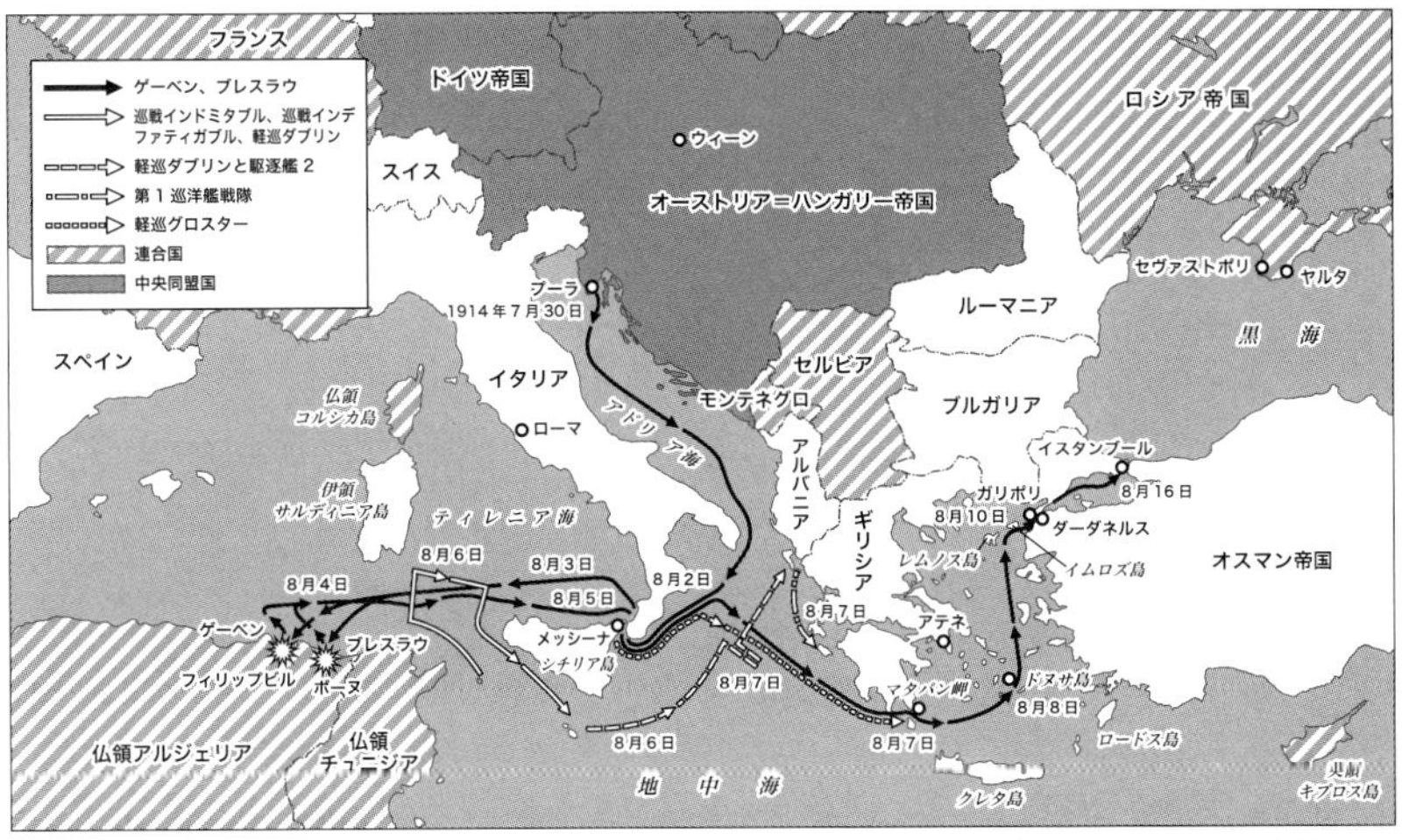
フランス
ドイツ帝国
ロシア帝国
ゲーベン、ブレスラウ
巡戦インドミタブル、巡戦インデファティガブル、軽巡ダブリン
軽巡ダブリンと駆逐艦2
第1巡洋艦戦隊
軽巡グロスター
連合国
中央同盟国
ウィーン
スイス
オーストリア＝ハンガリー帝国
プーラ
1914年7月30日
セヴァストポリ
ヤルタ
ルーマニア
黒海
スペイン
イタリア
セルビア
モンテネグロ
ブルガリア
仏領コルシカ島
ローマ
アドリア海
アルバニア
イスタンブール
8月16日
伊領サルディニア島
ティレニア海
ガリポリ
8月10日
ダーダネルス
ギリシア
レムノス島
イムロズ島
オスマン帝国
8月6日
8月3日
8月2日
8月4日
8月5日
ゲーベン
ブレスラウ
メッシーナ
8月7日
アテネ
フィリップビル
ボーヌ
シチリア島
マタパン岬
ドヌサ島
8月8日
ロードス島
仏領アルジェリア
仏領チュニジア
地中海
クレタ島
英領キプロス島
ゲーベン追跡戦の戦況図。ゲーベン艦隊は英海軍の追跡を振り切りイスタンブールに逃げ込んだものの、ドイツ本国への帰還は困難で、そのままオスマン帝国海軍所属となった(図/おぐし篤:based on map by Baker Vail)

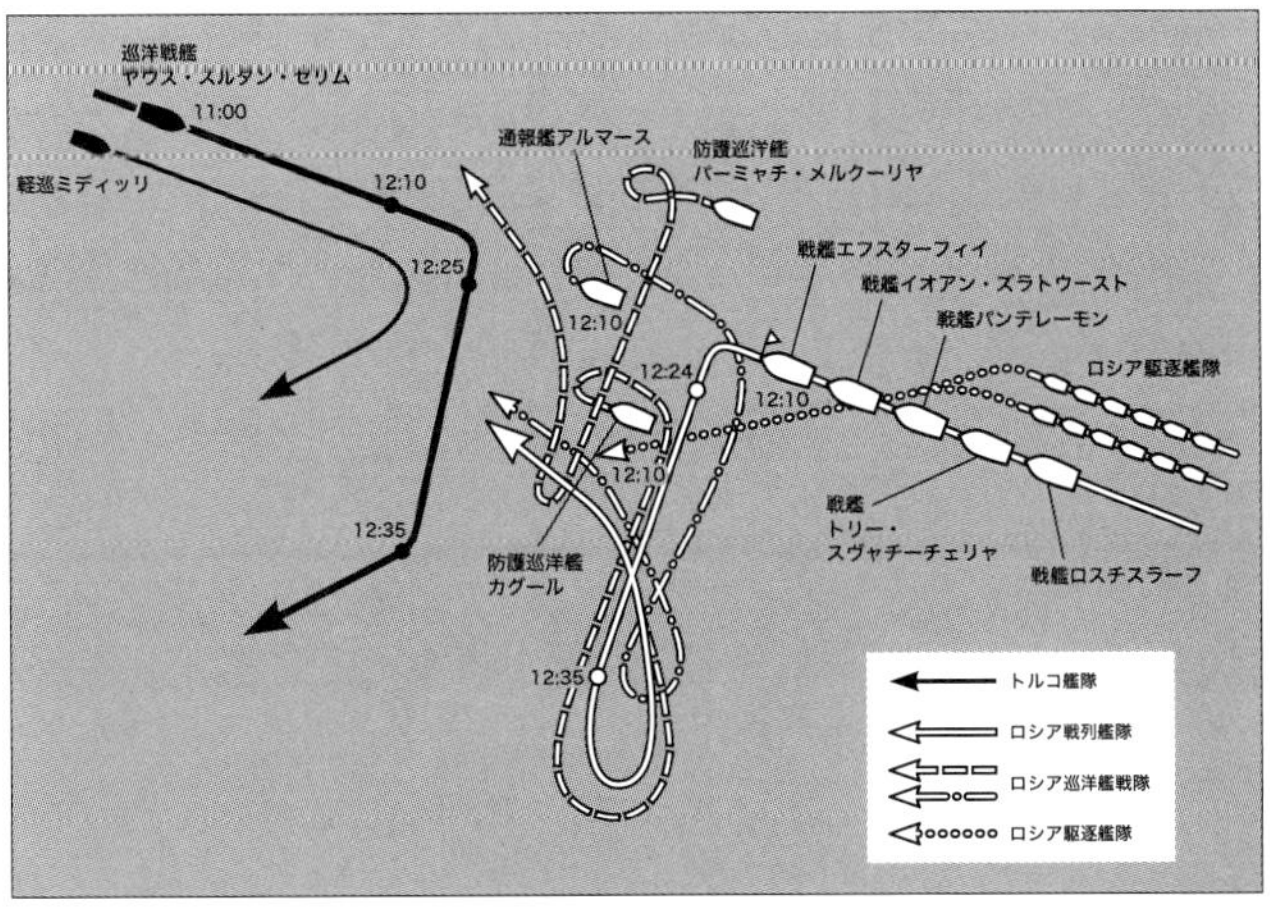
巡洋戦艦 ヤウズ・スルタン・セリム
11:00
軽巡ミディッリ
12:10
12:25
12:35
通報艦アルマース
防護巡洋艦 パーミャチ・メルクーリヤ
戦艦エフスターフィイ
戦艦イオアン・ズラトウースト
戦艦パンテレーモン
ロシア駆逐艦隊
12:24
戦艦 トリー・スヴャチーチェリヤ
戦艦ロスチスラーフ
防護巡洋艦 カグール
トルコ艦隊
ロシア戦列艦隊
ロシア巡洋艦隊
ロシア駆逐艦隊
サールィチ岬の海戦の戦況図。ロシア海軍の戦艦は全て「ヤウズ」より小型で低速、弱火力の前弩級戦艦だったが、さすがに5対1では分が悪かった(図/おぐし篤:based on map by MadCAD)

「ゲーベン」は第一次世界大戦緒戦、オスマン帝国に移譲されて「ヤウズ・スルタン・セリム」となり、三日月と星の海軍旗を掲げた

第二次大戦後の1947年、イスタンブールで撮影された「ヤウズ」。第一次大戦時に長かった後部マストを1938年に撤去するなどしているが、竣工時とさほど変わらない艦影だ

# 巡洋戦艦「ザイドリッツ」

(ドイツ)

## 度重なる損傷にも耐えて不屈の闘志を見せたWWIドイツ巡洋戦艦

### 陸軍の騎兵将軍にちなんだ艦名

本稿ではドイツ帝国海軍の巡洋戦艦「ザイドリッツ」を紹介する。本艦の名は、七年戦争（1756年～63年）で騎兵部隊を率いて縦横に戦場を駆けたプロイセン王国の軍人フリードリヒ・ヴィルヘルム・フォン・ザイドリッツ大将にちなんでいる。ドイツ（プロイセン）はどうしても海軍より陸軍の活躍が多く、艦名も陸軍軍人にちなむことが珍しくない。

本艦はモルトケ級巡洋戦艦の改良型であるが、このモルトケとはプロイセン参謀総長としてドイツ統一に活躍し、近代ドイツ陸軍の父との異名を持つ大モルトケ（ヘルムート・カール・ベルンハルト・フォン・モルトケ）に由来する。その同型艦は前頁で紹介した「ゲーベン」である。

### ドイツ帝国海軍の誕生と大型巡洋艦の登場

1871年にドイツ帝国が誕生、88年にヴィルヘルムII世が29歳の若さで即位すると、ドイツ統一の立役者の一人である宰相ビスマルクを1890年に更迭《こうてつ》する。ビスマルクはフランスを孤立させる外交を行い、その一環として植民地獲得には消極的であったが、ヴィルヘルムII世はこの路線を破棄、世界帝国を目指すために「ドイツの将来は海上にあり」と宣言して大規模な建艦を開始し、積極的な植民地獲得に乗り出した。

1897年6月にアルフレート・フォン・ティルピッツが海軍大臣に就任すると、海軍増強を目指した「艦隊法」を制定する。1898年の艦隊法は自国の防衛用に戦艦19隻を建造するというものであったが、1900年の第二次艦隊法ではイギリス海軍に対抗できる艦隊の建設を目指し、「彼我が戦闘を行えば負けても相手も回復困難な損耗を受ける」として戦艦戦力を38隻に増強する。

当然ながらこれは英国との対立を招き、両国の建艦競争が激しくなり、第一次世界大戦の遠因ともなる。1906年の英戦艦「ドレッドノート」の就役で「弩級戦艦」が登場、従来の戦艦は陳腐化し、英海軍が自ら急に失速したと感じた独海軍は、格差を縮めるチャンスとばかりに、弩級戦艦の建造に邁進する。

だが英国が「ドレットノート」同様に主砲口径を統一して戦艦並みの攻撃力と、巡洋艦並みの速度を発揮可能なインヴィンシブル級巡洋戦艦を建造したことで、ドイツも当初艦隊法にはなかった同種の巡洋戦艦（ドイツでの呼称は大型巡洋艦）を計画する必要が生じた。これが「フォン・デア・タン」である。

ただし英海軍の巡洋戦艦が艦隊偵察用として長大な航続力を持っていたのに対し、総合戦力で劣る独海軍は、巡洋戦艦も戦列で戦う必要があるとして、航続距離を犠牲にして装甲を強化しており、大型巡洋艦の拡大というよりは弩級戦艦を高速化したような艦であった。

このコンセプトは以後の独巡洋戦艦に引き継がれ、改良型のモルトケ級、その更に改良型として本艦「ザイドリッツ」が建造された。「ザイドリッツ」は予算制限もあったがコスト削減に成功、1910年計画艦として同年3月にブローム・ウント・フォス社のハンブルク造船所に発注され、翌11年2月4日に起工、12年3月30日に進水、13年5月22日にモーリッツ・フォン・エギィディ大佐の指揮下で就役した。「ザイドリッツ」は28cm連装主砲塔5基を搭載、装甲は舷側300mm、甲板80mmと英の巡洋戦艦よりはるかに厚かった。

1913年に撮影された「ザイドリッツ」。乾舷の高い艦首部が印象的だ。速力は最大26.5ノットを発揮することができた。なお同型艦はない

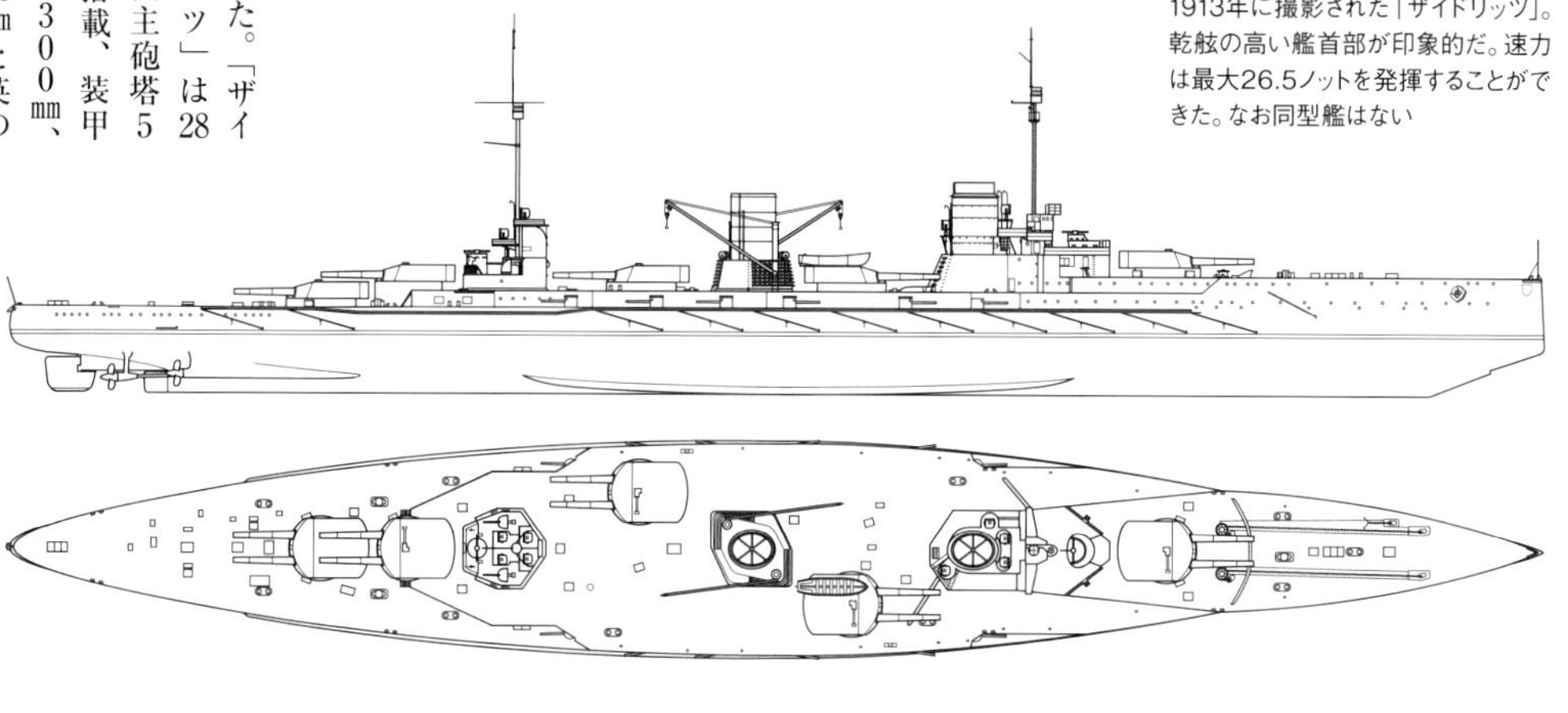

「ザイドリッツ」の2面図。凌波性を高めるため、艦首部の船首楼が一段高くなっているのが船体の大きな特徴である。主砲は28cm連装主砲塔3基を中心線上に、1基ずつを中央部左右に斜めに配置した。副砲の14.9cm砲はケースメート式に片舷6基装備した

### ドッガー・バンク海戦で英巡洋戦艦と戦い中破

ドイツ帝国海軍は皇帝直轄部隊で、主力は大洋艦隊あるいは高海艦隊（Hochseeflotte：ホーホゼーフロッテ）と呼ばれた。「ザイドリッツ」は装甲巡洋艦「ヨルク」の乗員が転属し、同艦隊の第一偵察戦隊に配属された。

就役翌年の1914年7月28日には第一次世界大戦が勃発、英国は敵となり、まず開戦直後の8月28日に、独北西部にて、英海軍が独艦隊の誘引撃滅を狙ったヘルゴランド海戦が勃発する。この時「ザイドリッツ」など巡洋戦艦隊は干潮のために出港できず、軽巡3隻、水雷艇1隻が沈められるのをみすみす見送ることとなった。

その結果、ヴィルヘルムII世は海軍の大規模作戦行動を禁じ、戦闘は皇帝の裁可を受けるように厳命する。幸い小規模行動は許されていたため、英艦隊を引っ張り出すために、11月3日に英国東部の

■巡洋戦艦（大型巡洋艦）「ザイドリッツ」（1913年就役時）

| | | | | | | | |
|---|---|---|---|---|---|---|---|
| 基準排水量 | 24,988トン | 全長 | 200.6m | 幅 | 28.5m | 吃水 | 9.29m |
| 主缶 | 海軍式石炭・重油混焼缶27基 | | | 主機 | 蒸気タービン2組/4軸 | | |
| 出力 | 63,000馬力 | 最大速力 | 26.5ノット | 航続力 | 14ノットで4,700浬 | | |
| 兵装 | 28cm連装砲5基、14.9cm単装砲12基、8.8cm単装砲12基、50cm水中魚雷発射管4門 | | | | | | |
| 装甲厚 | 舷側300mm、甲板80mm、バーベット230mm、砲塔前盾250mm、司令塔300mm | | | | | | |
| 乗員 | 1,068名 | | | | | | |

港湾都市グレート・ヤーマスを襲撃する。ヘルゴランド海戦の焼き直しで、沿岸都市を攻撃して英艦隊を沿岸防護に分散させ、各個撃破を狙っていた。

フランツ・ヒッパー提督が座乗する「ザイドリッツ」は旗艦として、「フォン・デア・タン」、「モルトケ」の巡洋戦艦隊と装甲巡洋艦1隻、軽巡洋艦4隻を率いて11月2日に出港し、主力の戦艦隊も動き出した。3日早朝にはヤーマスに接近、英掃海艇「ハルシオン」と旧式駆逐艦に発見され、攻撃を行ったが効果はほとんど無かった。そこで本来の都市攻撃に変更、その間に軽巡が機雷を敷設、機雷敷設後撤退する。その際に追撃した英潜水艦D5は触雷して沈んでいる。同艦隊が無事に帰国したことと、直前にコロネル沖海戦で勝利したことで、独側は以後同様の作戦を繰り返すようになった。

12月16日にはスカーバラ、ハートルプール、ウィトビーの港湾都市へ攻撃を仕掛け、「ザイドリッツ」はハートルプールを砲撃する。だがこの時には独側の暗号は英国に漏れていて、作戦は察知されていた。幸い悪天候を利用して無事帰国するが、英海軍は国民から非難され、次は全力で出撃することを決める。

ヒッパーが指揮する独巡洋戦艦隊（巡戦3隻、巡洋艦5隻）は1915年1月24日にも出撃するが、英側はビーティ提督率いる巡洋戦艦5隻と巡洋艦7隻、駆逐艦35隻を迎撃に出し、北海でドッガー・バンク海戦が勃発した。

英艦隊の方が多いと知ったヒッパーは退却を開始するが、ビーティは足の遅い巡洋戦艦2隻を残して高速の3隻のみで追撃、午前9時5分頃に20km圏内に追い付き、砲撃を開始した。9時43分には英旗艦「ライオン」の34・3cm砲弾が「ザイドリッツ」の後部甲板に命中、装填室で爆発し4番・5番砲塔が破壊され、159名の乗員が死亡した。だが「デアフリンガー」の30・5cm砲弾が「ライオン」に命中すると、「ライオン」の速度が低下し、更には英側の命令の誤認があって、最後尾で損害が激しい装甲巡洋艦「ブリュッヒャー」を失うのと引き換えに撤退に成功する。

母港に帰った「ザイドリッツ」は修理に2カ月を要したが、復帰した後は8月にロシア海軍に対するリガ湾攻防戦の支援を行い、9月に北海で機雷敷設。11月24日にはカイザーヴィルヘルム運河で座礁したが、損傷は軽微だった。

## ユトランド沖で満身創痍となるも生還

1916年4月24日にドイツ巡洋戦艦隊はまた英国襲撃を試み、5隻がヤーマス、ローストフトの町へ向かったが、旗艦の「ザイドリッツ」は右舷に触雷し11名が死亡、1400トンの海水が侵入し撤退した。

また英国艦隊の誘引作戦を計画、5月30日にはヒッパー提督率いる巡洋戦艦隊が出撃するが、英側も準備万端整えており、大艦隊を出撃させた。こうして第一次世界大戦最大の海戦・ユトランド沖海戦（ドイツ側の呼称はスカゲラク海戦）が勃発する。独側の戦力は弩級戦艦16隻、巡洋戦艦5隻、前弩級戦艦6隻に対し、英側は弩級戦艦28隻、巡洋戦艦9隻と圧倒的に英側が優勢だった。

ユトランド沖海戦で大破して大浸水、今にも沈みそうな状態ながらも母港を目指す「ザイドリッツ」。1番砲塔の弾薬庫を密閉して得た浮力で辛うじて沈没を免れた。1916年6月1日～2日の撮影

ヴィルヘルムスハーフェンに帰還した「ザイドリッツ」。1番砲塔の右舷には大破孔が空き、重量を減らすため1番砲塔の主砲を取り外している。元々の防御力の高さに加え、船首が一段高く凌波性が高かったことも生還に大きく貢献した

海戦の詳細は割愛し、「ザイドリッツ」中心に記述するが、31日14時18分に戦闘が開始されると、双方の巡洋戦艦隊は接近を開始、そこでヒッパーは敵を引き込むために南東へ反転、英側も追撃を開始する。砲撃を行いつつ「南走」として知られる巡洋戦艦同士の砲撃戦が行われ、「クイーン・メリー」の34・3cm砲弾が「ザイドリッツ」の後部砲塔に命中したが、ドッガー・バンク海戦の戦訓を受けた防火対策のお陰で誘爆はしなかった。

16時25分に「ザイドリッツ」は「デアフリンガー」と共に「クイーン・メリー」を砲撃、弾薬庫を誘爆させて撃沈している。だが「ザイドリッツ」も英駆逐艦の雷撃を1番砲塔直下に受け、長さ12m幅4mの破口が開いて浸水が発生した。

その頃には両軍の主力艦隊も交戦に加わり、「ザイドリッツ」は18時9分から19分の間に戦艦「バーラム」か「ヴァリアント」からの15インチ（38・1cm）砲弾を被弾、19時頃にも艦前部に6回被弾、火災も発生した。

「ザイドリッツ」は南西に後退したが、最終的に21発の大口径弾と1発の魚雷を受け、2300トンの浸水が発生していた。それでも一番砲塔下の弾庫を密閉して浮力を保ち航行可能であったが、浸水が増えるに従って速力は落ち、ついには前進不能となった。最後は反転して後進し、船体の大部分が沈んだ状態で、6月3日にヴィルヘルムスハーフェンへ帰り着く。関門を通れなかったため座礁させたが、1番砲塔の主砲を外して軽量化し、何とか修理ドックへたどり着いた。

「ザイドリッツ」はこれだけの被害を受けたにも関わらず、わずか3カ月の修理で戦線に復帰するが、以後独側は現存艦隊主義を掲げ、ついに出撃の機会は訪れなかった。そして1918年11月にドイツが敗北した後、他のドイツ艦と共にスカパ・フローに抑留され、19年6月21日に自沈した。

戦後の1918年11月21日、イギリス海軍の泊地スカパ・フローに向かう「ザイドリッツ」

# 装甲艦「アドミラル・グラーフ・シュペー」
(ドイツ)

## 大戦序盤の通商破壊戦に活躍し、孤軍奮闘の後に沈んだ「ポケット戦艦」

### WWIで活躍した名提督に由来する艦名

本稿でご紹介するのは、ドイツのポケット戦艦「アドミラル・グラーフ・シュペー」である。艦名は、第一次大戦時のドイツ東洋艦隊司令官、マクシミリアン・フォン・シュペー中将に因んでいる。アドミラルは「提督」だが、次のグラーフはドイツ艦や飛行船などでよく見かけるので、気になる人もいるだろう。このグラーフ（Graf）は「伯爵」のことで、「提督伯爵シュペー」という意味となる。

第一次大戦時、太平洋のドイツ植民地警護を行っていたシュペー提督だが、率いる艦隊はオーストラリアの巡洋戦艦一隻にも劣る戦力しかなく、太平洋には日本も含め多数の連合国戦力があり、圧倒的に不利だった。

そこで大戦が勃発すると、装甲巡洋艦「シャルンホルスト（初代）」「グナイゼナウ（初代）」からなる艦隊主力を率い、1914年8月13日に南米経由で帰国の途に就く。途中、南太平洋でフランスの砲艦「ゼーレ」を沈め、「すべてはシナリオ通り」と呟いたかどうかは分からないが、11月1日にはコロネル沖海戦で英艦隊を撃滅した。だが、12月8日にはフォークランド沖海戦で「シャルンホルスト」と「グナイゼナウ」が英巡洋戦艦隊に撃沈され東洋艦隊主力は壊滅。シュペー提督も息子2人と共に戦死した。

### 「ポケット戦艦」の誕生

東洋艦隊が壊滅した後の1918年、ドイツは第一次大戦に敗北、本国に残っていた艦艇もスカパ・フローに抑留され、そこで自沈して独艦隊は消滅する。ヴェルサイユ条約でドイツの軍備は制限され、保有艦艇も戦艦6隻、軽巡6隻、駆逐艦12隻、水雷艇12隻とされ、旧式戦艦の代艦は基準排水量1万トン以内、主砲口径28㎝までの装甲艦のみと定められた。

この制限下で、保有していた前ド級戦艦のブラウンシュバイク級の代艦として作られたのがドイッチュラント級装甲艦で、その三姉妹の末っ子が本艦「アドミラル・グラーフ・シュペー」である。ちなみに、同じ代艦枠で次に作られたのが、本級を大型化した二代目シャルとゼナ、もとい、戦艦「シャルンホルスト」「グナイゼナウ」である。

本級は、フランスの旧式戦艦からは速度を活かして逃亡し、ポーランドの巡洋艦や北欧諸国の海防戦艦を砲力で圧倒することで、バルト海の制海権を確保するために作られた。

結果的に超過したとはいえ、排水量1万トン以内におさめるため、まるで試合前の軽量級プロボクサーのように、水道を針金で縛るような（古い表現）徹底したダイエットが行われた。電気溶接の採用とそれが可能な新鋼材の開発、軽量合金の使用、三連装砲塔や燃料消費の少ないディーゼル機関の採用などである。だが、このディーゼルの採用が本艦の命取りにもなった。

と言うのは、当時のディーゼル燃料は粘性が高く、そのままでは使用できなかったので、本級では燃料管に加熱装置を取り付けて燃料を流れやすくしたのだが、そのパイプの一部が上甲板に露出しており、重大な弱点となっていた。大事な所を隠すのを忘れていたとは、実にうっかりさんである。イメージ的には、バッグを背負ったらそれによってスカートの後ろがまくれ上がっているのに気が付かない女学生、そんな感じである。

このように小さい体にディーゼル採用による速くて長い脚、それにド級戦艦並みの砲を備えたトランジスタグラマー（死語）の登場は、各国に衝撃を与えた。

改装後の「アドミラル・グラーフ・シュペー」の堂々たる艦影。ドイッチュラント級装甲艦は重巡クラスの船体に弩級戦艦並みの28.3㎝砲6門を持ち、当時の多くの戦艦より速い26ノットを発揮でき、燃費のいいディーゼル主機により長大な航続距離を実現していた。イギリスは本級に「ポケット戦艦」とのあだ名をつけ警戒した

**■装甲艦「アドミラル・グラーフ・シュペー」**

| | | | |
|---|---|---|---|
| 基準排水量 | 12,100トン | 全長 | 186m |
| 全幅 | 21.7m | 吃水 | 7.34m |
| 主機 | MAN社製<br>9気筒ディーゼル8基/2軸 | | |
| 出力 | 55,400hp | | |
| 速力 | 28.5ノット | | |
| 航続力 | 20ノットで8,900浬 | | |
| 兵装 | 28.3㎝三連装砲2基、15㎝単装砲8基、10.5㎝連装高角砲3基、3.7㎝連装高角砲4基、20㎜単装機関砲10基、53.3㎝四連装魚雷発射管2基、水偵2機 | | |
| 装甲 | 水線80㎜、甲板40㎜、主砲塔140㎜、司令塔150㎜ | | |
| 乗員 | 1,070名 | | |

28.3㎝三連装砲を艦前後に1基ずつ備える、ドイッチュラント級装甲艦3番艦の「アドミラル・グラーフ・シュペー」。姉妹艦の「ドイッチュラント」「アドミラル・シェーア」とは細かいところが異なり、特に舷側装甲は60㎜から80㎜にと強化されていた。なお、生き残った「ドイッチュラント」「シェーア」は後に重巡洋艦に艦種変更された

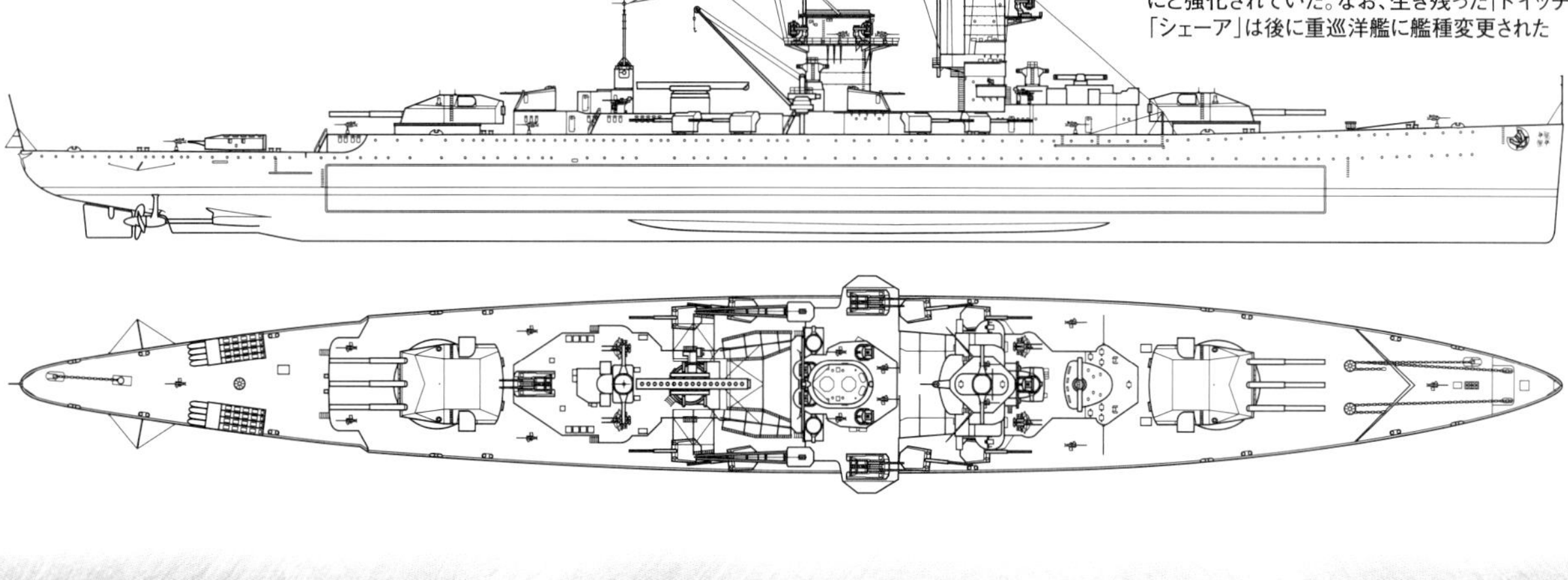

特にフランスは過大に喧伝し、これに対抗するためと称してダンケルク級戦艦の建造に着手した。

するとダンケルク級に対抗するために、イタリアはリットリオ級を建造、他にも各国が旧式艦の近代化改装を行う。更には、アメリカが基準排水量2万8880トンの巨大なアラスカ級大型巡洋艦を建造、日本がその情報を得て、金剛型代艦の超甲型巡洋艦を計画するほどの衝撃であった（もちろん、それだけの影響ではないが）。

## 第二次大戦の勃発と「シュペー」の通商破壊戦

第二次大戦では、多くのドイツの艦艇が通商破壊作戦に従事したが、本艦も同様で、大戦前の1939年8月21日にヴィルヘルムスハーフェンを出航、24日には長女の「ドイッチュラント」や多数のUボートも出航する。その後、イギリスの北方を大きく迂回して大西洋を南下、9月3日の開戦時にはアゾレス諸島南方の北大西洋のど真ん中にいた。

9月24日（命令が届いたのは26日との説もある）に通商破壊が許可されると、ハンス・ラングスドルフ大佐が指揮する「シュペー」は南太平洋方面へ移動して、同30日にイギリス商船「クレメント」（5050トン）を撃沈したのを皮切りに、次々と英商船を撃沈する。その捕虜を特設給油艦の「アルトマルク」に引き渡したが、同艦は後にイギリスの駆逐艦に白兵戦を挑まれ、捕虜を奪還されている。これがアルトマルク号事件で、中立国であるノルウェーの海域で行われたのでヴェーザー演習作戦のきっかけとなった。

一方、開戦当初は南大西洋方面のイギリス海軍の戦力は少なかったが、「クレメント」の喪失で通商破壊船の存在を知ると、急遽《きゅうきょ》重巡「エクセター」、「カンバーランド」、旗艦の軽巡「エイジャックス」、「アキリーズ」からなるG部隊を差し向ける。本国からも、巡洋艦隊や空母「ハーミス」、戦艦2隻が送り込まれ、更には空母「アーク・ロイヤル」と巡洋戦艦「レナウン」の派遣も決定した。

この情報を受け取った「シュペー」はインド洋方面に一時転進、その後南大西洋方面に舞い戻り、12月7日までに英商船9隻約5万トンを沈めている。だが、沈められた船からの打電や目撃情報によって「シュペー」の位置は割り出されつつあり、G部隊のハーウッド代将（※）は、12月12日にラプラタ河口海域へ艦隊を集結させた。「カンバーランド」は整備のためにフォークランドへ向かっており、戦力に不安があったので、代将は追跡を主目的とし、戦闘になった場合は、二手に別れて攻撃を行う計画を立てた。

翌13日に「シュペー」と遭遇、「シュペー」はG部隊を輸送船団の護衛と誤認して距離は縮まっていく。予定通り、代将は「エクセター」を向かわせる。一方「シュペー」側も、相手が巡洋艦部隊と確認したが、敵艦と戦闘をしないように命令が下っていたにも関わらず、「エクセター」に向けて砲撃を開始する。こうして、ラプラタ沖海戦は勃発した。

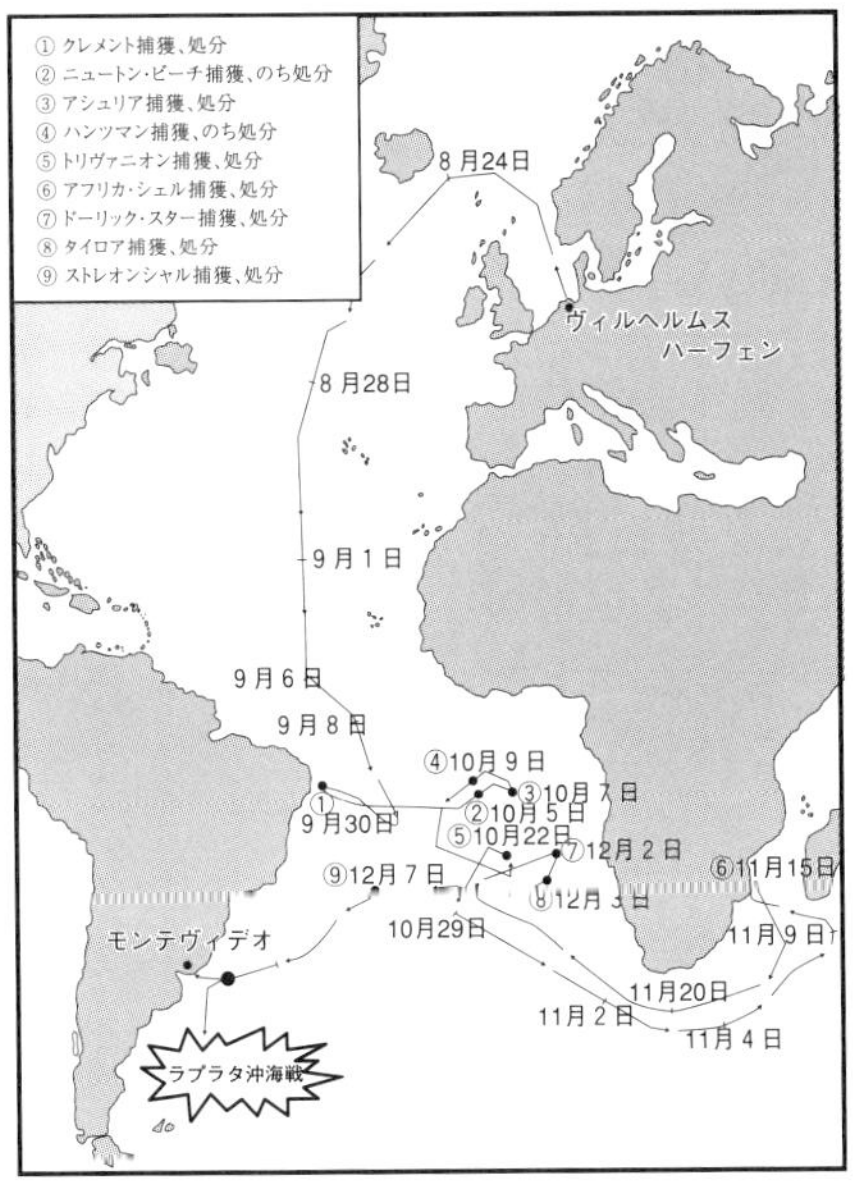
① クレメント捕獲、処分
② ニュートン・ビーチ捕獲、のち処分
③ アシュリア捕獲、処分
④ ハンツマン捕獲、のち処分
⑤ トリヴァニオン捕獲、処分
⑥ アフリカ・シェル捕獲、処分
⑦ ドーリック・スター捕獲、処分
⑧ タイロア捕獲、処分
⑨ ストレオンシャル捕獲、処分
8月24日
ヴィルヘルムス
ハーフェン
8月28日
9月1日
9月6日
9月8日
④10月9日
③10月7日
①
9月30日
②10月5日
⑤10月22日
⑦12月2日
⑨12月7日
⑧12月3日
⑥11月15日
10月29日
モンテヴィデオ
11月9日
11月20日
11月2日
11月4日
ラプラタ沖海戦
ラプラタ沖海戦に至るまでの「シュペー」の航路。大西洋、インド洋で9隻もの商船を撃沈したが、すべて乗組員を避難させてからであり、一人の死者も出さない紳士的な通商破壊戦であった

右舷前方から見た改装前の「シュペー」。二等辺三角形の塔型艦橋が特徴的だ。艦首にはシュペー伯爵家にちなんだ鶏の紋章が備え付けられている。

「シュペー」の後部主砲塔。上甲板より一段高い船首楼が艦後部まで延びる長船首楼型の船体だった

1939年12月17日2054時、モンテヴィデオ港で自沈した「シュペー」。その模様が全世界にラジオ中継されたため、「シュペー」の名とその最期は有名なものとなった

## ラプラタ沖海戦と「シュペー」の最期

「シュペー」は最大の目標である「エクセター」に砲撃を集中、28cm砲弾7発を直撃させ、僅か20分ほどで同艦を戦闘不能へと追い込んだ。しかし、反撃に出たイギリス側の軽巡も、水上機の弾着観測によって正確な砲撃を行い、「シュペー」に多数の命中弾を与えた。「シュペー」はこれによって、40名近い戦死者と60名近い重軽傷者を出し、更にはパンツの紐が切れ…ではなくディーゼル燃料の加熱装置に被弾、長距離航行ができなくなってしまった。そのため、ラプラタ川河口にある中立国であるウルグアイの首都モンテヴィデオへと入港、修理のために一週間の停泊を希望する。

だが、イギリス側が空母や戦艦も含む艦隊が向かっているとの偽情報を含めた猛烈な外交戦を仕掛けたことで、72時間の停泊しか認められなかった。その時間では修理は不可能であり、ラングスドルフ艦長は「シュペー」が拿捕されるよりはと、乗員を退去させた後、「シュペー」は12月17日に自沈。そして艦長も19日に自決した。

なお、1956年の映画「戦艦シュペー号の最後（原題：The battle of the river Plate）」では、アメリカのデモイン級重巡洋艦「セーラーム」……ではなく「セーラム」が「シュペー」として登場している。三連装砲塔から艦橋上の塔上構造物とかを心の目で見れば、ほらだんだん「シュペー」っぽく見えてくる、はず。それに対する英国艦は、実際に「シュペー」と撃ち合った本物だったり（「アキリーズ」など）もするので、それだけでも一見の価値ありだ。

（※）代将…本来は将官でない大佐が艦隊の指揮を執る時に与えられる臨時の階級。

# 装甲艦「モニター」

(アメリカ)

## 南北戦争における海戦で活躍し、「モニター艦」の祖となった装甲艦

### 「悪をなす者を戒め是正する者」

今回のテーマの装甲艦「モニター」の艦名は、単純な意味は「監視者」であるが、設計者のジョン・エリクソンは「one who admonishes and corrects wrongdoers」(悪をなす者を戒め、是正する者)との意味で命名したという。

なお、今では「Ironclad(アイアンクラッド)」を「装甲艦」と訳するのが一般的だが、昔は「甲鉄艦」の字を当てていた。アイアンクラッドも甲鉄艦もとても強そうな語感で、筆者個人的には装甲艦よりもよっぽど好みである。そう、まるで「貴様ら何者だ!」「我ら、悪をなす者を戒め、是正する甲・鉄・艦・隊・アイアンクラッド!」とかステキポーズを決めそうな。「モニター」の副長の名はサミュエル・グリーンだし。

### スウェーデン生まれの発明家が開発した実験的軍艦

長い間、艦船は木で作られていた。しかし、大砲の発達と製鉄技術の進歩、蒸気動力とスクリュー駆動によって艦船に鉄の装甲を施すことが可能となる。まずはアメリカの「フルトン」(1816年就役)などに代表される浮き砲台が作られ、そこから発展して1860年にはフランス海軍が「ラ・グロワール」を就役させる。

対抗してイギリスも「ウォーリア」を建造したが、まだ機帆船(熱機関を搭載した帆船)で、形状もそれまでの帆船の延長であった。だが沿岸防備用の艦艇の中には帆を全廃して、蒸気機関だけで航行可能な装甲艦も生まれるようになり、その中でも近代艦艇の萌芽となったのが「モニター」である。

「モニター」の動力は蒸気機関で、スクリューで航行し、艦の中央に従来の舷側砲とは異なる旋回式砲塔を備えていた。更には艦の大部分は砲撃を避けるために水中にあり、「半潜水艦」でもあった。また建造も当時革新的であるブロック工法を採用し、9カ所の鋳造所で部品を作り、1カ所に集めて建造している。この革新的な構造けリスクが高いと考えられたが、結局その後の同様の艦種はモニター艦と呼ばれるようになり、またその構造は近代的艦艇に取り入れられていく。

その「モニター」の誕生は、1861年にアメリカで勃発した南北戦争がきっかけであった。南北戦争でヴァージニア州が南部連合側(以下南軍)に参加したことで、当時のアメリカ主要造船所の一つゴスポート造船所(現在のノーフォーク海軍造船所)が、南軍の手に落ちた。

合衆国側(以下北軍)は造船所とそこの艦艇を破壊したが、沈没させたはずの蒸気フリゲートの「メリマック」が南軍側に渡り、「ヴァージニア」として半潜水式の装甲艦へと改造された。

北軍側は同年4月19日に海上封鎖を宣言しており、「ヴァージニア」はこの封鎖を破る可能性があると考えられた。そこで北軍側も装甲艦の建造を決断、議会は8月3日に装甲艦に150万ドルの予算を割り当て、装甲艦委員会を立ち上げた。

戦史上初の、甲鉄艦同士の戦いとなったハンプトン・ローズ海戦を描いた絵画。右側の、船体はほぼ水中に没し、砲塔だけを水上に出している奇怪な軍艦が「モニター」。対して左側の、三角屋根のような装甲で船体を覆った奇妙な軍艦が「ヴァージニア(メリマック)」

委員会では複数の設計案が提案され、その一つがスウェーデン生まれの技術者ジョン・エリクソンによる「モニター」だった。だが、前述のような革新的な構造は荒れた海では浮かないと懐疑的な目で見られ、当時のリンカーン大統領も却下するほどであった。

しかし、エリクソンは「海は彼女=モニターを乗り越え、彼女はカモのように浮かぶだろう」と宣言、浮かぶことを保証する。その意見が通り、「モニター」を含む3隻の設計が採用されたが、他の2隻の「ガリーナ」と「アイアンサイズ」は従来型の艦に装甲を施した形状であった。それに対して「モニター」は実験的要素が強く、特異な構造のためマスコミなどから「エリクソンの愚かさ」「筏のチーズ箱」などと批評されるほどであった。

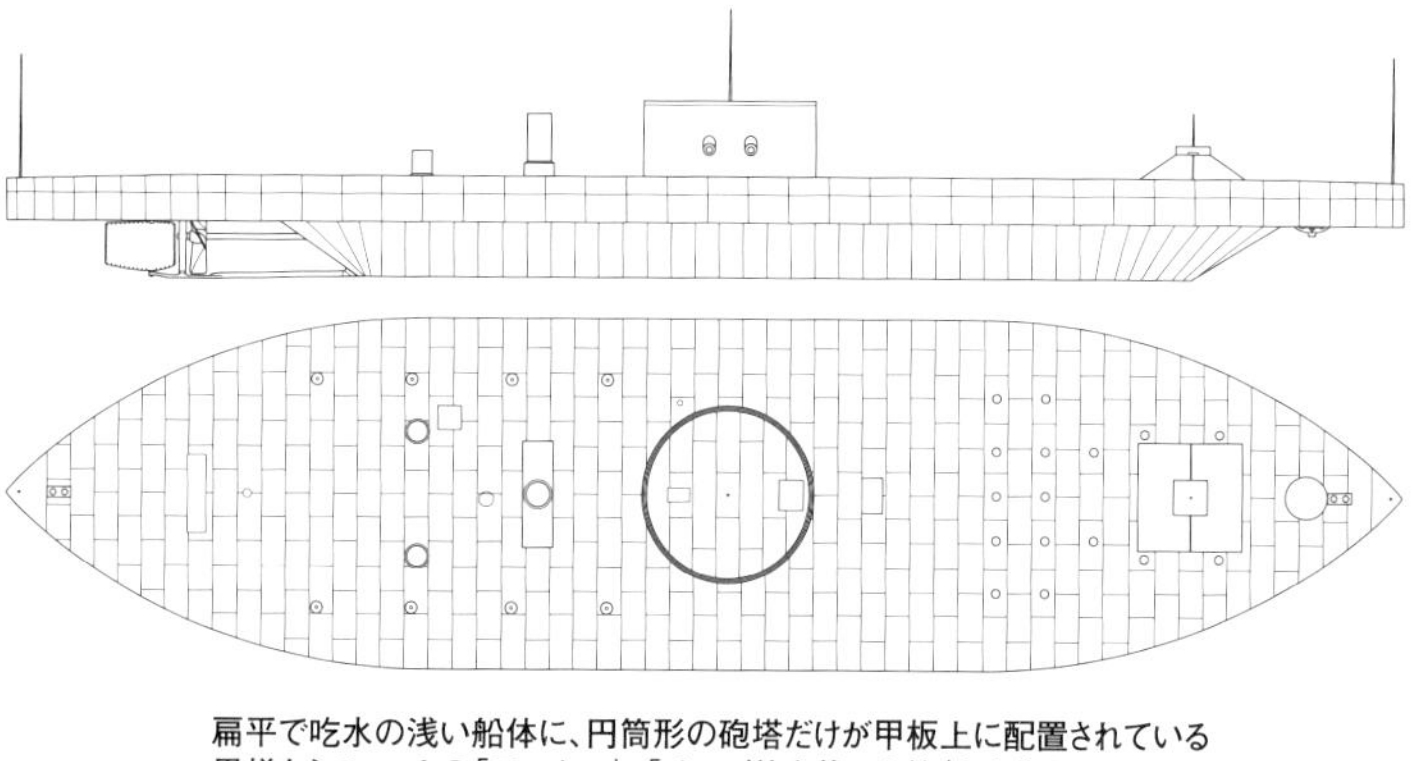

扁平で吃水の浅い船体に、円筒形の砲塔だけが甲板上に配置されている
異様なシルエットの「モニター」。「チーズ箱を載せた筏」とも称された

9月21日にエリクソンの設計は承認され、10月4日に建造契約が締結された。10月25日に実際の建造が開始、エリクソンは100日で完成させると約束、たびたびの鉄の遅配と予算不足で建造期間は伸びたが、目標の100日を18日過ぎた1862年1月30日に、浮かぶことを証明しようとエリクソンが甲板に立ったまま、無事進水した。

進水後、エンジンバルブのトラブルがあったが対策が施され、2月25日に就役。その後も舵のステアリングギアの取付不良や砲の反動吸収などの問題が発生、対策と熟成が続けられた。なお、この先進的設計を盛り込まれた「モニター」に、設計者のエリクソンは40を超える特許を盛り込んだが、その全てを米国政府に寄付している。

**■装甲艦「モニター」**
**(1862年就役時)**

| | |
|---|---|
| 排水量 | 987トン |
| 全長 | 54.6m |
| 全幅 | 12.6m |
| 吃水 | 3.2m |
| 缶 | 水平煙管ボイラー2基 |
| 主機 | 振動レバー式単動レシプロ(320hp) |
| 軸数 | 1軸 |
| 最大速力 | 6ノット |
| 武装 | 11インチ(280㎜)ダールグレン滑腔砲2門 |
| 装甲厚 | 砲塔202㎜、舷側127㎜、甲板25㎜、操舵室229㎜ |
| 乗員 | 49名 |

### 「モニター」対「ヴァージニア」!ハンプトン・ローズ海戦

「モニター」は1862年2月25日、ニューヨーク・ブルックリンのコンチネンタル鉄工所で完成し、ブルックリン海軍造船所へ移動した。3月6日に外洋タグボートの「セスロー」に牽引されて、ヴァージニア州モンローに向けて出港する。

しかし、ウォーデン艦長は構造上砲塔と船体の間のシール(水密)が不安で、エリクソンの忠告を無視して、隙間に密封用の麻屑と帆布を詰め込んだ。だが、航行中に麻屑が押し流され、艦内に浸水

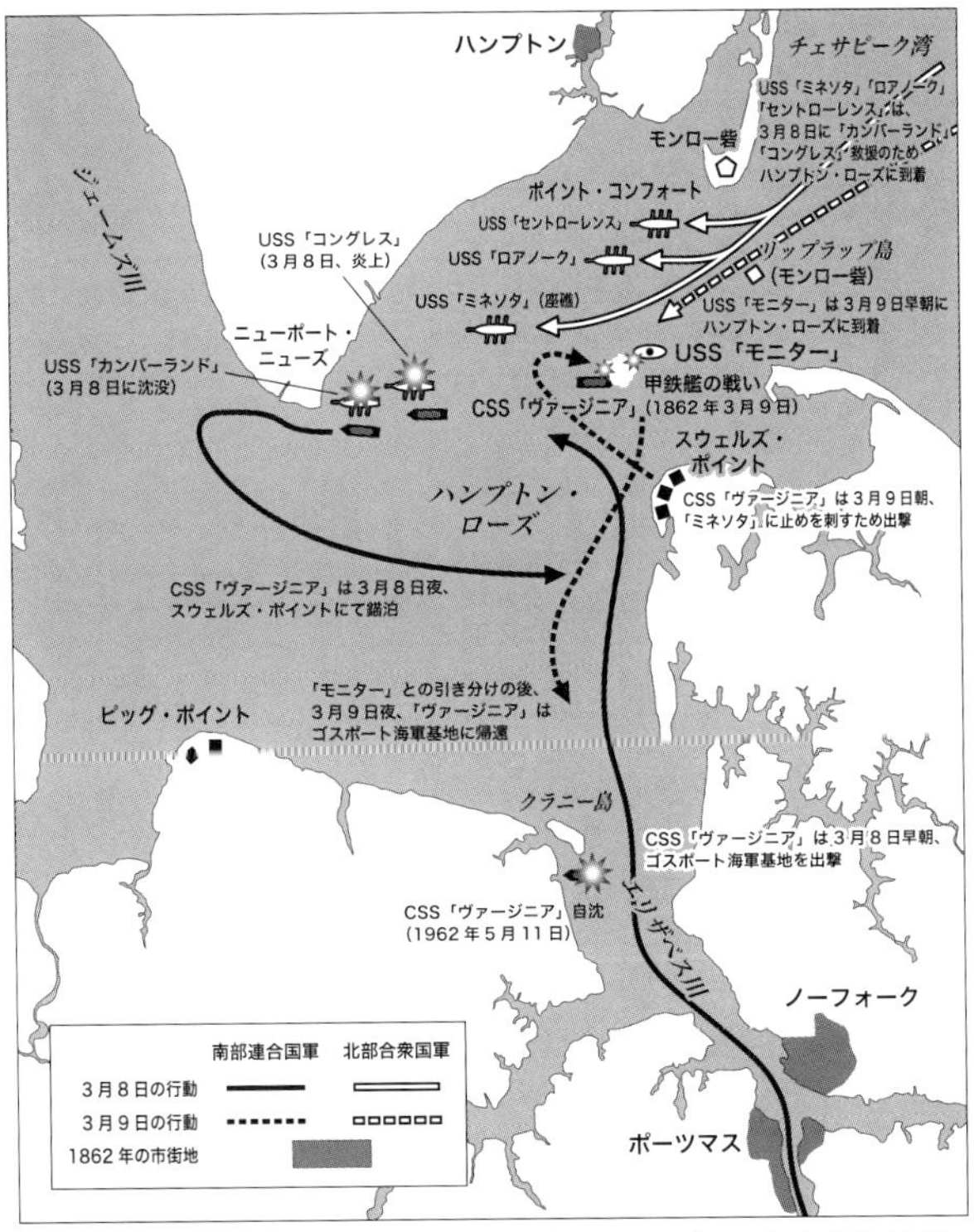


ハンプトン・ローズ海戦の概要図。「モニター」と「ヴァージニア」は双方が円を描くような航跡で格闘戦を演じ、互いに多数の砲弾を命中させたが、どちらも敵艦の装甲を破れず引き分けに終わった(図/おぐし篤)

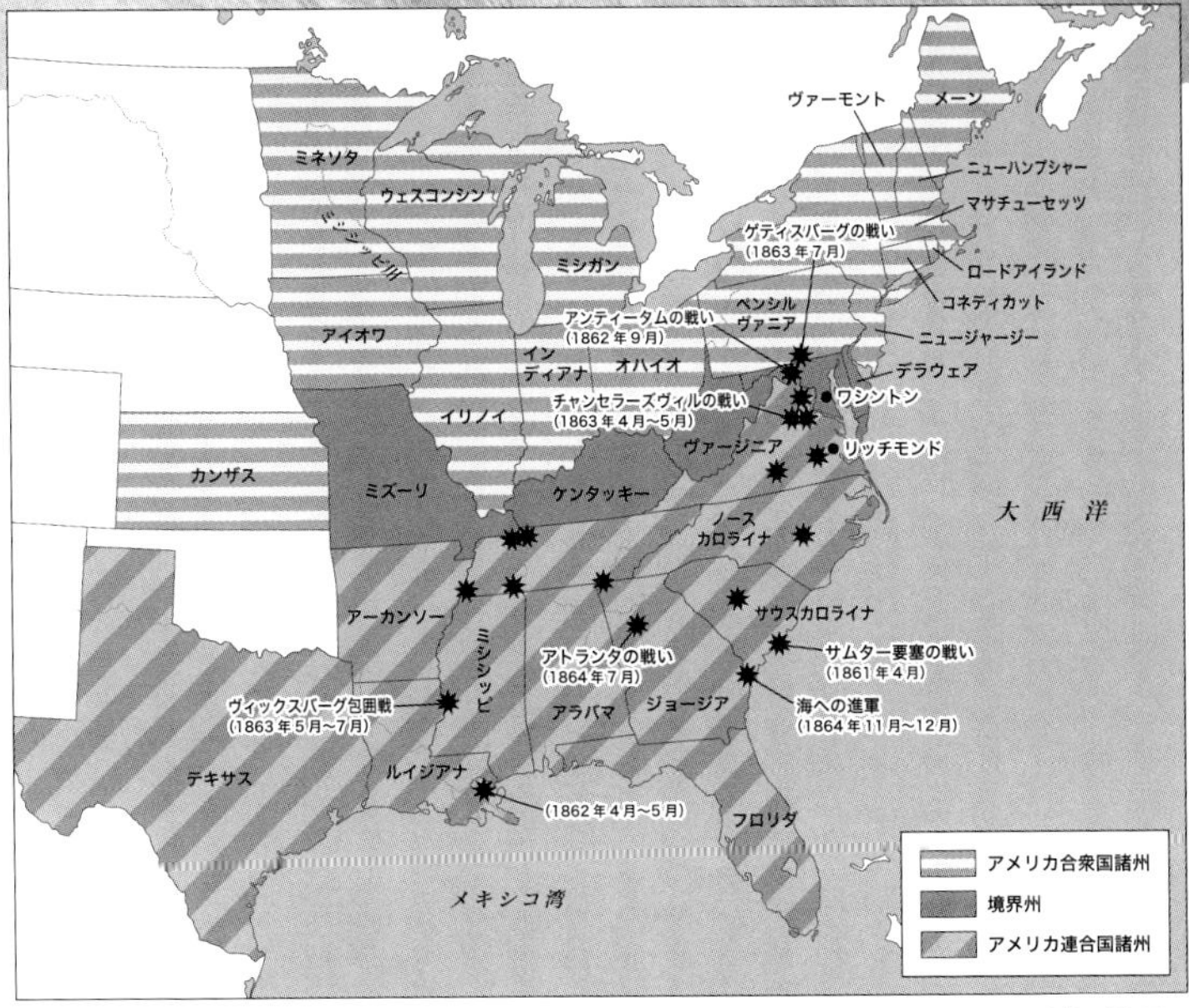


南北戦争の概要図。ハンプトン・ローズはヴァージニア州の南東にある港湾で、河川によって両軍の首都(北軍のワシントン、南軍のリッチモンド)を衝くことができる海運上の要衝だった(図/おぐし篤)

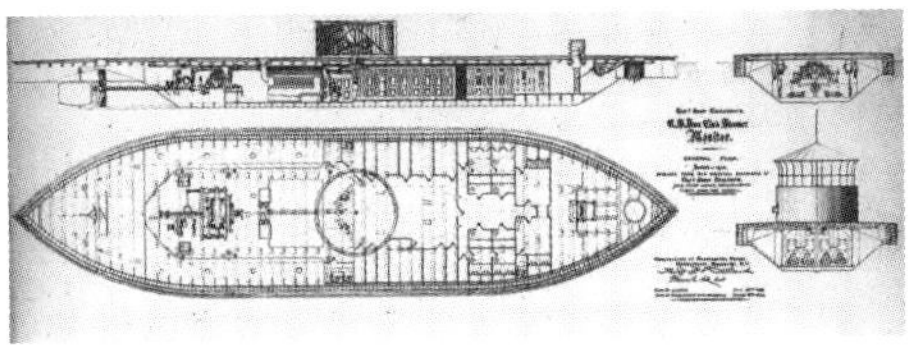

「モニター」の船体内部図。エンジンを艦の後部に配し、280㎜砲2門を装甲砲塔の中に備えていた

ハンプトン・ローズ海戦後の「モニター」。砲塔に被弾した跡が残っている

アメリカ国立南北戦争海軍博物館で展示されている「モニター」の砲塔部分のレプリカ(写真/鈴木貴昭)

し、火災が発生した。幸い火災は消し止められたが、有毒ガスが発生し機関室の乗員はダウンし、更に舵も制御不能となり、艦長は「セスロー」に救助を要請、海岸近くへと曳航して修理を行った。

だが、その間の3月8日には、南軍の装甲艦「ヴァージニア」が封鎖線を突破するために出撃、ヴァージニア州ハンプトン・ローズにて北軍側の封鎖艦隊の「カンバーランド」と「コングレス」を撃沈し、座礁した「ミネソタ」を沈めようしていた。しかし、日没と引き潮によって戦闘続行は不可能となり、また損傷もあったために「ヴァージニア」は撤退する。この戦闘で「ヴァージニア」は装甲艦の威力を見せつけ、北軍の士気は低下したが、幸いにも午後9時頃に応急修理が終わった「モニター」が現地へと到着した。

翌9日、「ヴァージニア」はブキャナン艦長が負傷したため、ジョーンズ副長が指揮を執って、午前6時頃に「ミネソタ」攻撃に出撃する。「ヴァージニア」は1浬(1852m)以上離れた地点から「ミネソタ」に対して砲撃を開始したが、「ミネソタ」の後ろに隠れていた「モニター」が姿を現し、「ヴァージニア」に接近、8時45分に「モニター」は発砲を開始した。

その後「モニター」は8分に1回のペースで砲撃を続け、双方円運動をしつつ、100m以内の至近距離で撃ち合いが続いた。だが、11時には「モニター」の砲塔内の砲弾は無くなり、また「ヴァージニア」も「モニター」に衝角攻撃を行ったが、「カンバーランド」攻撃の際に衝角は損傷しており、「モニター」に被害を与えることはできなかった。その後「ヴァージニア」の砲弾が「モニター」の操舵室に命中し、破片がウォーデン艦長の目を負傷させ、約20分の間「モニター」は戦闘不能に陥り後退する。グリーン副長が指揮を引き継ぎ、戦場に戻ろうとしたが、その時には「ヴァージニア」はこれ以上の戦闘継続は困難と判断し、撤退していた。

こうして世界最初の装甲艦同士の戦いであり、南北戦争中最も重要な海戦であるハンプトン・ローズ海戦は引き分けに終わった。この戦いで、「モニター」は操舵席に2発、砲塔へ9発、全体では22発の砲弾を受け、「ヴァージニア」は「モニター」以外からの攻撃も含め、97発被弾したが、どちらの艦も致命的な被害を受けなかったことで、装甲艦の優秀さが証明され、その後、特に北軍側では多数のモニター艦が建造された。

## 南北戦争最大の殊勲艦「モニター」の最期

この戦いの後、4月11日には「ヴァージニア」は「モニター」を挑発する攻撃を行い、その後5月8日にも遭遇戦が発生したが「ヴァージニア」が撤退、5月10日には北軍がハンプトン・ローズにあるノーフォークを占領したため、「ヴァージニア」は行き場所を失い、自爆して沈没した。

その後、「モニター」はジェームズ川を遡り、ヴァージニア州の州都であるリッチモンド攻略支援を行うが、5月15日にリッチモンド下流のドルーリーズブラフ砲台と戦闘になった。これがドルーリーズブラフの戦いで、「ヴァージニア」の乗員や砲も含む攻撃により「モニター」を含む北軍艦隊は阻止され、リッチモンド攻略は失敗する。

10月3日には、修理のために「モニター」はワシントンへ到着し、殊勲艦を見学しようとする多くの民衆に出迎えられた。11月には修理が完了し、12月24日にチャールストン沖の封鎖に加わるように命じられ、乗員は艦内でクリスマスを過ごしたが、悪天候により出港は29日まで延期された。12月31日に外輪船「ロードアイランド」に牽引されて移動を開始するが、嵐によって浸水が発生し、ハッテラス岬南東26㎞地点で沈没した。

1973年に残骸が発見され、沈没地点はアメリカ最初の海洋自然保護区となり、また2003年には砲塔が引き揚げられている。

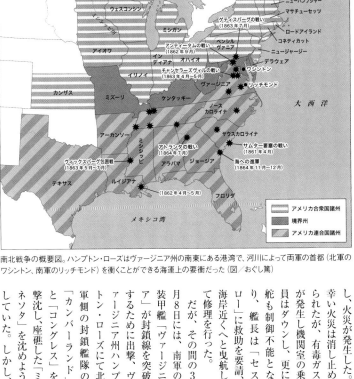

# 装甲艦
# 「鎮遠《ちんえん》」
## （清/日本）

**大清帝国最強艦として日清戦争を戦い、その後は日本海軍に加わった甲鉄艦**

### 遠方の異民族を鎮める…落日の大帝国の願い

今回取り上げる清国海軍の甲鉄艦「鎮遠」の名は、文字通り「遠方（の異民族）を鎮める」という意味である。漢の時代に遠征の目的地などを冠した将軍号が多数生まれ、それらを称して雑号将軍と呼んだが、その一つが「鎮遠」将軍で、そこから転じて中国から見て遠方の異民族を鎮圧した（もしくはしたいと願った）土地の名にもなっている。同型艦の「定遠」も「遠方を定める」であったように、この頃の清国艦には「～遠」との名前が多く、海から外国の脅威が迫っているのを意識しているのが分かる。

### 東洋一の海軍はどちらか？ 鎬を削る清と日本

19世紀後半から清朝は諸外国の圧力と内乱で混乱し、その過程で科学技術、特に近代兵器の必要性を理解した。そこで西欧から科学技術を取り入れて富国強兵を行う洋務運動が沸き起こる。洋務派は各地に軍事工場を建設し、外国から軍艦も含む兵器の購入を行い、北洋水師（海軍）、南洋水師、広東水師、福建水師の4つの近代海軍を設立した。

一方開国した日本も富国強兵に努めており、イギリスに常備排水量３７１７トン、全長68・５m、主砲20口径24cm単装砲4基、副砲25口径17cm単装砲２基、舷側部装甲２３１mm、最大速力13ノットの甲鉄艦「扶桑艦」を発注する。この頃諸外国の主力艦の排水量は1万トンに達しており、「扶桑艦」は戦艦と呼ぶには貧弱だったが、それでも東洋一の近代的装甲艦でもあった。

それを脅威に感じた北洋水師も、イギリスにより強力な艦の建造を打診するが、ロシアとの対外関係を配慮して断られ、１８８０年、ドイツに建造を依頼した。それを受けたドイツ側は、ザクセン級装甲艦を縮小した艦艇の建造を打診、翌81年にドイツのヴルカン・シュテッティン造船所に2隻の建造が発注された。途中、清仏戦争の影響で引き渡しが遅れたが、１８８５年11月（10月29日とも）に天津で「定遠」と「鎮遠」は就役する。

「定遠」は常備排水量７１４４トン（「鎮遠」は７２２０トン）、全長94・５m（「鎮遠」は91m）、主砲25口径30・５cm連装砲２基、副砲30口径15cm単装砲２基、35・６cm魚雷発射管単装3門、搭載水雷艇3隻、舷側部装甲３５６mm、最大速力14・５ノットと、「扶桑艦」よりもはるかに巨大で重武装で高速だった。西欧の主力艦に匹敵する甲鉄艦を2隻も入手した北洋水師は、一躍東洋一の近代海軍となったのである。

すぐさま「定遠」と「鎮遠」は訓練のために上海へと移動、１８８６年7月に最初の海外への航海を行い、ロシアへの示威行為として李氏朝鮮の元山へ移動、次いで補給とメンテナンスのために長崎へと寄港する。

だが同年8月、長崎で清国水兵が暴動を起こして日本の警官と衝突する「長崎事件」が発生、双方に死者が出る事態となった。この事件自体は英独などの斡旋により交渉で解決したが、１８８４年の甲申事変と共に日本側が清を仮想敵とし、後に日清戦争を引き起こす遠因となる。

旅順のドックに入渠している「鎮遠」。手前は艦首で、鋭い衝角と15cm副砲が特徴的だ。また、左奥の主砲のフードは取り外されている

清国に引き渡される前、ドイツ国内で撮影された「鎮遠」と「定遠」

なお、定遠級が長崎でメンテナンスを行ったのは、当時定遠級を扱えるドックは東洋には香港と長崎にしかなかったためであった。だがこの事件の影響でメンテナンスは長崎では行えなくなり、予算不足と共に北洋水師の艦艇の性能が低下する一因となった。

一方、日本海軍も定遠級に対抗するため、「三景艦」として親しまれた、32cm砲1門を搭載した松島型防護巡洋艦（「松島」「厳島」「橋立」）を建造する。

帰国した「鎮遠」は翌１８８７年は主に渤海で訓練を行い、更に致遠級防護巡洋艦など新型艦が艦隊に合流し、１８８８年まで艦隊行動訓練を行った。この年には、黒・白・黄土色の三色に塗り分けられている。

１８８９年には「定遠」は李氏朝鮮へ移動、「鎮遠」は渤海に残り、12月に上海で合流し、香港で修理を受けた。修理後の１８９０年11月に「鎮遠」は座礁し、再び香港へと戻った。１８９１年6月30日に神戸、7月14日に横浜を訪問し、日本との交流を行った。

だが、その頃、北洋水師の予算は西太后の隠居所としての清漪園《せいいえん》（後の頤和園《いわえん》）の整備や、西太后60歳記念祭典に流用されてしまい、艦隊予算は削減され、１８８８年には新規艦艇の購入はほぼ停止し、１８９０年代初頭には訓練どころ

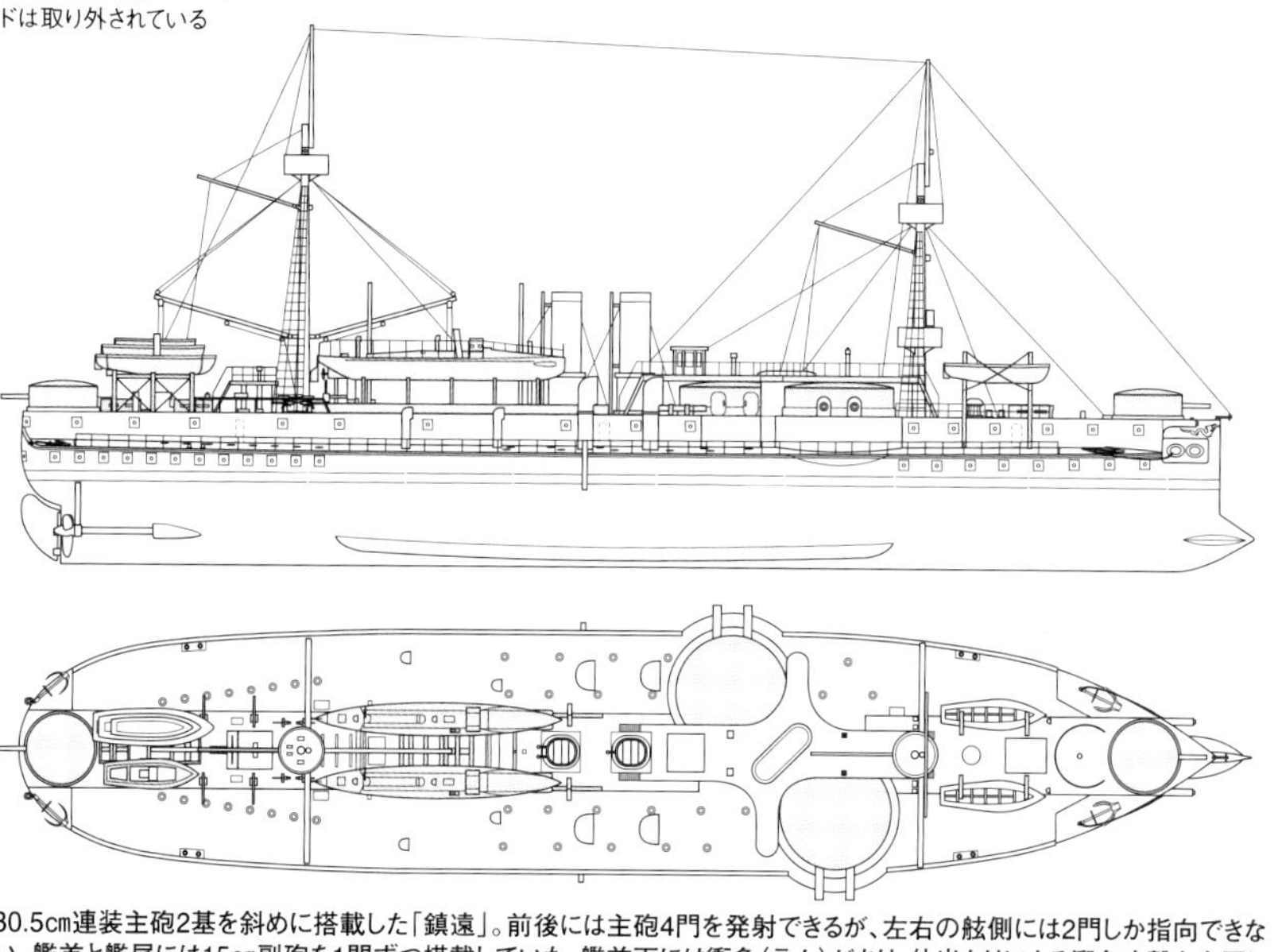

30.5cm連装主砲2基を斜めに搭載した「鎮遠」。前後には主砲4門を発射できるが、左右の舷側には2門しか指向できない。艦首と艦尾には15cm副砲を1門ずつ搭載していた。艦首下には衝角（ラム）があり、体当たりによる衝角攻撃を企図していた。敵艦に向かって4門の主砲を斉射しながら突進、衝角攻撃を行うというのが理想的な戦い方だった

■甲鉄艦「鎮遠」（1885年就役時）

| | | | | | |
|---|---|---|---|---|---|
| 排水量 | 7,220トン | 全長 | 91.0m | 全幅 | 18.3m |
| 吃水 | 6.1m | 缶 | 石炭専焼缶8基 | | |
| 主機 | レシプロ蒸気機関（7,200hp） | 軸数 | 2軸 | 最大速力 | 14.5ノット |
| 武装 | 30.5cm連装砲2基、15cm単装砲2基、47mm機関砲2基、37mm速射砲6基、356mm魚雷発射管3基（日本海軍時は30.5cm連装砲2基、15.2cm単装砲6基、57mm速射砲2門、47mm機関砲8門） | | | | |
| 装甲厚 | 舷側356mm、甲板76mm、司令塔203mm | | | 乗員 | 350名（日本海軍時は250名） |

か艦隊を維持する経費にも事欠く状態となった。

## 日清戦争の黄海海戦で堅艦ぶりを発揮するも…

1894年に朝鮮で甲午農民戦争が勃発すると日清双方が軍を派遣し、7月25日には豊島《ほうとう》沖海戦が発生。8月1日に日清双方が宣戦布告し、日清戦争が始まった。9月16日に「鎮遠」を含む清国海軍は大狐山への輸送船護衛に大連湾から出撃、日本海軍も迎撃に向かう。

清軍は17日午前、黄海の大狐山沖合で砲撃訓練を実施、11時前に双方、煙を発見する。清軍は1866年に発生したリッサ海戦で得られた、装甲艦同士の戦闘では衝角攻撃が効果的であるという戦訓を受け、「鎮遠」と「定遠」を中心とした横列陣を取る。それに対して日本側は「吉野」を先頭とした単縦陣を取った。

12時50分に「定遠」が距離4800mで発砲、爆風で自らの艦橋が損傷、提督(※)の丁汝昌《ていじょしょう》も負傷して指揮能力が低下した。その間に速度に勝る日本側は敵前を通過し、12時52分、「松島」が「定遠」に向かって発砲、清側は後方に続いていた第一遊撃隊に発砲を開始する。双方砲撃を開始したが、日本艦の砲では「鎮遠」の装甲を抜けず、清も衝角攻撃を仕掛けるが速度差で捉えることが出来ず、双方被害が拡大していった。15時30分に「鎮遠」の主砲弾が旗艦の「松島」に命中し大破、この時、三浦虎次郎三等水兵が息絶える前に「まだ定遠は沈みませんか」と聞いたエピソードが軍歌「勇敢なる水兵」となった。

日本側は「松島」から「橋立」へ旗艦を変更するために艦隊の再編を行い、17時頃には両軍とも砲弾が残り僅かとなったので17時30分頃に日本側は撤退、「定遠」と「鎮遠」も旅順へ撤退した。「鎮遠」は約220発の砲弾を受けていたが、装甲を貫通した砲弾はほとんど無く、直ちに修理と補給が開始された。だが日本軍が陸から旅順に迫ったため、「鎮遠」は対岸の威海衛へ後退した。

11月14日(10～12月と諸説あり)に「鎮遠」は座礁し、機関室まで浸水、離礁するまで3週間かかり、また修理するドックもないため速力が大幅に低下した。その責任を取って、艦長の林泰曽は服毒自殺をしている。

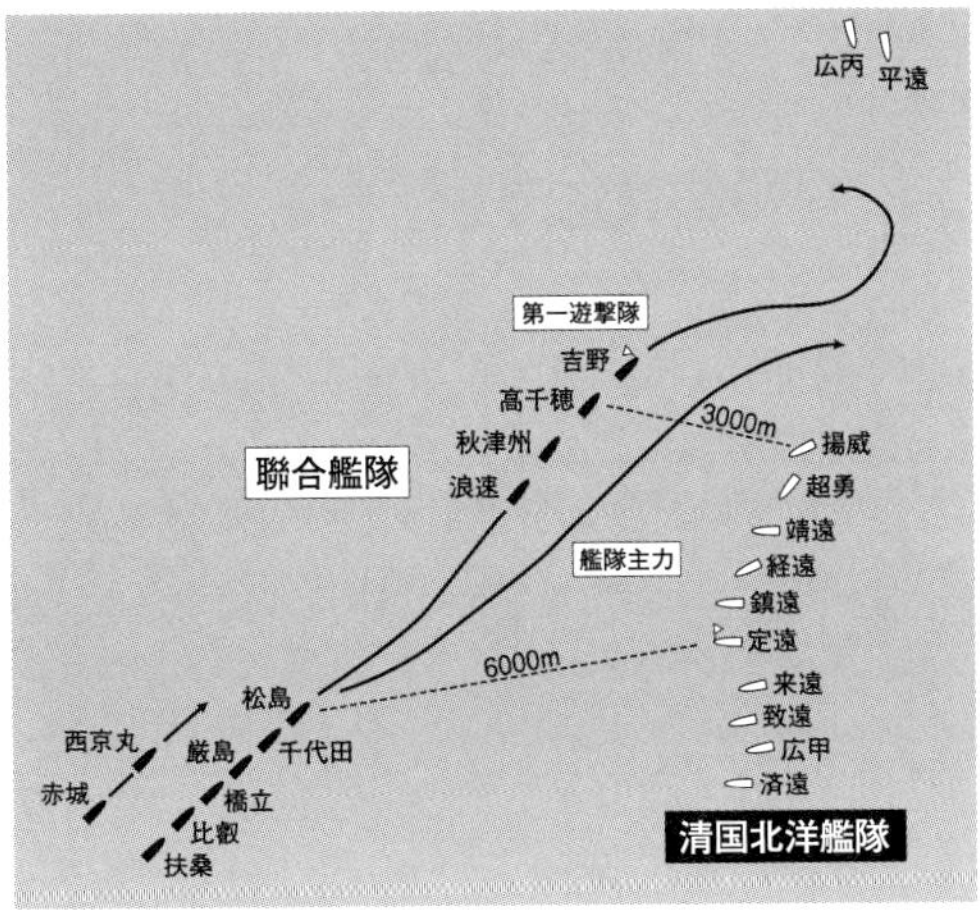
広丙
平遠
第一遊撃隊
吉野
高千穂
3000m
揚威
秋津州
聯合艦隊
浪速
超勇
靖遠
艦隊主力
経遠
鎮遠
定遠
6000m
松島
来遠
西京丸
致遠
厳島
千代田
広甲
赤城
橋立
済遠
比叡
扶桑
清国北洋艦隊

1894年9月17日に勃発した黄海海戦の戦況図。動きが鈍い「定遠」「鎮遠」など清国北洋水師は、高速の日本艦隊の巧みな艦隊運動に翻弄されて主導権を握られ、巡洋艦3隻を撃沈され、2隻が座礁し失われるという大敗を喫した。対して日本艦隊の損害は中大破4隻で、沈没艦はなかった

1895年1月から日本側は陸海軍共同で威海衛攻略を開始、30日には南岸要塞を占領し、陸上の清軍主力は撤退する。しかしまだ「定遠」と「鎮遠」を含む14隻の艦艇は健在で、日本軍に対して艦砲射撃を行った。

日本軍は陸上からの攻略は困難で、水雷艇による襲撃を敢行、「定遠」を大破させ、「来遠」、「威遠」などを撃沈した。これにより、逃げ場を失った清軍水兵は反乱を起こし降伏を要求する。提督の丁汝昌は兵員の助命を要求して「鎮遠」艦橋で2月11日に服毒自殺し、全軍降伏した。なお、余談だがこの時の日本陸軍側の過酷な体験が元で軍歌「雪の進軍」が生まれている。

日本軍に鹵獲された「鎮遠」は「西京丸」に牽引され旅順へと移動し、3月16日に他の残存9隻と共に日本海軍に編入され、4月から6月までドックで修理が行われている。

## 日本艦として日露戦争にも参加 天寿を全うする

7月にも引き続き修理を行い、副砲を旧式の30口径15cm砲から40口径15・2cm砲に交換、後部マスト横にも2門の15・2cm砲を追加した。それまで「鎮遠」は主砲の重さからバランスが悪かったが、これによって改善されている。だが1897年に前弩級戦艦の富士型が就役したことで、1898年3月21日には二等戦艦となった。1900年に義和団事件が勃発すると、「鎮遠」は天津の海の玄関口である大沽へ進出し、欧米列強による8カ国連合軍の一員として活動した。

1904年に日露戦争が勃発すると、因縁深い松島型と共に第三艦隊第五戦隊に所属し、2月8日から始まった旅順口攻撃を支援した。8月10日には黄海海戦が勃発、「鎮遠」も砲撃を行っている。

05年5月27日の日本海海戦では第三艦隊の一員として、主力が来るまでバルチック艦隊の監視を行い、その後は後方に下がり、ロシア艦の逃亡を抑える任務に就いた。ロシア側旗艦の「クニャージ・スヴォーロフ」が工作艦「カムチャッカ」と共に落伍すると、「鎮遠」を含む第三艦隊は砲撃し、両艦に損害を与えている。

日露戦争後の05年8月、日本軍は旅順で大破着底した装甲巡洋艦「バヤーン」を「阿蘇」として日本艦に編入、それを「鎮遠」が舞鶴へ曳航した。「鎮遠」は10月23日、日露戦争凱旋観艦式に最後の花道として参加した。

その後は12月11日に一等海防艦となり、08年5月1日に運用術練習艦となり、1911年4月1日に除籍。11月24日には装甲巡洋艦「鞍馬」の標的となって沈没、残骸はスクラップとして売却された。

なお、一説にはこの代金が1917年に作られた海軍兵学校大講堂のドームの一部になったともいう。

「鎮遠」は黄海海戦で約220発の砲弾を被弾したが、分厚い装甲により全て弾き返しており、航行に支障はなかった

山東省の威海衛で日本軍に鹵獲された時の「鎮遠」

日本海軍に編入され二等戦艦となった「鎮遠」

(※)…清朝における「提督」とは軍の官位名。ここで言う丁汝昌は北洋水師(北洋艦隊)の水師提督で、艦隊司令長官とほぼ同義。

# 海防戦艦「トンブリ」

## （タイ）

### 戦前のタイ海軍最強の軍艦として君臨した、日本生まれの海防戦艦

## 東南アジアの雄 タイ海軍の歴史

まずタイ王国に関して簡単に説明すると、東南アジアの南に突き出したインドシナ半島の中央部と、その南のマレー半島の中央から北東部が国土である。首都バンコクは、東京から直線距離で南西方向約4600㎞の位置にある。

第二次大戦前夜の頃は、東側が仏領インドシナ（現在のベトナム、ラオス、カンボジア）、西側のビルマは英インドの一州となっていた。南方は英領マレー（現在のマレーシア）だった。マレーは1400年頃に建国されたマラッカ王国がポルトガルに占領され、ここから日本に鉄砲や宣教師が伝来した。その後、オランダに占領され、次いでイギリスの植民地となった。その際にイギリスは、さびれた漁村であったマレー半島南端の島を、太平洋とインド洋を結ぶ交通の要衝として整備を進め、後に大要塞都市シンガポールになった。

タイはこのように、周囲を英仏の植民地と海に囲まれており、また元々中国とインド、更には日本やヨーロッパなどを繋ぐ重要な交易路に位置し、貿易が主要産業の一つでもあったので、海運の維持のためにも海軍の必要性は十分に理解していた。

そのため、19世紀中ごろから国王が近代化を推進すると、イギリスと通商条約を結び、英国から防護巡洋艦「マハ・チャクリ」（2500トン）などを購入して海軍を増強していく。

その後、20世紀に入ると国際情勢の変化や、比較的近隣にある日本が独自の艦艇を建造するようになったこともあり、日本から水雷艇や初代神風型駆逐艦の同型艦であるスルタユンチョン級（380トン）などを購入する。ただ、日本以外の国からの購入が無くなったわけではなく、その後の1920年代に、イギリスにラタナコシンドラ級砲艦2隻などを発注している。

そして隣接するフランス極東海軍に対抗するために、タイ海軍は1934年から第一回拡張計画を策定し、日本にマッチャーヌ級潜水艦（水中430トン）、ターチン級スループ（1400トン）、給油艦、給糧艦など多くの艦を発注。その中にトンブリ級海防戦艦2隻「トンブリ」「スリ・アユタヤ」が含まれていた。

ちなみに、前述のターチン級スループの「メークロン」（メコン河の意）は練習艦として使用され、現在は陸揚げされて博物館として保存されている。さらに、イタリアにもトラート級水雷艇を発注、次いで5000トンクラスのタクシン級軽巡洋艦2隻を発注していたが、建造中に第二次大戦が勃発、イタリア海軍に買収されてエトナ級となっている。

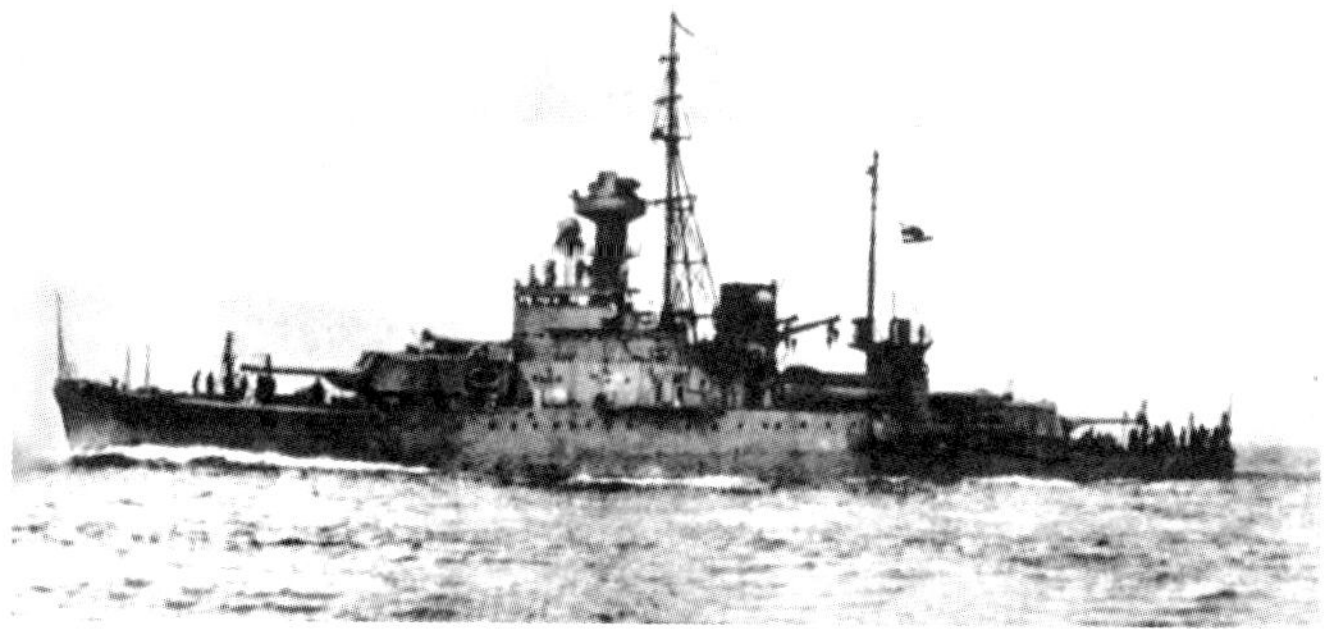

航行中の「トンブリ」。数少ない、外国海軍が使用した日本生まれの主力艦である

横浜港に停泊している「トンブリ」、あるいは姉妹艦の「スリ・アユタヤ」

## 代々の王朝の名を持つ トンブリ級海防戦艦

「トンブリ」とは、畑のキャビアとも言われるホウキギの実、ではなく、現在も続くタイのチャクリー王朝の前にあった、トンブリー王朝の名前であり、首都の名前でもある。その前の王朝が、日本との貿易や山田長政が仕えたことでも知られるアユタヤ王朝であり、トンブリ級2番艦の「スリ・アユタヤ」の名前ともなっている。

タイ海軍の艦名は、前述の防護巡洋艦「マハ・チャクリ」やタクシン級スループなどは王や女王の名前から、砲艦「ラタナコシンドラ」は現王朝のチャクリー朝の別名ラタナコーシンから、その同型艦の砲艦「スコータイ」はアユタヤ王朝の前のスコータイ王朝と、王朝名もしくは首都名から付けられている。

またターチン級スループの「ターチン」や「メークロン」は河川名、トラート級水雷艇はタイの県名から命名されている。

## 体は小さくても 気持ちと主砲は大きく

トンブリ級2隻は、神戸にある川崎造船所の同一船台上で1936年（昭和11年）に起工、38年に竣工した。同造船所では戦艦「榛名」「伊勢」や空母「加賀」

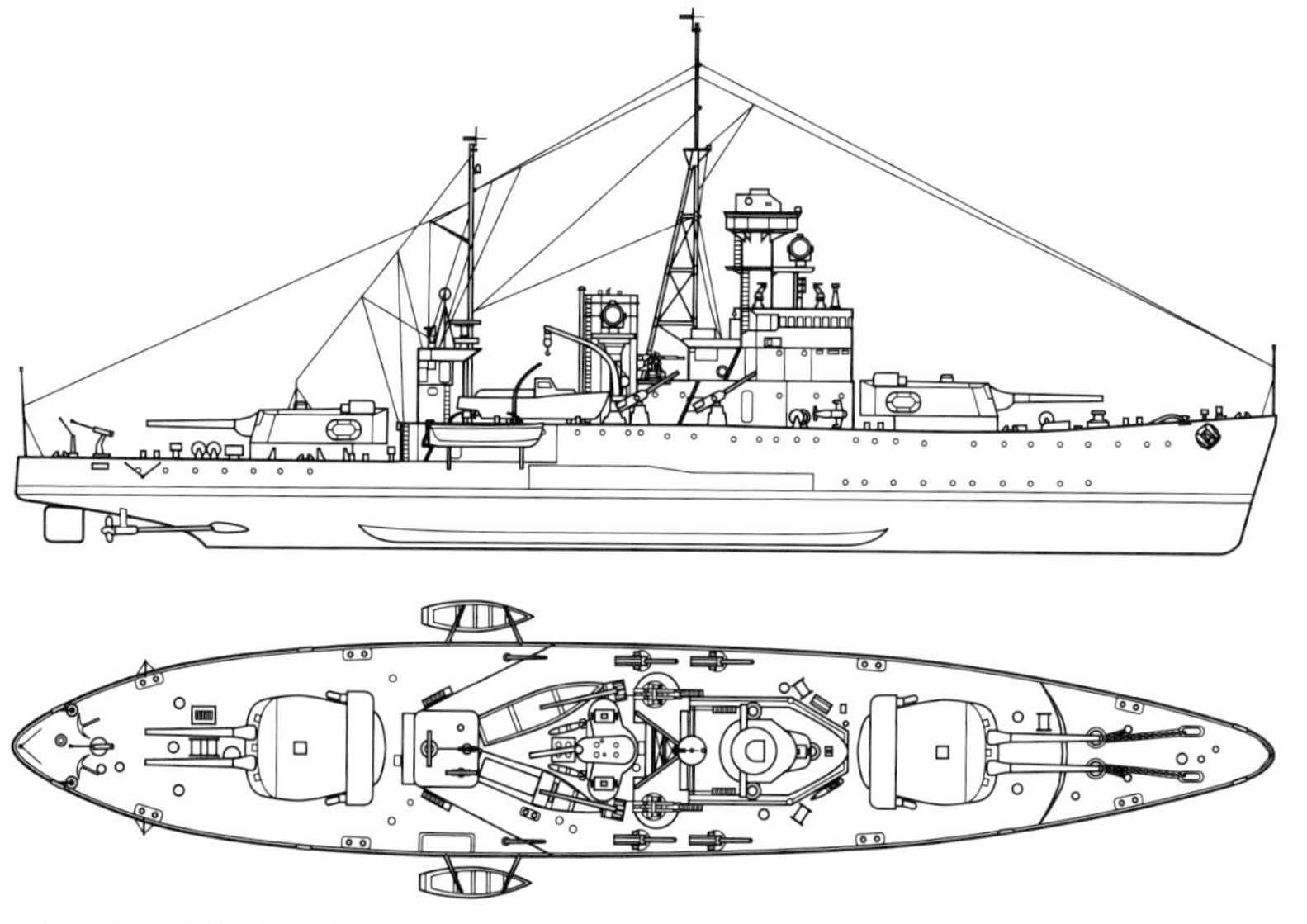

■海防戦艦「トンブリ」（1938年竣工時）

| | | | |
|---|---|---|---|
| 基準排水量 | 2,265トン | 全長 | 76.5m |
| 全幅 | 14.4m | 吃水 | 4.17m |
| 機関 | MAN製重油専焼ディーゼル機関2基/2軸 | | |
| 出力 | 5,200馬力 | | |
| 最大速力 | 15.5ノット | 航続距離 | 12ノットで5,800浬 |
| 兵装 | 20.3cm連装砲2基、7.6cm単装砲4基、40mm連装機銃2基、13.2mm単装高射機関砲2基 | | |
| 装甲 | 主砲塔102mm、水線63mm、甲板38mm | | |
| 乗員 | 155名 | | |

2,000トン級の小さな船体に重巡と同様の20.3cm連装砲塔2基（4門）を搭載し、重巡並みの装甲を施した海防戦艦「トンブリ」。日本の古鷹型、青葉型重巡は8,000トン級の船体に20.3cm連装砲塔3基（6門）を搭載していたのと比較するとかなりアンバランスだ。機関出力も小さく、速力は15ノット程度に留まった。

の船体、空母「瑞鶴」「大鳳」、重巡「加古」「衣笠」「足柄」「摩耶」「熊野」、軽巡「大井」「鬼怒」「神通」他多数の艦艇が建造されており、建造実績は十二分にあった。

基本的には、前述のラタナシンドラ級砲艦が僅か1000トン足らずの船体に、15・2cm単装砲2基、最大120・7mmの装甲を備えていた重武装艦だったので、それよりも大型で巡洋艦並みの防御力と砲力を持つように要求された。

そこで、全長76・5mという駆逐艦より短い船体に、舷側部に63mm、甲板に最大38mm、司令塔や主砲塔などには102mmと、妙高型重巡の舷側装甲と同じ厚さの装甲が施され、当時の重巡と同等の50口径三年式20・3cm砲を、艦の前後に連装砲塔（計4門）として搭載した。この砲塔は、同じ川崎造船所で作られた「足柄」のものと酷似しており、設計を流用した可能性も考えられる。

前部主砲の後ろには三段式の艦橋があり、同じく「加古」や「衣笠」と類似している。機関は同社がドイツのMAN社と特許契約を結んでいたディーゼルエンジンを2基搭載し、出力は5200馬力で、最大速力は15・5ノット。12ノットで5800浬の航続力を持っていた。他には40口径四一式八糎《センチ》平射砲を艦橋の両舷に2基ずつ、毘式四十粍《ミリ》機銃2基、ホ式十三粍高射機関砲2基を搭載していた。

## コーチャン沖海戦で奮闘するも被弾、擱座

18世紀頃、タイは隣国のラオスに大きな影響力を持っていたが、ラオス王族がフランスを引き込んで1893年に仏泰戦争が勃発、結果的にフランスが勝利し、ラオスはタイの影響力を排除してフランスの植民地となった。

1939年9月に第二次世界大戦が勃発した際、当初タイは中立であった。しかし翌40年6月にフランスがドイツに降伏して、ヴィシー・フランス政権が樹立すると、日本が仏領インドシナへの進駐を狙うようになった。これを受けてタイも、ヴィシー・フランス政権に対し、仏泰戦争で割譲した地域の返還を迫る。しかし拒否されたため、同年11月23日にタイ空軍が仏印を爆撃、タイ・フランス領インドシナ紛争が勃発した。

翌41年1月には「スリ・アユタヤ」と水雷艇3隻などからなる第1戦隊、「トンブリ」と水雷艇3隻などでなる第2戦隊が、フランス極東艦隊の撃滅を期して出撃、バンコク南東310kmにあるコーチャン島（※）へと向かった。

フランス側もタイ艦隊撃滅に動き、軽巡洋艦「ラモット・ピケ」（基準排水量7250トン）と通報艦4隻を臨時の第7戦隊として、現ベトナム中南部にあるカムラン湾を出撃した。通報艦とは、フランスでは植民地警護用の小型艦艇で、2000トン程度の小型の船体に駆逐艦と軽巡洋艦の間程度の砲を装備し、長い航続力と優れた居住性を備え、更に場合によっては水上機まで備えた索敵能力にも優れた艦である。

両軍とも航空偵察を行っていたが、フランス側の水上機が投錨中のタイ第2戦隊を発見すると、17日払暁にフランス側は3隊に分かれた。「ラモット・ピケ」は東方に、ブーゲンヴィル級通報艦（1970トン）の「デュモン・デュルヴィル」「アミラル・シャルネ」は中央、アラ級通報艦の「ツール」（850トン）とマルヌ級通報艦「マルヌ」（600トン）は北上し、タイ第2戦隊に奇襲をかけた。6時19分に「ラモット・ピケ」は砲撃を開始、急遽出撃したトラート級水雷艇「ソンクラ」（320トン）が沈没、「チョンブリ」も被弾。後に「ツール」と「マルヌ」の砲撃で沈められた。

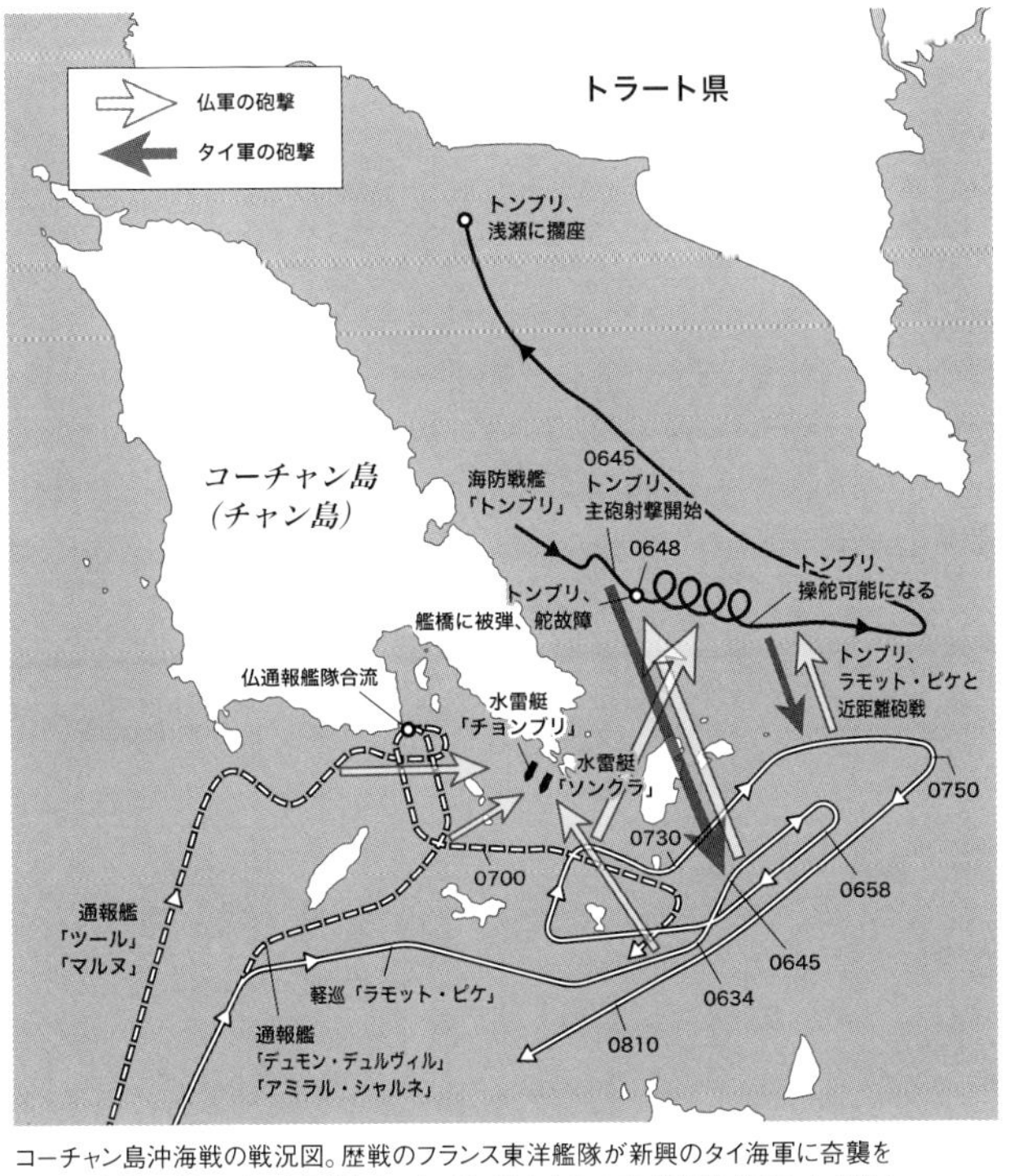

仏軍の砲撃
タイ軍の砲撃
トラート県
トンブリ、浅瀬に擱座
コーチャン島（チャン島）
0645 トンブリ、主砲射撃開始
海防戦艦「トンブリ」
0648
トンブリ、操舵可能になる
トンブリ、艦橋に被弾、舵故障
トンブリ、ラモット・ピケと近距離砲戦
仏通報艦隊合流
水雷艇「チョンブリ」
水雷艇「ソンクラ」
0750
0730
0700
0658
0645
0634
0810
通報艦「ツール」「マルヌ」
軽巡「ラモット・ピケ」
通報艦「デュモン・デュルヴィル」「アミラル・シャルネ」


コーチャン島沖海戦の戦況図。歴戦のフランス東洋艦隊が新興のタイ海軍に奇襲をかけ、一方的に叩きのめした海戦となった。デュゲイ・トルーアン級軽巡「ラモット・ピケ」は1926年竣工のやや旧式な艦で、砲口径と装甲厚では「トンブリ」に劣るが、排水量や主砲門数、速力、砲撃時の安定性、錬度で勝っていた（図版／おぐし篤）

6時15分に「トンブリ」も抜錨、1万2100mの距離から「ラモット・ピケ」に対して砲撃を開始した。一時、「アミラル・シャルネ」が至近弾を受けたが、「ラモット・ピケ」などの応戦で逆に「トンブリ」が集中攻撃を受け艦橋が炎上、右舷に浸水して傾斜し始める。この火災を消すことが出来ずに戦闘続行が不可能となって、「トンブリ」は戦場を離脱した。

「ラモット・ピケ」は魚雷3本を発射したが、効果は不明で、これ以上の追撃を危険と判断して8時5分に撤退を開始した。直後、タイ側が帰還中のフランス側に2度の航空攻撃を行うが、至近弾を与えただけであった。タイの第1戦隊も急いで駆け付けたが、既に戦闘は終結しており、生存者を救出するだけに終わった。

一方、炎上する「トンブリ」の復旧は困難で、結局16時40分に浅瀬に横転しつつ擱座した。後に日本が修理を依頼されてサルベージして修理したが、損傷が酷く、航海には耐えられなかったのか、1959年まで係留状態で練習艦などとして使われた。後に第一砲塔と艦橋が陸揚げされ、解体された。

退役後の1963年7月、タイのバンコクの下流にあるチャオパヤ川に停泊していた「トンブリ」。横にはクローンヤイ級魚雷艇2隻と戦車揚陸艇1隻が停泊している

陸揚げされ、現在はタイ王立海軍兵学校に展示されている「トンブリ」の艦橋と一番砲塔（Ph／BunBn）

（※）タイ語で「コー」は「島」という意味なので、厳密に訳するなら「チャン島」となる。

# 航空母艦/水上機母艦「ラングレー」（アメリカ）

## 給炭艦から生まれ変わり、米海軍初の空母として名を遺す

### ギリシアの天空神から米の航空先駆者へ改名

本稿ではアメリカ空母の始祖である「ラングレー」を紹介しよう。「ラングレー」は、元々はプロテウス級給炭艦「ジュピター」として誕生した。「ジュピター」はアメリカ海軍初の電気推進艦（ターボ・エレクトリック方式）として建造された。これは実用性を調べるためという理由もあったが、同時に給炭艦として大量の石炭を搭載するので、その粉塵が爆発する危険性を少しでも下げる意図もあったのかもしれない。なお、「ラングレー」の次の米空母レキシントン級もターボ・エレクトリック式である。

さて、クラス名の「プロテウス」は二番艦の「ネレウス」と共にギリシア神話の海神であるが、「ジュピター」はローマ神話の主神ユピテルの英語読み、もしくはそこから転じて木星のことで、もう一隻の同型艦がギリシア神話の単眼巨人「サイクロプス」なので、名前に繋がりがない。

「プロテウス」と「ネレウス」は蒸気タービン艦で、「ジュピター」と機関が違うので厳密には同型艦ではないとする資料もあり、また名前の元となったユピテル神は天空神で雷を司るため、電気推進艦に相応しいとして命名された可能性もある。

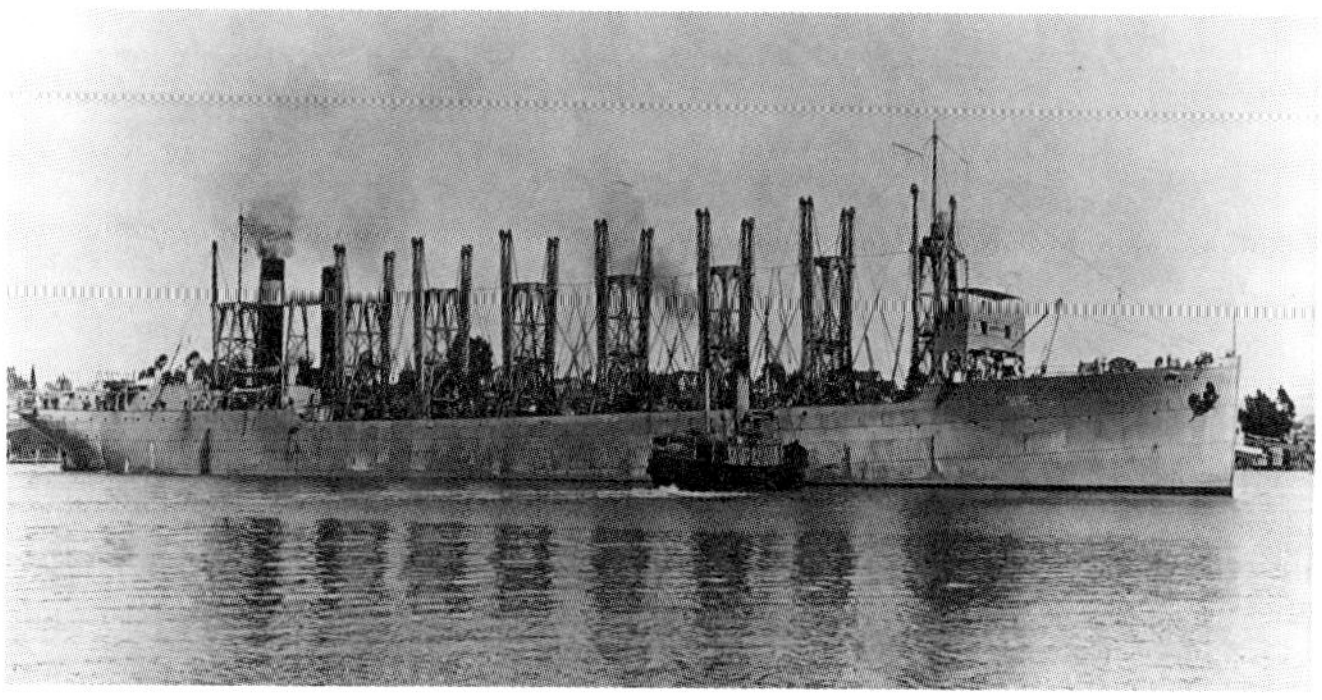

1913年10月に撮影された給炭艦「ジュピター（AC-3）」

その「ジュピター」が空母になった際、「ラングレー」と改名されたが、これはアメリカの天文学者でスミソニアン博物館の3代目事務局長でもあり、陸軍の依頼でエアロドロームという実験航空機を開発した航空の先駆者、サミュエル・ラングレーに因んだものである。

エアロドロームの有人実験機はポトマック川の上に作られたカタパルトから発進しており、その後アメリカ海軍が航空機の艦上発進に着目するきっかけとなったので、ある意味相応しい名前ではあろう。

だが、エアロドロームの実験は失敗し、直後ライト兄弟が飛行に成功し、それもあってライト兄弟とスミソニアン博物館の確執は非常にドロドロしている。

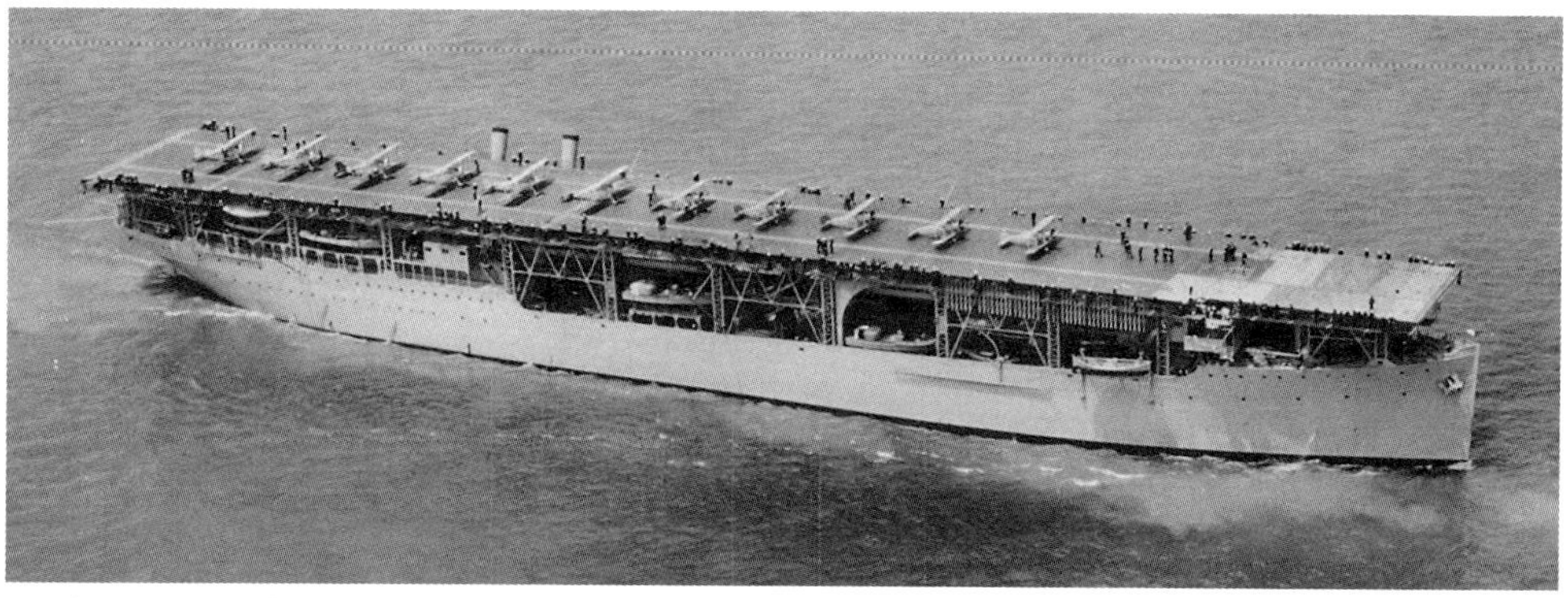

1927年6月に撮影された「ラングレー（CV-1）」。就役当初から全通飛行甲板を採用していた

話を戻すと、男神であるユピテルが変身して空母というお母さんになったのだが、ユピテル自体が農耕神の一面もあり、農耕神としては胸から母乳を与える神との解釈もあるので、女体化しても神話的には問題ない。

### 姉妹艦3隻はバミューダ海域で行方不明に

「ジュピター」は1911年10月18日に起工され、12年8月14日に進水、13年4月7日に就役した。14年4月9日にメキシコ軍兵士にアメリカ水兵が拘束されるタンピコ事件が発生すると、アメリカ軍は対抗してメキシコのベラクレスを占領したので、その支援活動を行った。次いで同年8月15日にはパナマ運河が開通し、10月第2月曜日（この年は10日）のコロンブスデーに、同運河を西から東へ通過した最初の船となった。

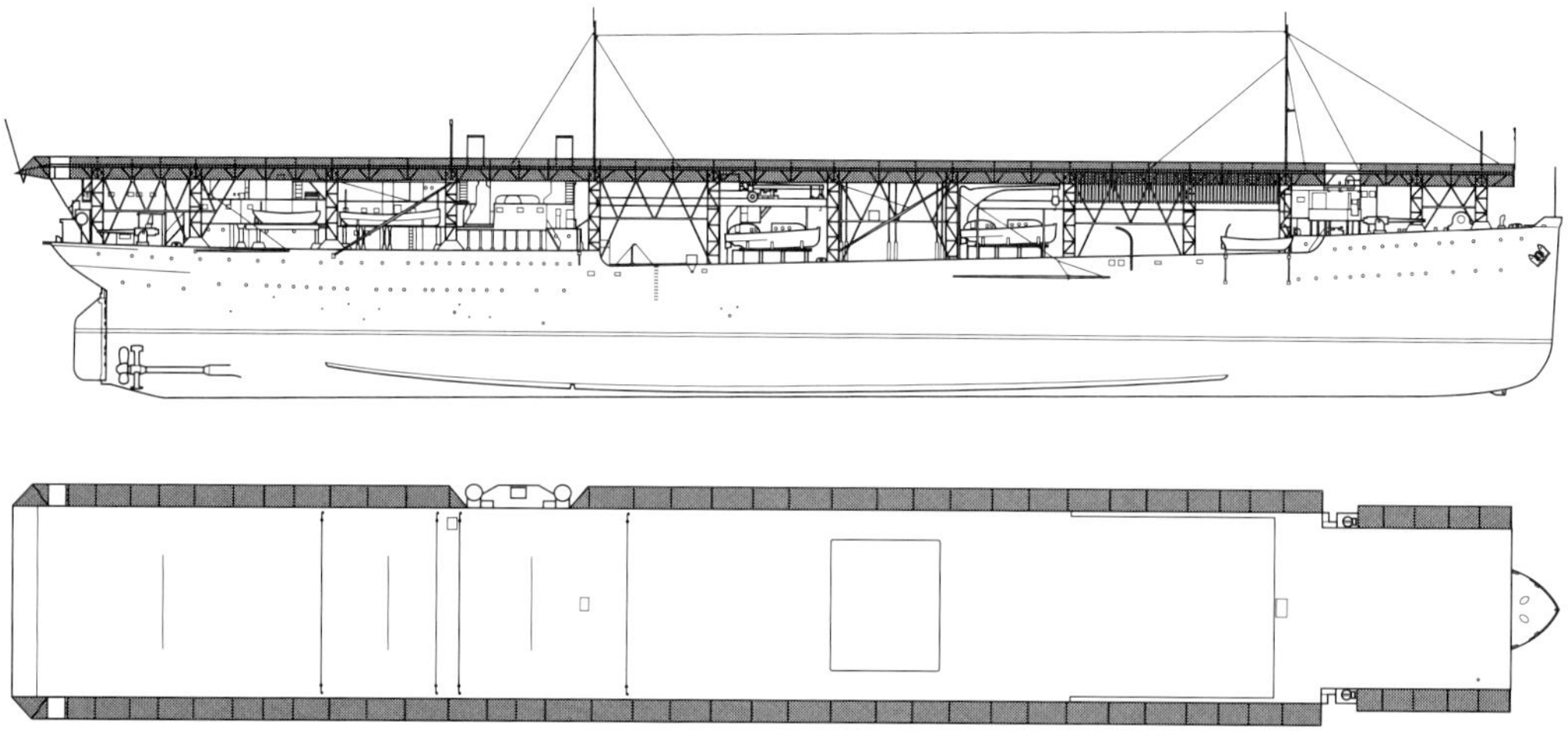

トラス構造がむき出しで、いかにも試行錯誤中の空母という雰囲気の「ラングレー」。煙突2本が左舷に、艦橋は艦前部の飛行甲板下にある

1917年4月6日にアメリカが第一次世界大戦に参戦すると、本艦は同日バージニア州ノーフォークに到着、フランスへの輸送任務に従事した。この際、ケネス・ホワイティングが指揮する第1海軍航空部隊も、「ジュピター」と「ネプチューン」によってフランスへ輸送されている。なお18年2月に姉妹艦の「サイクロプス」が、カリブ海のバルバドスを出港後、SOS発信も何もなく忽然と消え去った。同じく「プロテウス」

**■航空母艦「ラングレー」**（1922年就役時）

| | | | |
|---|---|---|---|
| 基準排水量 | 11,500トン | 全長 | 165.3m |
| 水線幅 | 19.9m | 吃水 | 5.7m |
| 主缶 | 汽缶3基 | | |
| 主機 | ターボエレクトリック2組2軸 | | |
| 出力 | 6,500馬力 | 最大速力 | 15.5ノット |
| 航続力 | 10ノットで3,500浬 | | |
| 兵装 | 5インチ（127㎜）単装砲4基 | | |
| 搭載機数 | 36機 | 飛行甲板 | 長さ159.4m×幅19.8m |
| 乗員 | 468名 | | |

と「ネレウス」も1941年に同海域で行方不明になり、バミューダトライアングル伝説の一つとなったが、本級は満載時に船体が耐え切れないという欠陥があったとも言われている。

それはともかく、各国とも大戦前から艦艇からの航空機運用を試み、アメリカでは、1910年11月14日に軽巡「バーミングハム」から、民間パイロットのユージン・バートン・イーリーが世界で初めて発艦に成功、11年1月18日には装甲巡洋艦「ペンシルベニア」に着艦を成功させた。その後各国は水上機母艦を運用、18年9月16日には世界最初の全通飛行甲板を持つ英空母「アーガス」が竣工した。

こうした航空機運用の活発化を受け、また前述のホワイティングの強い要請もあって、1919年7月11日に「ジュピター」の空母への改造が承認された。バージニア州ノーフォークの海軍工廠で改装が行われ、1920年4月11日にCV-1「ラングレー」に改名、1922年3月20日にアメリカ海軍最初の空母として再就役した。

## 米空母黎明期を支えた後水上機母艦へと改装

さて空母に改装されたとは言え、各国ともまだ空母運用については手探り状態であり、「ジュピター」改め「ラングレー」も、元の給炭艦の構造を極力残しつつ飛行甲板を乗せ、その下に天井走行クレーンを取り付け、船倉の一部を格納庫とした。なので、格納庫の機体はエレベーターで直接飛行甲板に運ばれるのではなく、一度クレーンで吊り上げ、エレベーターに乗せる構造となっていた。

初の空母だけあってこんな風に構造は手探りであったが、それでもよちよち歩きのアメリカ海軍航空隊を育てるのに「ラングレー」は尽力する。1922年10月17日には、ヴァージル・C・グリフィン中尉がヴォートVE-7で発艦に成功、26日にはゴッドフリー・デ・クルーセイ・シャヴァリア少佐がエアロマリン39Bで着艦に成功する。11月18日には空母開発に奔走し、後にアメリカ空母の父と言われるようになったケネス・ホワイティング艦長が自ら海軍工場航空機PTを操縦、カタパルト発艦した。

その後23年1月15日までカリブ海で離着艦試験を行い、6月にワシントンDCで飛行展示を実施、6月13日にノーフォークに到着し、以後は訓練を続けた。途中修理と改装を行い、24年11月29日にはサンディエゴで太平洋戦争艦隊に編入された。

1924年7月に艦を離れるまで、ホワイティング艦長は空母で航空機を運用するための研究を続け、パイロット用の部屋の設置や、離着艦の検討用に機体に映画用カメラを持ち込み、艦内に現像用の暗室と映写室を設置したり、更には自ら飛行甲板の左舷後部で着艦を観察し、着艦する機体へ身振り手振りで方向などを指示する手法を開発した。これは後に着艦信号士官(LSO)が配備されるきっかけになった。

ホワイティングは以後の空母の建造に尽力し、「ラングレー」も各種訓練と教育に使用され、アメリカ空母部隊の基礎を作っていった。だが航空機の高性能化に伴い、僅か15・5ノットしか出ない「ラングレー」は水上機母艦に改装されることになり、1936年10月25日から、オーバーホールと共に飛行甲板の前部1/3を撤去することになった。

1937年2月26日に水上機母艦への改装が完了、4月11日にはAV-3へ艦種変更され、航空機偵察部隊に配属された。

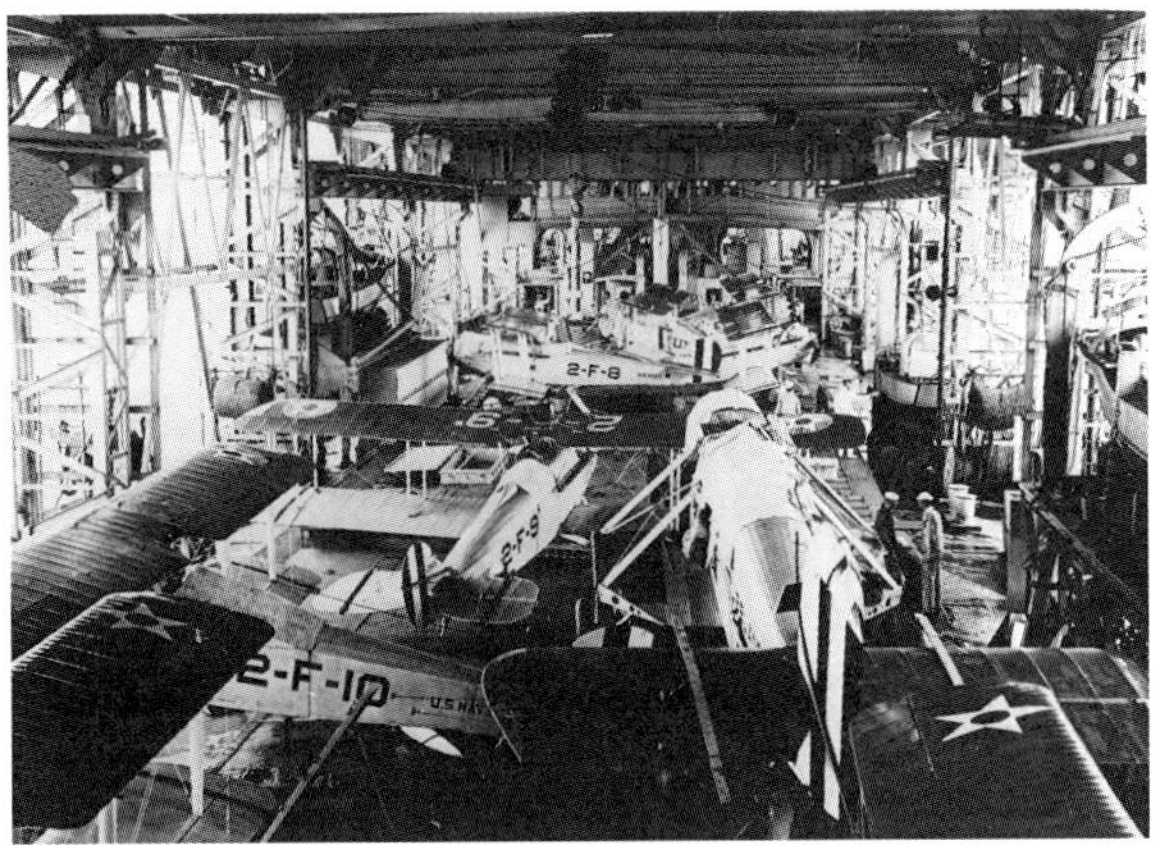

艦上機(右手前は主翼を外したダグラスDT雷撃機、他はヴォートVE-7戦闘機)が満載された、1920年代の「ラングレー」の格納庫内部。格納庫とは言っても側面に壁は無くトラス構造の鉄骨のみで、完全な開放式になっている

## 大戦では航空機輸送に従事も一式陸攻に撃沈される

「ラングレー」は1939年2月1日から7月10日まで大西洋艦隊に短期配備されたが、9月1日に欧州で第二次世界大戦が勃発し、9月24日にはフィリピン防衛も視野に入れて太平洋艦隊に配備された。

1941年12月7日(米時間)にアメリカが日本と開戦した際、「ラングレー」はフィリピン北部ルソン島のカヴィテに停泊中だったが、8日に出港、ボルネオのバリクパパン経由でオーストラリアのダーウィンに向かった。

42年1月にはオーストラリアでABDA(米英蘭豪連合)艦隊に編入され、2月22日には輸送船「シーウィッチ」と共に、カーチスP-40戦闘機32機をジャワ島のチラチャップへ輸送する任務に就いた。オーストラリアのフリーマントルからセイロンへ行くMS-5船団と同行していたが、途中から「ラングレー」は単独でチラチャップへ向かった。

2月27日早朝、駆逐艦「ホイップル」と「エドサル」と合流したが、その時すでに日本側はバリ島へ高雄航空隊を展開させており、偵察機が「ラングレー」を発見していた。直ちに日本側は一式陸攻16機と護衛の零戦15機を出撃させ、11時40分にチラチャップ南121km地点で「ラングレー」を捕捉、9機が中高度から水平爆撃で「ラングレー」を爆撃した。「ラングレー」は第一波と第二波攻撃は回避するが、攻撃方法を変更した第三波が250kg爆弾と60kg爆弾を投下すると、合わせて5発が命中、3発が至近弾となり(日本側資料では各3発が命中)、16人の乗員が死亡、艦は炎上し操舵困難となり、左舷へ10度傾いた。機関室にも浸水し、これ以上の航行は不可能と判断され、13時32分に放棄が決定、「ホイップル」が4インチ砲9発と魚雷2本を撃ち込んだ。

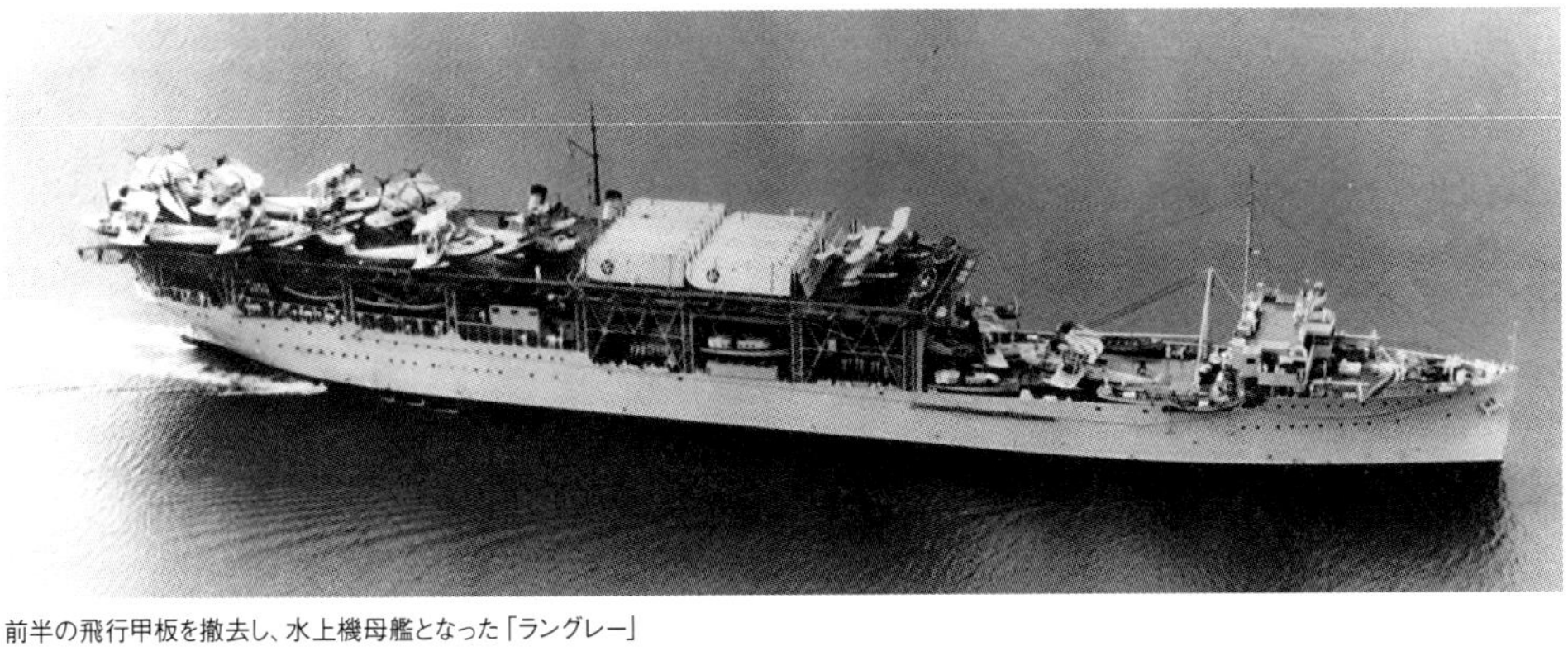

前半の飛行甲板を撤去し、水上機母艦となった「ラングレー」

こうして、アメリカ海軍航空隊を育てた「お母さん」は、水上戦闘が砲戦から航空主体へと変化したのを見届けて、海の底へと沈んでいった。なお退艦した乗員は駆逐艦から給油艦「ペコス」へ移乗したが、彼女も3月1日に南雲機動部隊によって沈められ、パイロット31名を含む多くの乗員が運命を共にした。

1942年2月27日、日本海軍機の攻撃を受け、左舷に大きく傾いた「ラングレー」。隣は駆逐艦「エドサル」

# 航空母艦「ベアルン」

(フランス)

**超弩級戦艦として起工されるも、フランス初の空母として竣工**

## スペインとの国境にある フランス南西の地方の名を持つ

本稿も前頁の「ラングレー」と「初の空母」つながりで、フランス初の空母「ベアルン」である。「ベアルン」は元々第一次直前に計画されたノルマンディー級超弩級戦艦の5番艦で、同型艦同様にフランスの地方名が付けられた。「ベアルン」とはフランス南西部ピレネー山脈の麓にある地域で、この地に古くから住んでいたベナルニ人の都ベネハルムに由来している。

なおノルマンディー級はフランス戦艦で最初に四連装砲塔を装備する予定だったが、第一次世界大戦の勃発により、陸戦兵器が優先されたために建造が中止された。工事は戦後に再開されたが、ワシントン海軍軍縮条約で建造中の艦は廃棄する事に決まったため解体され、その資材の一部はデュゲイ・トルーアン級軽巡に転用された。

## 未成戦艦から フランス初の空母へ

1914年1月10日に、他の4隻に比べて遅れて起工された「ベアルン」は、第一次大戦後も進水しておらず、船台を開けるためにも工事が再開され、1920年4月15日に一応は進水した。ただし船体自体は一割程度しか完成しておらず、そのまま暫くは放置された。

同時期にフランス海軍は、1918年に就役したばかりのイギリス空母「アーガス」を視察、「ベアルン」を空母に改装するプロジェクト171を策定した。まずはポール・テスト中尉(当時)に空母飛行隊を作るように命じ、20年に通報艦「パポーム」の艦首兵装を撤去、滑走甲板を設置した発艦実験艦に改装し、そこで離陸訓練を行った。

その結果を受けて、「ベアルン」にもモックアップの飛行甲板を設置し、まずテスト大尉が離陸に成功する。23年にテストは少佐に昇進して、「ベアルン」を空母に改造するための設計に携わり、同年8月から本格的な改装が開始された。だが当時のフランス海軍は水上機で満足していたこともあり改装は急がれず、運用法を探りつつ各種試行錯誤の末、1927年5月1日に「ベアルン」は空母として完成した。なおテスト少佐は完成を見ることなく、1925年6月13年、大西洋横断訓練の最中に事故死している。

母体となったノルマンディー級戦艦は高速用の蒸気タービンと低速用のレシプロ機関を備えており、10ノットで7000浬という長大な航続距離を誇った。これは前弩級戦艦のダントン以降、クールベ級弩級戦艦、プロヴァンス級超弩級戦艦とタービン機関のみを装備していたが、燃費が悪く、海外領土も多いフランスとしては航続距離が不足していたためである。

だが機関の併用は運用側からは不評で、「ベアルン」はレシプロ機関をタービンに戻す予定だった。しかし最終的には設計変更は行われなかったため、全て

1928年、就役間もない時の「ベアルン」。まだ飛行甲板先端の傾斜がない状態。舷側のケースメート式の15.5㎝砲の形状がよく分かる

「ベアルン」は竣工後間もない時期の改修で、飛行甲板先端に下向きの傾斜が設けられた。これには発艦時に艦上機の速度を増すという目的があった。竣工時から全通飛行甲板やアイランド式で煙突と一体化した艦橋など先進的な構造だった「ベアルン」だったが、空母としては低速すぎるのが致命的だった

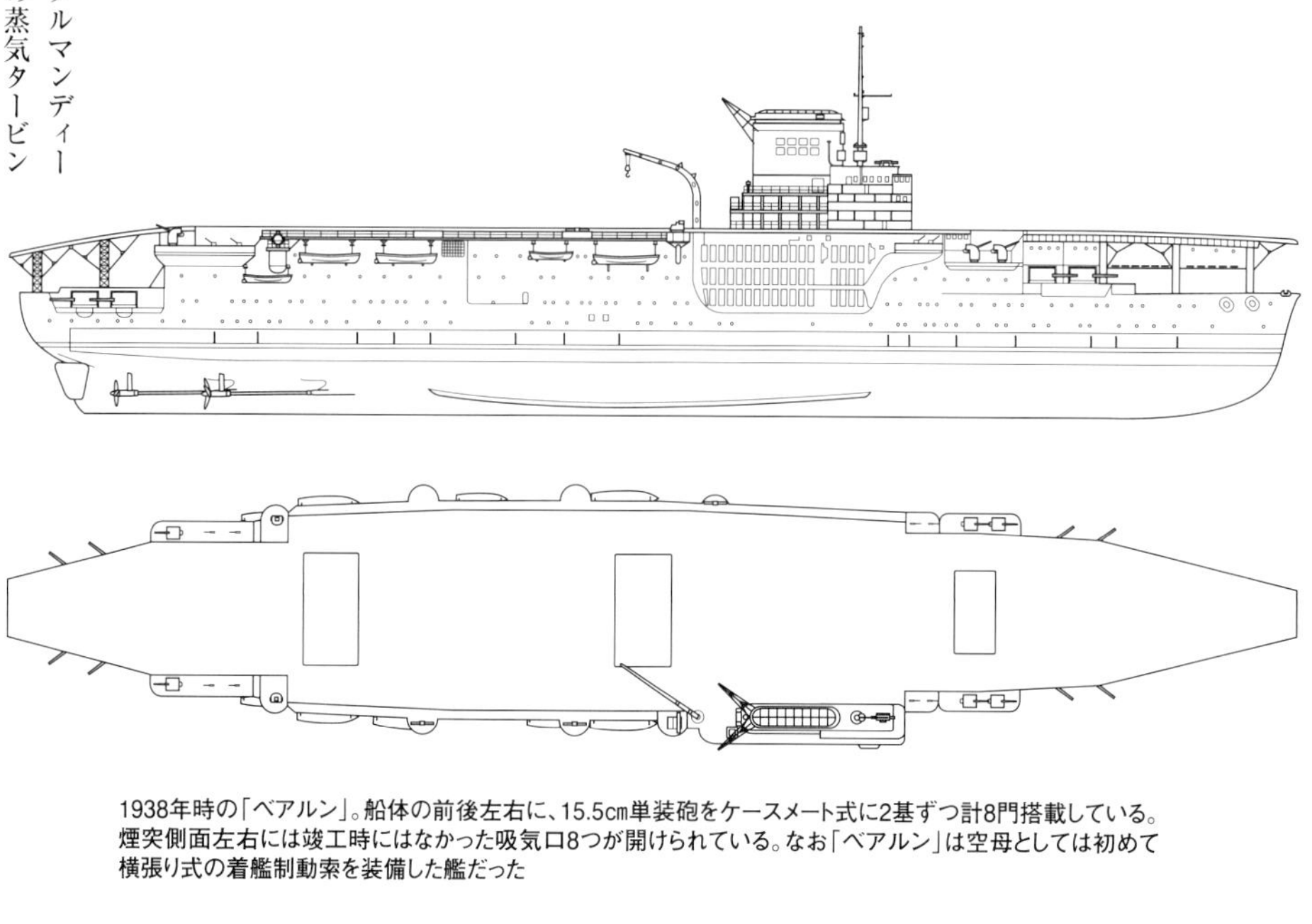

1938年時の「ベアルン」。船体の前後左右に、15.5㎝単装砲をケースメート式に2基ずつ計8門搭載している。煙突側面左右には竣工時にはなかった吸気口8つが開けられている。なお「ベアルン」は空母としては初めて横張り式の着艦制動索を装備した艦だった

■空母「ベアルン」(1927年就役時)

| | | | |
|---|---|---|---|
| 基準排水量 | 22,146トン | 全長 | 182.6m |
| 水線幅 | 27.13m | 吃水 | 8.7m |
| 主缶 | 重油・石炭混焼缶21基 | | |
| 主機 | 蒸気タービン2基<br>+蒸気レシプロエンジン2基/4軸 | | |
| 出力 | 22,500馬力+15,000馬力 | | |
| 最大速力 | 21.5ノット | | |
| 航続力 | 10ノットで6,000浬 | | |
| 兵装 | 15.5㎝単装砲8基、76㎜単装高角砲6基、550㎜水中魚雷発射管4基 | | |
| 搭載機数 | 40機 | | |
| 飛行甲板 | 長さ177m×幅21.3m<br>(最大幅35.15m) | | |
| 乗員 | 875名 | | |

の出力を最大速力の発揮に使用できず、21・5ノットと空母としては低速で、後の航空機の高性能化に対応できなくなった。

一方、各国とも空母の運用は試行錯誤中で、偵察と多少の砲戦も可能な軽巡洋艦的な扱いを考えていたため、本艦も対空装備以外に50口径15・5㎝速射砲8門と55㎝水中魚雷発射管4基を持ち、舷側部で83㎜厚、飛行甲板にも25㎜厚の装甲を備えていた。

航空艤装は、長さ176・8mの障害物のない飛行甲板と、全長の2/3に亘る最大40機を収容可能な密閉型格納庫、すべて大きさが違う3基のエレベーター、独自の鋼索横張り式の着艦制動装置を備えていた。

フランス海軍が視察した「アーガス」など当時のイギリス空母は、鋼索縦張り式と既倒式縦棒型の二種類の制動装置を備えていたが、この方式はトラブルが多く、「ベアルン」が完成する前の1926年に廃止されている。

横張り式は1911年にアメリカが装甲巡洋艦「ペンシルベニア」での着艦実験で成功しており、フランスもこの方式を独自に発展させて採用した。日本海軍も「鳳翔」などでイギリス式の縦張り式を採用していたが、1930年にフランスからワイヤー制動装置を購入して「加賀」に搭載している。

艦橋は右舷側の張り出し部に煙突と一体化して置かれ、この張り出し前部に海水を噴霧して排煙を冷却し、着艦時の視界を良くする装置を搭載している。煙突の後ろにはクレーンが設置され、艦上機や物資の積み込み、墜落機の回収、艦載艇の運用などにも使用されていた。

上空から見た「ベアルン」。右舷1基と左舷2基の起倒式マストを撤去、煙突側面に吸気口を加えるなど、小改装を施した後の姿。中部と後部のエレベーターは観音開き式に開く独特の構造だった。

## 大戦緒戦で早々に本国が降伏 海外植民地に足止めされる

完成した「ベアルン」は、1928年から北アフリカを拠点として地中海方面で訓練を開始した。故テスト中佐(死後昇進)が部隊育成はしていたが、それでもフランス最初の空母であり、空母自体の運用から離着艦、新たなパイロットの育成に至るまでの全てが手探りであったため、少しでも飛べる時間を多くするために、天候の比較的安定した地中海を拠点としたと考えられる。この訓練の一環として、1932年4月15日から6月25日にかけて、ベイルートとアテネを訪問している。

だが、同型艦の資材を使ったデュゲイ・トルーアン級が、最大速力33ノットにも達する新型近代軽巡として誕生。「ベアルン」は10ノット以上遅く、こうした艦艇との艦隊行動は困難だった。また37年のレポートでは、「ベアルン」が15機の機体を運用するのに1時間8分必要だったが、英空母の「グローリアス」なら32機を42分で、米空母「サラトガ」が40機を11分で運用できたのと比べると圧倒的に遅く、低速が航空機運用の支障にもなっていた。

だが、フランスの空母はこれ一隻のみで、次世代のジョッフル級(結局未完成)が完成するまで運用が続けられることとなる。その結果1936年にはブレストに配備され、また新しい艦上機も開発が進んでいた。だが1939年9月1日に第二次世界大戦が勃発、「ベアルン」の艦上機は地上基地で運用され、ドイツ軍によって破壊され尽くしてしまう。

「ベアルン」自体はドイツの通商破壊の対応に駆り出され、40年5月にはフランスの備蓄の金をハリファックスに輸送し(練習巡洋艦「ジャンヌ・ダルク」も同じ任務を行った)、ブレストとハリファックスの間を往復して、6月15日にはアメリカに発注した機体の受け取りにハリファックスへ入港した。

翌16日に「ジャンヌ・ダルク」と共に出港するが、14日には既にドイツ軍がパリに入城しており、20日に西インド諸島のマルティニークへ行き先を変更し、27日に到着する。この時搭載されていた44機のカーチスSBC-4ヘルダイバー艦爆、23機のカーチスH-75戦闘機、ベルギー向けの6機のブルースターB-339バッファロー戦闘機、33機のスチンソン105汎用機は行き先を失い、パイロットもいないため現地でスクラップとなっている。

## 大戦中盤から連合軍に再度所属し アメリカで航空機運搬船に改装

このまま1943年6月末まで、「ベアルン」はヴィシー政権下の同地に停泊を続けた。しかし42年11月8日に、連合国軍が「トーチ」作戦を実施して北アフリカに上陸し、枢軸軍が北アフリカから駆逐されると、「ベアルン」は他の残存フランス艦艇と共に自由フランス海軍へと編入される。

自由フランス側はアメリカでの近代化改修を要求、アメリカ側は低速の旧式空母を改装するのに乗り気ではなかったが、ニューオリンズへと回航の上、レーダーや左舷側の新型大型クレーン、米海軍式装備を設置。また前後の飛行甲板を切り取って銃座を設置、4門の5インチ砲(127㎜砲)、24門のボフォース40㎜機関砲、最終的には26挺のエリコン20㎜機銃を搭載する改装工事が行われた。

アメリカで大改装され、航空機運搬船となった「ベアルン」。飛行甲板先端は切り詰められ、着艦制動装置も廃止。15.5㎝単装砲も撤去され、12.7㎝高角砲が装備された。また主錨のベルマウスも塞がれた。終戦直後の1945年10月の撮影

1944年12月30日に改装は完了し、45年3月3日にイギリス行きの航空機輸送に従事するためにニューヨークへと移動した。だが、同13日にアメリカの兵員輸送船と衝突、「ベアルン」の乗員が4人死亡、修理のためにアゾレス諸島に足止めされた。3月25日にカサブランカに到着したが、7月19日まで修理のために留め置かれ、完全に修理が完了した時は、第二次世界大戦は終結していた。

日本が無条件降伏すると、ベトナム全土でベトナム独立同盟会が主導する蜂起が発生、臨時ベトナム民主共和国政府が成立、9月2日には独立宣言が出される。この地はフランス領インドシナの一部で、フランスは領土回復のために、ルクレール将軍率いるフランス極東遠征軍団を派遣、その輸送支援に「ベアルン」も使用される。なお、カットライの日本海軍基地に残されていた零式水上偵察機がフランス軍に接収され、「ベアルン」に搭載され使用された。

その後、フランスとベトナムの交渉は決裂、第一次インドシナ戦争が勃発するが、老朽化した「ベアルン」は1946年7月23日にフランスのツーロンへと帰港、10月1日には任務を解かれモスボールされた。その後、48年12月に潜水艦乗員の浮き宿舎として復帰し、65年まで任務を続けたがその後完全に除籍。1967年にイタリアで解体されて、その戦いらしい戦いに参加しない生涯を閉じた。

第二次世界大戦終戦後、日本海軍から接収した零式水上偵察機を搭載する「ベアルン」

# 航空母艦
# 「アーク・ロイヤル」
## （イギリス）

**第二次大戦緒戦に英海軍の中核を担って戦った、武勲に輝く「王家の箱舟」**

### 王家の箱舟

「アーク・ロイヤル」のアーク＝Arkとは、モーゼの十戒が収められていた聖《せい》櫃《ひつ》や、ノアの箱舟《はこぶね》を指す言葉であり、転じて「避難所」という意味もある。ロイヤルは「王室の」なので直訳すると「王の避難用の船」辺りであろうか。

ただ、1587年に発注された初代の名前は「アーク」だけであり、エリザベス女王が購入したことから、王室のアーク、つまり「アーク・ロイヤル」と改名されたので、単純に当初は「ノアの箱舟」として命名されたとも言える。

この初代は、イングランド侵攻を試みたスペイン無敵艦隊、それを撃退した一連の戦であるアルマダ海戦にて、総司令官であるチャールズ・ハワード海軍卿の旗艦として活躍した。2代目は、1913年に建造中だった貨物船を英海軍が購入、大規模な設計変更の上、水上機母艦として完成させている。本稿で紹介するのは、それに続く3代目である。

右舷から見た「アーク・ロイヤル」（艦番号91）。戦前に建造された優れた設計の中型空母で、その後のイギリス空母の原型となった。そのあたりの経緯は日本の「蒼龍」「飛龍」、アメリカのヨークタウン級と同じである

### 中型空母の傑作

イギリスでは、18インチ砲（45・7cm砲）を搭載する予定だった大型軽巡洋艦を改造して空母とした「フューリアス」、同様の改造を施されたグローリアス級の2隻、客船改造の「アーガス」、戦艦改造の「イーグル」などの運用実績を受けて、生まれながらの空母として「ハーミーズ」が初めて建造された。

1922年に採択されたワシントン海軍軍縮条約にて、米英は空母を13万5000トンまで保有可能となり、上記をあわせてもまだ1万9545トンの余裕があったので、この限界枠一杯までの空母の建造を決定する。これが3代目の「アーク・ロイヤル」で、出来る限り大きな飛行甲板に2基の油圧カタパルトと3基のエレベーター、二段式格納庫による最大72機の艦載機、グローリアス級を上回る強固な装甲、31ノットの高速性などが要求され、最終的には基準排水量2万2000トンと計画排水量を超過した。

また、建造ドックの制限のため水線長は出来るだけ短く抑えられ、横幅が広い船体となった。一方、機関スペースが圧迫されて上に伸びる形になった所に、二段式格納庫を載せたため、飛行甲板までの高さが他の空母と比べて遥かに高くなり、全体的にトップヘビーとなっている。

こういった多少の問題があっても、長大な飛行甲板と大きな搭載機数は空母に

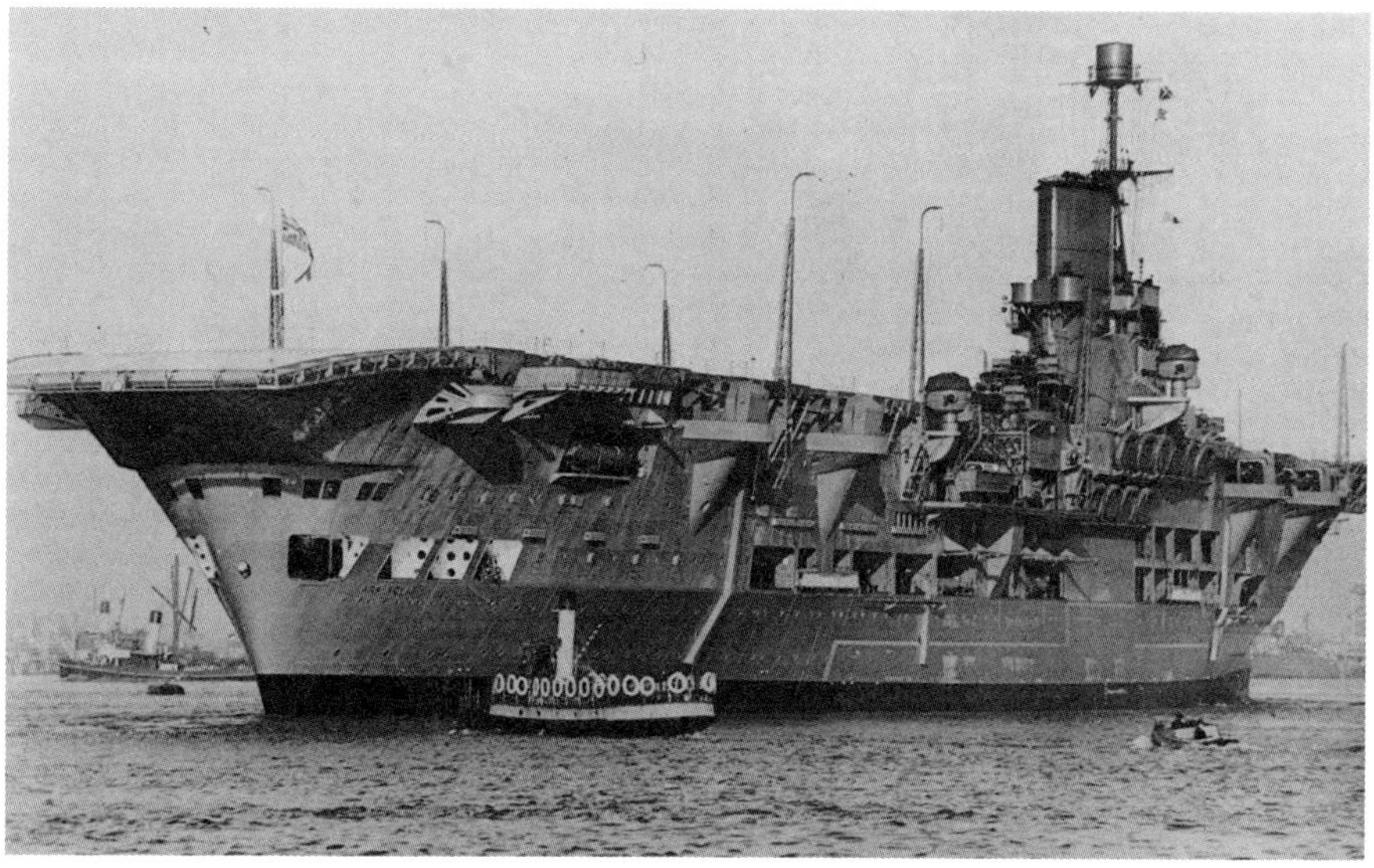

竣工直後の1938年末から1939年初頭、右舷後方から見た「アーク・ロイヤル」。艦橋上の円筒状の装置は、艦上機が帰投する際に電波を出す72型帰投用ビーコン

■航空母艦「アーク・ロイヤル」

| | | | |
|---|---|---|---|
| 基準排水量 | 22,000トン | 全長 | 243.8m |
| 水線幅 | 28.9m | 吃水 | 8.7m |
| 主缶 | 海軍省式重油専焼缶6基 | | |
| 主機 | パーソンズ式蒸気タービン3基/3軸 | | |
| 出力 | 102,000hp | 速力 | 31ノット |
| 航続力 | 20ノットで7,600浬 | | |
| 兵装 | 11.4cm連装両用砲8基、40mm8連装機関砲（ポンポン砲）6基、12.7mm4連装機銃8基 | | |
| 搭載機 | 60機 | | |
| 装甲 | 舷側114mm、甲板89mm（機関室と弾薬庫上） | | |
| 飛行甲板 | 長さ242.9m（有効長219.5m）×幅34.1m | | |
| 乗員 | 1,575名 | | |

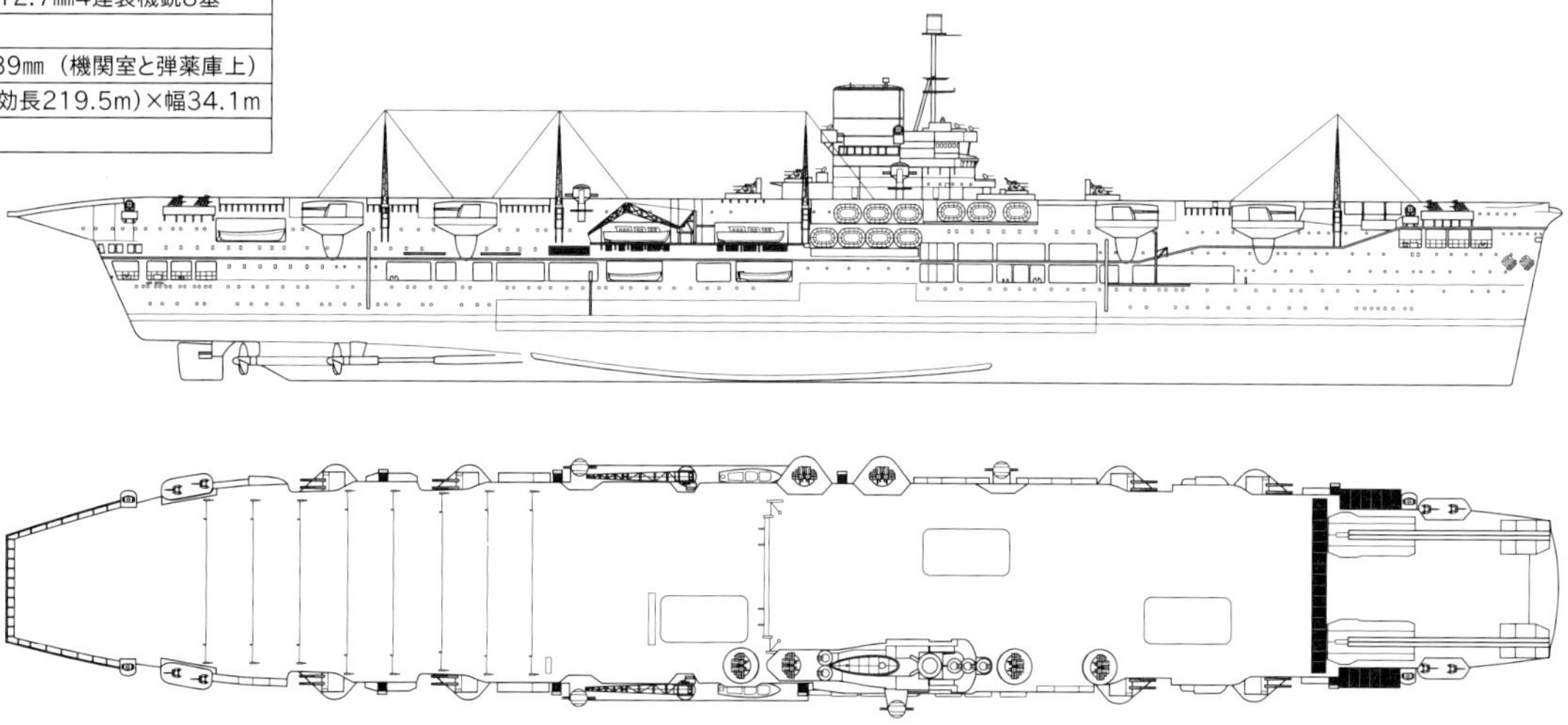

武勲艦として名高い「アーク・ロイヤル」。ほぼ同期の「蒼龍」「飛龍」、ヨークタウン級と比べると横に長く、飛行甲板の位置も高い。全体として空母としてはガッチリした艦影となっている

とって重要な要素であり、飛行甲板と船体を一体化した構造も含め、その後の英国空母の基本となるような優秀艦であった。なお、建造が決定されて1934年12月に2代目「アーク・ロイヤル」から名前を受け継ぎ、2代目は「ペガサス」と改名されている。

## 大戦勃発から各海域を奔走

1935年9月16日に起工された「アーク・ロイヤル」は、37年4月13日に進水、第二次世界大戦も近付く1938年11月（12月説も）16日に就役した。翌39年1月に空母戦隊の旗艦として、雷撃機のフェアリー ソードフィッシュを搭載、地中海で慣熟訓練を行うが、格納庫からの出火で艦載機全てを喪失した。

その後、急降下爆撃機のブラックバーン スクアとソードフィッシュを搭載し、大戦が始まると本国周辺の哨戒に当たった。ドイツ潜水艦による通商破壊が活発化したため、英空母はハンティング・グループを編成し、潜水艦狩りに投入され、39年9月14日には、搭載されたスクアがドイツ潜水艦U-30を攻撃している。このU-30は、9月3日に英客船「アシーニア」を沈め、第二次大戦最初の独艦による撃沈を記録していた。「アーク・ロイヤル」もスクアの発進準備中にU-39から雷撃を受けるが、幸いにも命中前に魚雷が爆発したことで危機は免れ、護衛の駆逐艦がU-39を沈めて独Uボートを初喪失させた。

また、26日にはやはりスクアが、独のDo18飛行艇を撃墜、これが英側の独機初撃墜となった。しかし、17日にはU-29によって空母「カレイジャス」が沈められており、危険だとして正規空母は潜水艦狩りから引き上げられている。

12月には「アドミラル・グラーフ・シュペー」追撃戦に出撃するが、ラプラタ沖海戦には間に合わなかった。その後、哨戒任務や航空機輸送任務に従事、40年4月には独軍のノルウェー侵攻に対抗し、ノルウェーのベルゲンで応急修理中だった独軽巡「ケーニヒスベルク」へスクアでの爆撃を敢行、撃沈に成功している。なお、これが同大戦における最初の航空機による大型艦の撃沈であった。

40年6月にはフランスが降伏、イギリスはフランス艦隊を指揮下に入るよう交渉、従わなければ無力化を試みた。これが7月3日のメルセルケビール沖海戦から、9月23日のダカール沖海戦までの一連の戦いであった。この戦いでは仏戦艦「ブルターニュ」を沈め、他の戦艦に損傷を与えるという多少の勝利を得たが、それよりも仏世論が連合国に不信感を抱く原因となった。以後の「アーク・ロイヤル」はジブラルタル方面でイタリア艦隊への攻撃や、地上攻撃を行っていたが、41年3月には一時的にブレストに逃げ込んだ独巡洋戦艦「シャルンホルスト」、「グナイゼナウ」の脱出に備えてビスケー湾方面へと移動している。

## ビスマルク追撃戦にて艦載機が殊勲を挙げる

1941年5月24日にデンマーク海峡にて、独戦艦「ビスマルク」と英巡洋戦艦「フッド」、戦艦「プリンス・オブ・ウェールズ」の戦闘が発生、フッドが轟沈、「ウェールズ」も損傷して海域から離脱した。

「フッド」轟沈の報を受けた英海軍は、つぎ込める戦力の殆どを「ビスマルク」追撃に投入、マルタ島への航空機輸送任務を行っていた「アーク・ロイヤル」も急遽呼び寄せられた。これが結果的に作戦成功の一端となり、26日には「アーク・ロイヤル」が「ビスマルク」を攻撃範囲に捉える。第一次攻撃隊としてソードフィッシュ15機が出撃したが、誤認で味方艦である軽巡「シェフィールド」を攻撃した。

1910時に第二次攻撃隊が出撃、今度は「シェフィールド」と合流すると誘導を受けて「ビスマルク」へと接敵、小隊単位で雷撃を行った。その魚雷の1発が、「ビスマルク」右舷後部に命中、操舵装置を損傷させると、舵が取舵12度で固定され、また大規模な浸水を発生させた。これによって、「ビスマルク」は速度を7ノット以上出せなくなり、翌日「キング・ジョージV世」以下の戦艦隊に捕捉されて沈められることになる。

「ビスマルク」の喪失によって、以後独海軍は、大型水上艦艇による積極的な行動を控えるようになり、「アーク・ロイヤル」も戦う相手を地中海や大西洋から失った。そのため、以後は再びジブラルタルで、船団の護衛とマルタ島への航空機輸送を繰り返す日々となる。

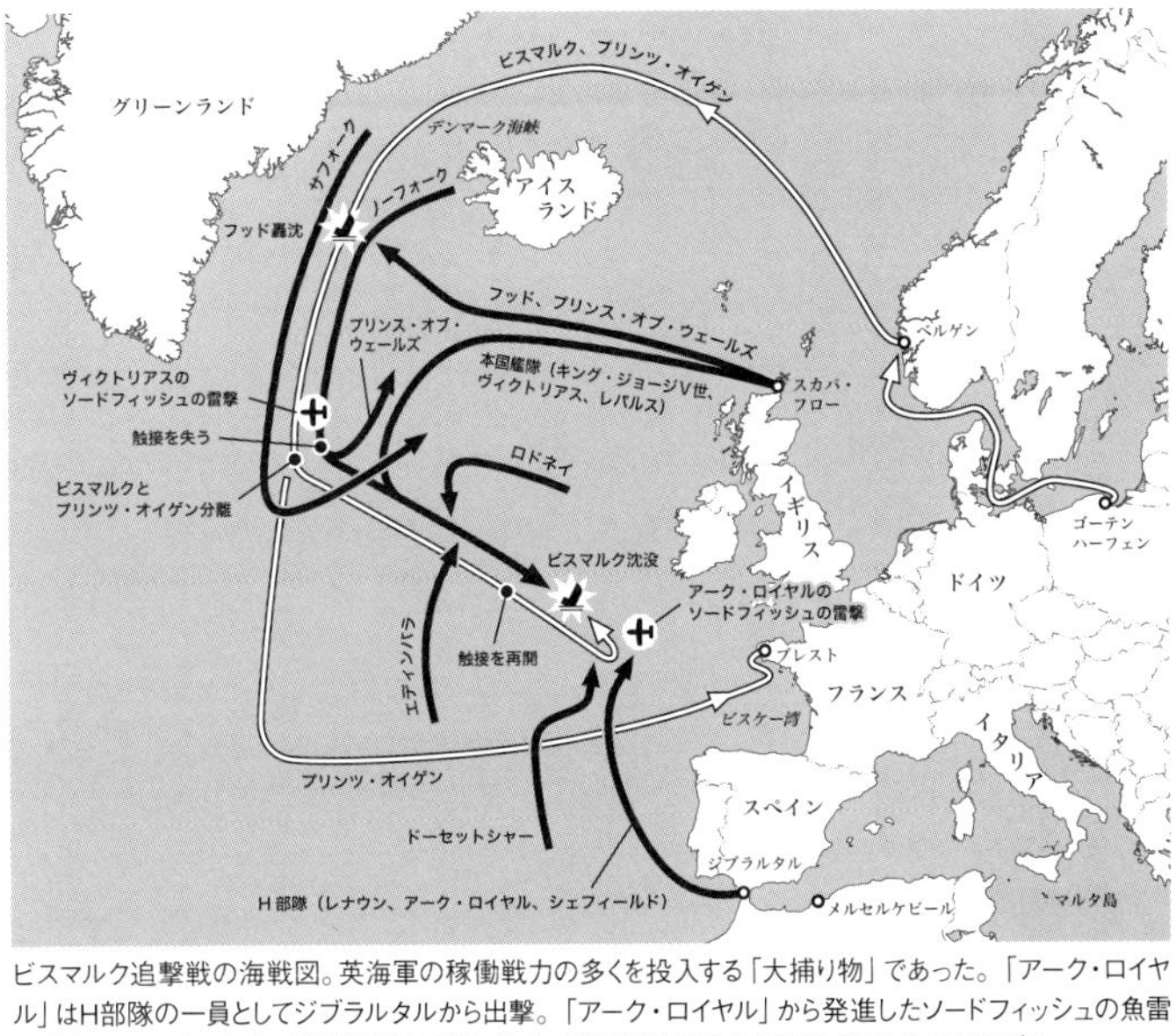
グリーンランド
ビスマルク、プリンツ・オイゲン
デンマーク海峡
サフォーク
ノーフォーク
アイスランド
フッド轟沈
フッド、プリンス・オブ・ウェールズ
プリンス・オブ・ウェールズ
本国艦隊（キング・ジョージV世、ヴィクトリアス、レパルス）
ヴィクトリアスのソードフィッシュの雷撃
触接を失う
ビスマルクとプリンツ・オイゲン分離
ロドネイ
スカパ・フロー
ベルゲン
ゴーテンハーフェン
イギリス
ドイツ
ビスマルク沈没
アーク・ロイヤルのソードフィッシュの雷撃
触接を再開
エディンバラ
ブレスト
フランス
ビスケー湾
イタリア
プリンツ・オイゲン
スペイン
ドーセットシャー
ジブラルタル
H部隊（レナウン、アーク・ロイヤル、シェフィールド）
メルセルケビール
マルタ島
ビスマルク追撃戦の海戦図。英海軍の稼働戦力の多くを投入する「大捕り物」であった。「アーク・ロイヤル」はH部隊の一員としてジブラルタルから出撃。「アーク・ロイヤル」から発進したソードフィッシュの魚雷が「ビスマルク」に命中、操舵装置を破壊。ドイツ最強戦艦の運命を決定づける金星を挙げた
（図／おぐし篤）

## 「王家の箱舟」の最期

そして迎える運命の1941年11月、「アーク・ロイヤル」は、戦艦「マレーヤ」を旗艦とするH部隊と空母「アーガス」と共に、マルタへとハリケーン戦闘機を輸送するパーペテュアル作戦に参加した。

同部隊は10日にジブラルタルを出航、12日にハリケーンの発艦に成功、帰路についたが、イタリア軍機に発見され、枢軸側に位置を掴まれた。翌13日に独潜U-205から雷撃を受け、護衛の駆逐艦の航跡にて爆発が発生する。発艦したソードフィッシュの対潜レーダーが2隻の潜水艦を探知するが、そのうちの1隻U-81が魚雷4本を発射、1本が「アーク・ロイヤル」の右舷中央の煙突直下に命中、舷側燃料タンクが爆発した。

続いてボイラー区画へ浸水、右舷に傾斜したことで煙突を通って左舷ボイラー室や船内各部にも浸水が発生、更には火災が生じて、総員退艦が命じられた。ジブラルタルから急行した曳船によって曳航が開始されたが、生来のトップヘビーの影響もあって、14日朝6時13分、ジブラルタル東方25浬にて、数多くの「武勲」と「初めて」を積み重ねた「アーク・ロイヤル」は転覆沈没した。

1941年11月13日、U-81の雷撃を受けて右舷に大きく傾斜した「アーク・ロイヤル」。飛行甲板上には雷撃機アルバコアが見える。11.4cm連装両用砲、ポンポン砲、甲板前端のカタパルトなども鮮明に映っている

大傾斜した「アーク・ロイヤル」と、彼女に横付けして乗員の救助に当たる駆逐艦「リージョン」

# 護衛空母「スワニー」（アメリカ）

**大西洋と太平洋で戦い、激しい損傷にも耐えた米海軍の護衛空母**

### 懐かしのスワニー川

アメリカの作曲家スティーブン・フォスターが作詞作曲を手掛けた「故郷の人々」の別名が「スワニー河」であるが、これで歌われている、ジョージア州からフロリダ州へと流れる川が、本稿で紹介する護衛空母「スワニー」の艦名の由来である。この歌はアメリカで大変好まれ、フロリダ州の公式州歌となっていたほどである。

### 初陣のトーチ作戦で潜水艦を撃沈

第二次大戦が勃発すると、ドイツのUボートによる通商破壊に悩まされたイギリスは、船団護衛用に商船を改造した護衛空母を建造し、アメリカにも供与を依頼した。それに応えたアメリカは、C3型貨物船を改造して、護衛空母「ロング・アイランド」とチャージャー級を建造する。この母体となったC3型貨物船は、世界恐慌の影響などで傾いたアメリカ経済の回復策の一つとして1936年に出された商船法で、主要船舶の統一規格が定められ、その一つとして誕生したものであった。

この商船法で作られた船は、有事には海軍の補助艦艇として使用すると決められたため、後に多数が護衛空母などに転用されている。米海軍は「ロング・アイランド」などの運用結果を受けて、ボーグ級（英国に供与したアタッカー級含む）の大量生産を決定するが、海軍が手配可能なC3型は不足しており、足りない分はやや大きなT2型油槽船を改造することになった。

これがサンガモン級4隻で、船体が大きいために飛行甲板も広く、搭載機も増え、居住性にも優れていたので、船団護衛任務だけではなく、攻撃任務にも使用されている。基準排水量は約1万1600トン、最大速力は約18ノット、搭載機は約30機であった。その2番艦が、今回取り上げる「スワニー」である。

本艦は「マーケイ」の名で民間タンカーとして建造されたが（1938年6月3日に起工、1939年3月4日に進水）、海軍に徴用されて「スワニー」と改名、1941年7月16日に就役。最初はシマロン級艦隊給油艦として運用されていた。1942年2月に改装が決定、アメリカ国内最大の民間造船所ニューポート・ニューズに入渠し、同年9月24日には護衛空母に生まれ変わった。

完成した翌月には、11月8日から行われるトーチ作戦に参加するために、北アフリカ方面へと出航する。この作戦は、ソ連がドイツに圧力をかけるため、欧米に対して欧州方面で「第二戦線」を形成するように要求したことで実施されたもので、まずは英米連合軍がヴィシー・フランス軍が駐留する北アフリカのカサブランカ、オラン、アルジェの重要港湾を上陸、制圧するというものだった。

このうち、カサブランカにはパットン将軍率いる西方任務部隊が向かい、途中「スワニー」は正規空母「レンジャー」と合流して、第34・2任務群に組み入れられた。予定通り11月8日にはカサブランカ沖で戦闘機隊は哨戒活動を、爆撃機隊は「レンジャー」の航空隊と共にフランス艦隊やカサブランカへの爆撃を行い、戦艦隊などとの共同攻撃で仏戦艦「ジャン・バール」を一時的に行動不能に追い込んでいる。

1942年11月、北アフリカに向けて軽巡「ブルックリン」と共に航行する「スワニー」

1944年2月2日、クェゼリン環礁に錨泊する「スワニー」。
甲板上にはF6F戦闘機、SBD艦爆、TBM艦攻が見える

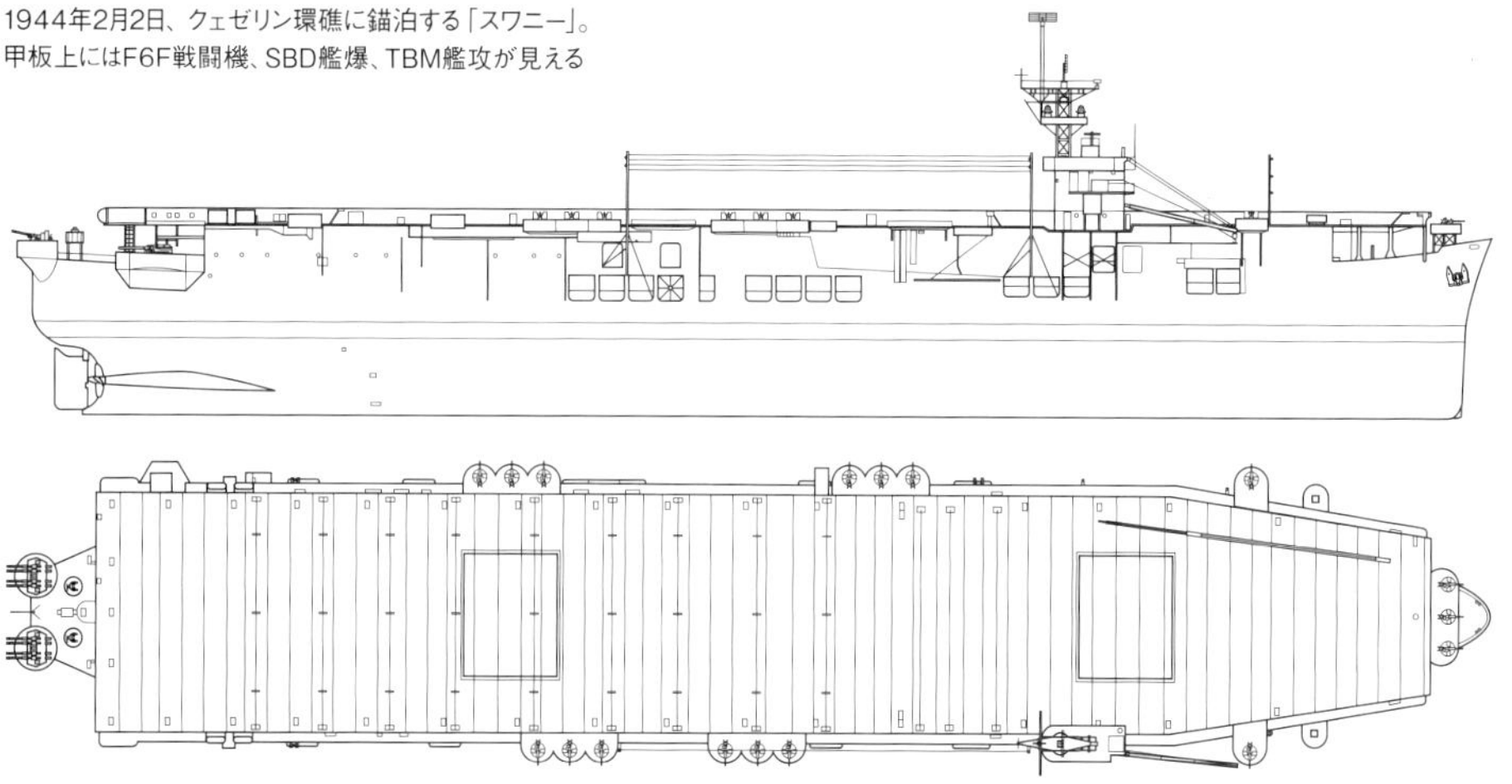

エレベーターは2基、飛行甲板の長さは153mであった「スワニー（CVE-27）」。
飛行甲板前端左舷側に斜めに配置されたカタパルトが特徴的だ。艦中央舷側部の多数の四角い穴は、洋上給油用の機材を装備する予定だった名残である

**■護衛空母「スワニー」（1944年）**

| | | | | | | | |
|---|---|---|---|---|---|---|---|
| 基準排水量 | 11,583トン | 満載排水量 | 24,665トン | 全長 | 168.6m | 全幅 | 34.8m |
| 吃水 | 9.9m | 主缶 | 缶4基 | 主機 | 蒸気タービン2基/2軸 | | |
| 出力 | 13,500hp | 速力 | 18ノット | 航続距離 | 15ノットで23,900浬 | | |
| 兵装 | 12.7cm単装砲2基、40mm四連装機銃2基、40mm連装機銃7基、20mm機銃12挺 | | | | | | |
| 搭載機 | 30機 | 飛行甲板 | 長さ153m×幅25.9m | | | 乗員 | 1,080名 |

1943年3月に左舷上空から撮影された「スワニー」の写真。マストトップのレーダーは機密保持のため修正されている

11月11日にはカサブランカは降伏したが、同日に「スワニー」の哨戒機はフランスの大型潜水艦「シディ・フェルーク」を撃沈、アメリカの護衛空母として最初に潜水艦を撃沈した。これがカサブランカ沖海戦で、同地のフランス艦隊の大多数は損傷を受けるか沈没し、連合軍の上陸作戦も成功、ヴィシー・フランス軍は停戦に応じた。「スワニー」はその後アメリカ本国へと帰投、補給の後にパナマ運河を越えて太平洋へと向かった。

## 太平洋で米軍の反攻の一員に

1943年初めの太平洋戦線の日米空母戦力は、日本側は42年6月のミッドウェー海戦により主力空母4隻と熟練搭乗員を喪失、42年10月の南太平洋海戦で空母「翔鶴」が損傷していたが、まだ「瑞鶴」は健在だった。一方アメリカ側は42年9月に「ワスプ」、10月に「ホーネット」を失い、「エンタープライズ」が大破し、かろうじて「サラトガ」が修理完了して戦線復帰したという状況であった。

日米ともに戦力が充実するまで戦闘活動は控えており、そんな状況下で「スワニー」は43年1月4日、アメリカ軍の各種司令部があるニューカレドニアのヌーメアに到着、同型艦の「サンガモン」、「シェナンゴ」と共に第22母艦群を組み、ガダルカナル方面への補給船団護衛任務に就いた。

同年の大部分は船団護衛任務に従事し、9月に「サンガモン」がオーバーホールのために帰国したのに続いて、10月にサンディエゴに帰投している。だが、11月にはソロモン諸島の南東にあるバヌアツのエスピリトゥサント島へと移動、ギルバート諸島のタラワとマキンを攻略するガルヴァニック作戦の支援を行った。この作戦で日本守備隊は壊滅したが、アメリカの上陸部隊も大損害を受け、以後の上陸作戦を見直す必要が生じるほどであった。その中で「スワニー」はタラワへの地上攻撃を支援し、作戦終了後、サンディエゴへと帰投した。

「スワニー」は新年を本国ですごしたのち、アメリカ軍の次の攻略目標であるマーシャル諸島方面へと移動する。ハワイ南西約4000kmにあるマーシャル諸島は、日本の委任統治領であり、クェゼリン島には第六根拠地隊司令部が置かれ、同方面の防衛にあたっていた。

それはさておき、この頃には新造艦が次々と配備された米軍が圧倒的に有利になっており、マーシャル諸島を巡る戦いでは、序盤の地上攻撃以降、「スワニー」の主な任務は対潜哨戒であった。

マーシャル諸島が陥落すると、パラオ空襲、ニューギニア方面の空母への航空機輸送、サイパン、グアム攻略支援を行い、1944年6月にマリアナ沖海戦を迎える。この戦いにて、日本の航空部隊はほぼ壊滅し、以後まともな航空作戦は不可能となった。この時「スワニー」は対潜哨戒任務を行っており、6月19日に浮上中の伊184潜を発見、これを搭載機が撃沈している。

## レイテ沖海戦で大破も生き残る

1944年10月、米海軍はレイテ島攻略作戦を開始。「スワニー」も護衛空母18隻からなる第77・4任務部隊の一隻として、レイテ島への上陸支援を行った。これに対して、日本海軍は残存艦を総ざらいして上陸阻止を計画、レイテ沖海戦が勃発する。「スワニー」の第77・4・1任務群は日本艦隊に遭遇しなかったが、第77・4・3任務群は10月25日、日本側の主力である栗田艦隊に遭遇。第77・4・1任務群は絶体絶命の第77・4・3任務群を救うために航空隊を緊急発進させた。

しかし、そこに神風攻撃隊6機が襲来、2機を「スワニー」が対空砲火で撃墜するも、僚艦「サンティー」が特攻機に突入された。その後、「スワニー」は新たな攻撃機を対空砲で被弾させるも、そのまま後部エレベータ前方に神風攻撃機が命中すると、格納庫で爆発が起き、後部エレベータを使用不能にし、乗員の一割以上が死傷した。

応急修理をした「スワニー」は、77・4・3任務群と合流のために移動するが、翌26日再び神風攻撃隊の攻撃を受け、対潜哨戒から戻ったエレベータ上の機体に直撃を受け大爆発、操舵装置の大部分と格納庫内の機体を喪失する。

直後、もう一度特攻機に突入されたが、何とか火災を消し止めるのに成功し、「スワニー」のレイテ沖海戦は終わった。この25日～26日の戦いで「スワニー」の乗組員107名が戦死、160名が負傷している。

「スワニー」はその後修理のためにアメリカ西海岸へ帰国。1945年1月31日に修理を終えると、米軍の沖縄上陸作戦を支援するために出航、4月1日から6月16日まで沖縄海域で航空支援を行った。その後ボルネオ方面のバリクパパン攻略支援に一時南方へと移動、作戦が終了して再び沖縄方面に戻ってきた所で戦争は終結する。帰国後は予備役となり、1947年1月8日に退役した。以後12年間ボストンで保管されたが、59年3月1日に除籍、1962年に廃棄された。

栗田艦隊
(第一遊撃部隊主隊)
フィリピン海
サンベルナルジノ海峡
サマール海
サマール島
第77.4.3任務部隊
(クリフトン.A.スプレイグ少将)
第77.4.2任務部隊
(スタンプ少将)
レイテ島
レイテ湾
オルモック湾
ホモンホン島
米第7艦隊第77任務部隊第4群
(トーマス.L.スプレイグ少将)
カモテス海
スリガオ海峡
ディナガット島
シアルガオ島
ボホール島
ミンダナオ島
第77.4.1任務部隊
(トーマス.L.スプレイグ少将直率)

サマール沖海戦の戦況図。「スワニー」は第77.4.1任務群(米第7艦隊第77任務部隊第4群第1集団)に所属し、栗田艦隊には遭遇しなかったが、その後の特攻隊の攻撃を受けた(図/おぐし篤)

1944年10月26日、フィリピン沖で特攻を受け艦前部が大炎上する「スワニー」

1945年、「スワニー」に着艦するルートに入るVF-40(第40戦闘飛行隊)のF6F-5ヘルキャット戦闘機

# 水上機母艦「日進」

（日本）

## 甲標的母艦として竣工するも高速輸送艦として働いた殊勲艦

### 「日進月歩」で進歩する軍艦

「日進」とはことわざの「日進月歩」にもあるように、日々進歩することを指しているが、元々は中国の思想から来たと考えられる。一説には、紀元前の中国戦国時代の思想家である荀子《じゅんし》の「天論」に「君子敬其在己者、而不慕其在天者、是以日進也（君子は自らの努力を敬い、天にあるものを慕わず、これを以て日に進む）」とある。

また1176年に、南宗の儒学者で朱子学の創始者である朱熹《しゅき》と、その友人である儒学者の呂祖謙が、北宋の儒学者・周敦頤《とんい》、張載、程顥《ていこう》、程頤《ていい》の著作をまとめて朱子学の入門書である「近思録」を作ったが、その中の爲学67に「君子之學必日新、日新者日進也。不日新者必日退、未有不進而不退者。惟聖人之道無所進退、以其所造者極也（君子は日々学問を新たにして進もうとする）」とあるので、これらが語源とも言われている。

### 敷設艦？水上機母艦？甲標的母艦？輸送艦？

1921年（大正10年）～22年に開催されたワシントン海軍軍縮会議によって、日本海軍は空母の合計排水量を8万1000トンに制限され、1930年（昭和5年）のロンドン海軍軍縮条約では、条約外だった1万トン以下の空母も含まれるようになった。

それを受けて、日本海軍は軍備補充のために㊁計画を策定、短期間で空母に改造可能な剣埼《つるぎざき》型給油艦（後の瑞鳳型空母）、千歳型水上機母艦（後の千歳型空母）、それと同時に水上機母艦「瑞穂《みずほ》」を建造する。

また、艦政本部では仮想敵である米艦隊を、主力艦（戦艦）以外の戦力で漸減《ぜんげん》させられる兵器の研究を開始、その中の一つとして特殊潜航艇である甲標的が誕生した。1932年（昭和7年）に後の甲標的の基本案が練られ、1933年に最初の試作艇が作られると、国際情勢の悪化に伴い1937年（昭和12年）に第二次試作が検討され、母艦に多数搭載して艦隊決戦前に奇襲を行う、という運用法が検討された。

その母艦として選ばれたのが、表向きは水上機母艦である千歳型と「瑞穂」であり、同年に㊂計画が開始され、新たに予算が決まった仮称敷設艦甲＝「日進」であった。

「日進」の基本的な形状は千歳型、「瑞穂」を踏襲してそれを僅かに拡大しているが、機関は大和型戦艦用に検討されたが不採用となった13号内火機械（ディーゼルエンジン）を、大和型以降の新戦艦での採用が可能か検討するために搭載した。

元々は敷設艦として設計されたので、強行機雷敷設の際に敵の駆逐艦などを排除することも視野に入れて、軽巡洋艦の主砲と同じ50口径三年式14cm連装砲を艦前方に三基（6門）搭載している。

表向きは水上機母艦であるので、計画上は常用20機＋補用5機の水上機を搭載（甲標的母艦時には甲板上に水上偵察機12機）。カタパルトは、後に航空戦艦となった「伊勢」「日向」に搭載されたのと同型で最新鋭の、空技廠式一式二号一一型射出機を装備した。

本来の装備である甲標的は艦内に最大12隻搭載して、艦尾の水密防扉を開いてそこから発進させる予定であった。しかし、結論を先取りするが、基本的に甲標的は潜水艦に搭載され出撃しており、本艦や他の甲標的母艦搭載の甲標的を艦隊決戦の場において使用するような機会は一度も発生しなかった。

竣工を目前にした1942年（昭和17年）2月19日、愛媛県佐多岬沖で、全力28ノットで公試中の「日進」。艦前部は軽巡洋艦、中央部は輸送艦、後部は水上機母艦、その実態は甲標的母艦というキメラのような軍艦だった。大戦では大きな艦内スペースと多数のクレーン、そして高速を活かし、高速輸送艦として活躍することになる

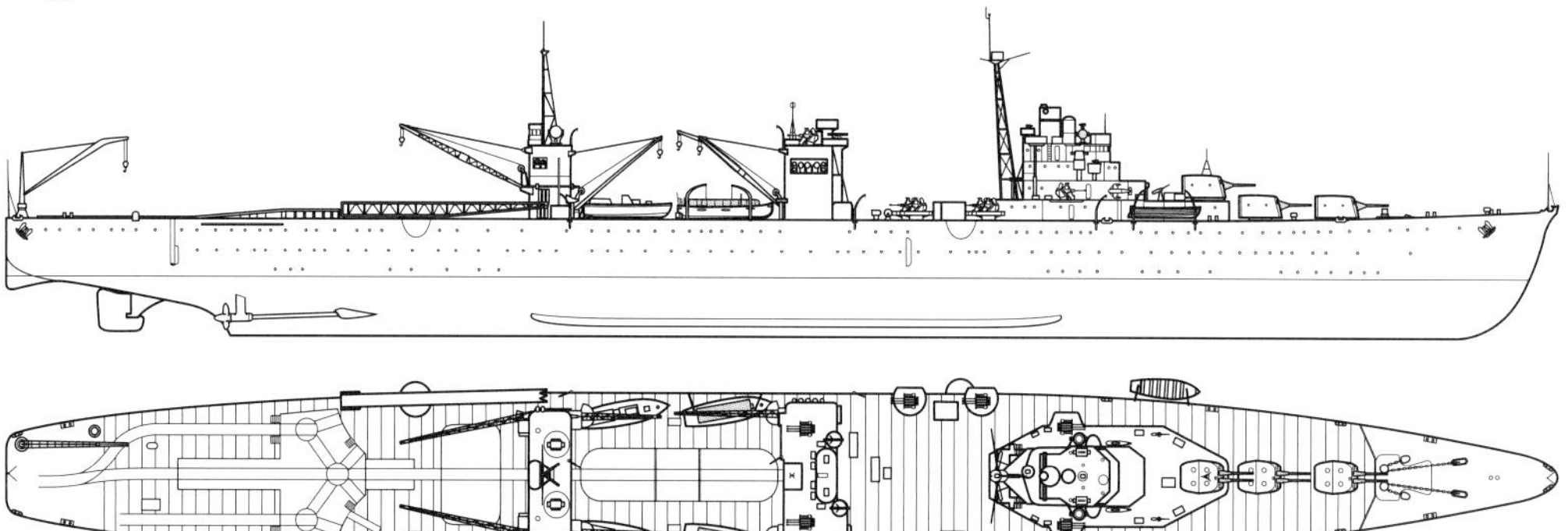

水上機母艦「日進」。艦前部には背負い式に14cm連装砲3基を搭載、艦中央部はクレーンを多数装備、艦後部にはカタパルトや飛行甲板を備えている。艦中央部には、甲標的を艦内に収納するための細長いハッチがある。また主機がディーゼルエンジンのため、煙突がないのも特徴

■水上機母艦「日進」（計画時）

| | | | |
|---|---|---|---|
| 基準排水量 | 11,317トン | 水線長 | 188.0m |
| 全幅 | 19.7m | 吃水 | 7.0m |
| 主機 | 艦本式一三号一〇型ディーゼル4基、艦本式一三号二型ディーゼル2基 | | |
| 軸数 | 2軸 | 出力 | 47,000馬力 |
| 最大速力 | 28.0ノット | | |
| 航続距離 | 16ノットで8,000浬 | | |
| 兵装 | 14cm連装砲3基、25mm三連装機銃4基、射出機4基（甲標的母艦時は14cm連装砲3基、25mm三連装機銃8基、射出機2基） | | |
| 搭載機 | 常用20機＋補用5機（甲標的母艦時は水上機12機＋甲標的12隻） | | |
| 乗員 | 約750名 | | |

これは説明するまでもないが、日本海軍が望んだ日露戦争の日本海海戦の再現、敵の主力を本国近くに引き寄せて乾《けん》坤一擲《こんいってき》の戦いで完膚なきまでに殲滅して、相手の継戦意図を圧《へ》し折る…そんな戦いが起きるような時代でも相手でも既に無かったのである。

結果的に、本艦も実戦ではロマン溢れた秘匿兵器を決戦で使うという夢を捨てて、艦内のスペースと4基のクレーン、そして甲標的収容用ハッチ、最大28ノットの速力を生かした高速輸送艦として地道に活用された。

まるで前座とはいえ4人ユニットを組んでアイドルデビューが決まっていたのに、レッスン中に他のメンバーが抜けて、デビューも中止になって運送業に転職したグループのようなもので、とても泣ける経歴だ。夢も希望もありゃしない。

### 甲標的を輸送し潜水艦に託す

「敷設艦甲」は前述の通り㊂計画で建造が決定、1938年（昭和13年）11月2日に呉海軍工廠で起工、39年9月30日に敷設艦として「日進」と命名されるが、10月31日に水上機母艦に類別変更され

1942年に撮影された、シルエット状態の「日進」。
前部の3基の主砲塔の配置がよく分かる

1942年夏、千葉県館山湾に停泊している「日進」。
艦後部の飛行甲板には3～4機の水上機が見える

る。11月30日に進水、太平洋戦争勃発からおよそ3カ月後の1942年（昭和17年）2月27日に竣工した。

その後、「千代田」と共に甲標的の訓練を瀬戸内海で行い、3月20日に「千代田」、特設巡洋艦2隻と共に、南方で艦隊や通商破壊を行う潜水艦部隊に臨時編入される。4月25日にはマレー半島西のマラッカ海峡に面したペナン島に到着、搭載していた甲標的を伊16などの潜水艦に渡して呉に帰港した。

この部隊は5月31日にマダガスカルのディエゴ・スアレス港を攻撃、英戦艦「ラミリーズ」と油槽船「ブリティッシュ・ロイヤルティ」に甲標的がそれぞれ1本ずつの魚雷を命中させ、「ラミリーズ」を大破せしめ、「ブリティッシュ・ロイヤルティ」を撃沈した。

その後、「日進」はミッドウェー作戦の主力部隊の一員として参加、ミッドウェーに魚雷艇を運ぶ予定だった。だが、空母部隊の大敗により作戦自体が中止、魚雷艇を原隊に復帰させ、6月19日に日本へ帰投する。

ミッドウェー作戦の失敗により、アメリカとオーストラリアを分断する計画は頓挫し、ニューカレドニア方面を攻略するFS作戦も中止された。その代わりとして、ガダルカナル島に航空基地を建設することとなり、「日進」も同地への輸送任務を行うこととなる。

## ガ島への物資輸送で大きな活躍を見せる

1942年9月7日、「日進」は呉を出港、11日にフィリピンのダバオで独立戦車第一中隊の戦車12両と野戦重砲と弾薬や兵士などを積み込み、15日にラバウルへと到着、18日にはショートランド泊地に到着。一部の物資を降ろすと、25日に駆逐艦「涼風」に護衛されてカビエンに移動、28日にニュー・ブリテン島ココダ島東方で、米潜水艦「スカルピン」の魚雷攻撃を受けて損傷。測定儀室に浸水したが、「スカルピン」も「涼風」の爆雷攻撃で軽微な損傷を受けた。

カビエンに入港した「日進」はガダルカナル突入の機会を待ち、9月30日に「親潮」と「早潮」の護衛を受けて出発、10月1日にショートランドで物資と人員の搭載を行った。10月3日に「舞風」と「野分《のわき》」の護衛の元出発。航空支援と搭載の水偵の直掩を受け、途中米軍機の攻撃で右舷3発、左舷4発の至近弾を受けたが、その日の夜にはガダルカナル島北西部タサファロングにて揚陸を開始。米軍機の夜間攻撃を受け、弾薬の大部分などを含む一部物資が揚陸できないまま帰路についた。

更に「秋月」が護衛に合流し、航空支援を受けつつ米軍機の攻撃を掻い潜り、更には護衛の零式観測機の1機がB-17に体当たりして撃墜、殊勲の搭乗員を「秋月」が救助。「日進」はショートランドへと帰投した。

10月7日には天候不良で航空支援が不可能だったので、輸送任務を中止、翌8日に無事輸送に成功した。11日に第六戦隊の支援の元、輸送を行い無事物資の揚陸に成功。支援部隊はヘンダーソン飛行場砲撃に向かい、米艦隊と遭遇しサボ島沖海戦が勃発する。この海戦で重巡「古鷹」、駆逐艦「吹雪」が沈没、重巡「青葉」が大破、また輸送隊の護衛だった「叢雲」も被弾して処分される。米機動部隊の来襲が確実視されたため、輸送任務は中止され、途中トラックに寄ってから11月27日に横須賀に到着した。

12月10日に同地から第八連合特別陸戦隊を輸送、19日にラバウル到着、27日に呉に帰投した。1943年（昭和18年）1月6日に「秋雲」に護衛されて特型運荷筒などをトラックへ輸送したが、その時はガダルカナルからの撤退が決定しており、「日進」も帰投して舞鶴で入渠整備を受けた。

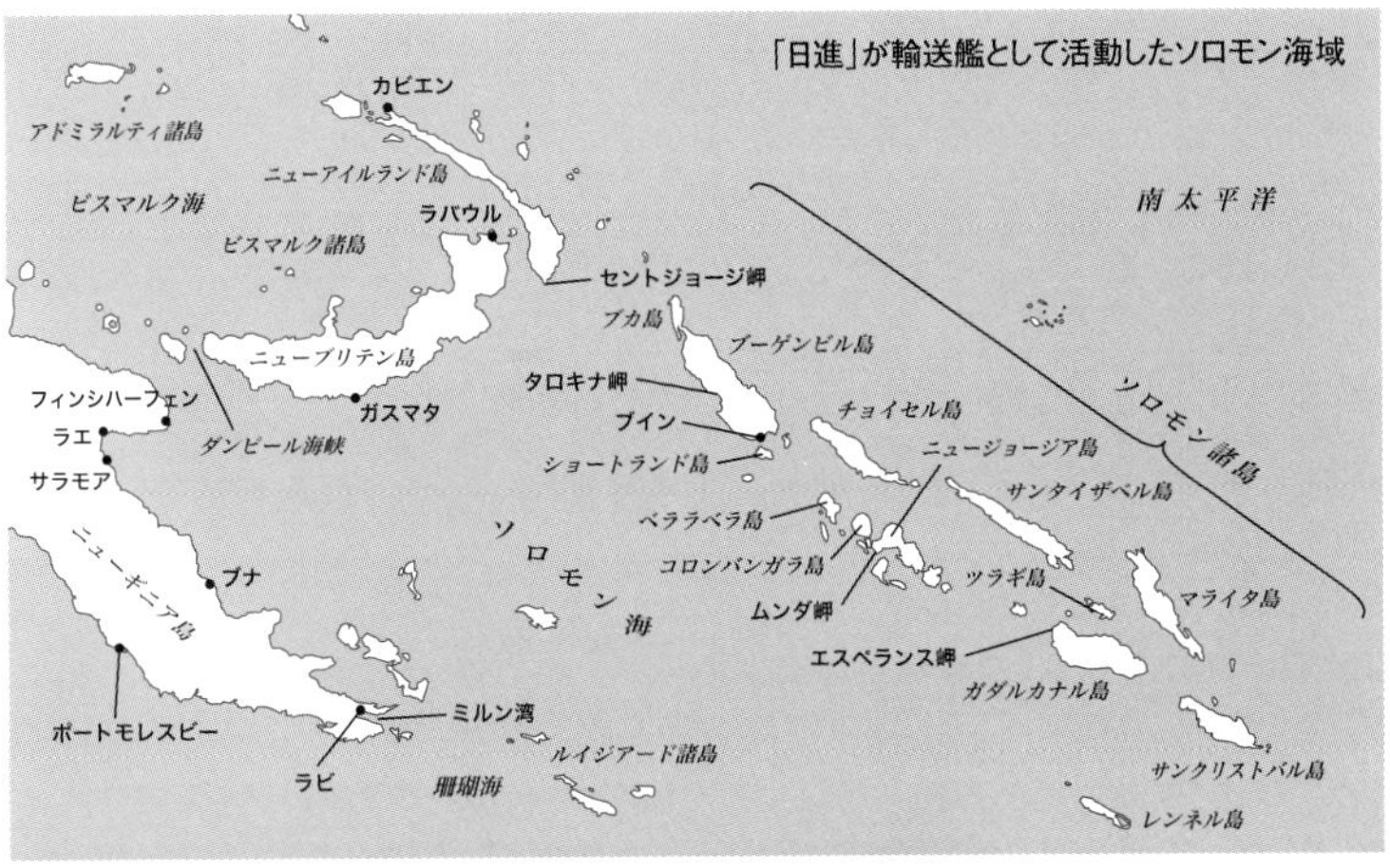

カビエン
アドミラルティ諸島
ニューアイルランド島
ビスマルク海
ラバウル
ビスマルク諸島
南太平洋
セントジョージ岬
ブカ島
ブーゲンビル島
ニューブリテン島
タロキナ岬
フィンシハーフェン
ガスマタ
ブイン
チョイセル島
ラエ
ダンピール海峡
ショートランド島
ニュージョージア島
ソロモン諸島
サラモア
サンタイザベル島
ソロモン海
ベララベラ島
コロンバンガラ島
ニューギニア島
ブナ
ツラギ島
マライタ島
ムンダ岬
エスペランス岬
ガダルカナル島
ミルン湾
ポートモレスビー
ルイジアード諸島
ラビ
珊瑚海
サンクリストバル島
レンネル島

「日進」が輸送艦として活動したソロモン海域

## 高速輸送艦として戦った「日進」ショートランド島北水道に消ゆ

「日進」は1943年4月から5月にかけて、スラバヤ港にあったオランダ海軍の魚雷艇をラバウルへ輸送し、次いで千島列島の幌《ほろ》筵《むしろ》港に運荷筒を輸送。6月に機動部隊に編入され26日に横須賀へ到着した。

連合軍がニュージョージア諸島に上陸を開始したため、日本側も兵力の配置転換を行う必要があり、7月10日に小沢治三郎中将指揮の空母4隻を含む機動部隊と共に「日進」も出撃。途中米潜水艦に接触されるが無事トラックへ到着した。次いで「日進」は7月21日にラバウルへ到着。一部の物資を揚陸し、7月22日に「嵐」「萩風」「磯風」の護衛を受けブーゲンビル島ブインへ向かったが、「日進」では機関故障が発生した。

22日13時45分から、「日進」はヘンダーソン飛行場を飛び立った米の艦攻、艦爆、B-24重爆各18機を含む計134機の攻撃を受け、13時53分に急降下爆撃で第2砲塔と格納庫に爆弾2発が命中し大破。13時59分にも右舷中央に爆弾2発が命中し、右舷に傾斜して更にもう1発が命中。船体の放棄が決定したが14時3分についに沈没した。

艦長の伊藤尉太郎大佐をはじめとする乗組員479名、陸軍の兵員531名が戦死。搭載していた戦車22両、速射砲8門、砲8門、車両20両など兵器・物資は全て喪失した。

1942年（昭和17年）10月13日、米軍機から撮影された、ブーゲンビル島トノレイ湾の「日進」（写真上）。炸裂する対空砲火の煙が見える。二日前の10月11日にはガダルカナル島への輸送任務を成功させている

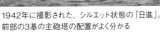

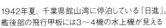

# 重巡洋艦「カナリアス」（スペイン）

## 内戦で反乱軍海軍勝利の原動力となり戦後も長く健在だったスペインの重巡

### 艦名「カナリアス」の由来 鳥だと思ったら犬だった?

今回はスペインの重巡洋艦「カナリアス」を取り上げる。スペインは大航海時代を牽引し、新大陸の征服を行い、無敵艦隊とも訳される大艦隊を作り上げた。だが16世紀後半にはイギリスに大敗し、徐々に海洋の覇権を喪失、17世紀になるとオランダ独立戦争でも敗北を重ね、英仏の海軍に比べると弱体化していった。

19世紀のナポレオン戦争でスペイン海軍はフランス側に付きトラファルガーの海戦に参加してイギリスに敗北、更に同世紀末の米西戦争で海軍は壊滅的状況に陥る。そこで、宿敵だったイギリスの資本によって海軍と海軍工廠の再建を行い、弩級戦艦エスパーニャ級などを建造した。その後の1926年の海軍計画によって建造が決まったのがカナリアス級重巡である。

何となく想像はつくと思うが、この名前はスペイン領のカナリア諸島から付けられている。ペットとしても良く飼われる鳥のカナリアも、この島が原産地の一つであることから命名されているが、決してカナリアが住む島だからカナリア諸島となったわけではない。

島の名前はラテン語の「Insula Canaria」＝犬の島（canis＝犬）から名付けられており、それが諸島全体も指すようになって複数形となった。つまり、「カナリアス」は「犬たち」的な名前なのである。

同型艦は「バレアレス」で、西地中海に浮かぶバレアレス諸島から命名されており、そこに属するマヨルカ島は観光でも有名である。

なお三番艦は工廠のある町からフェロルと命名される予定だった模様だが、予算不足から中止されている。

### 軍縮条約に入ってないのに 条約型巡洋艦

本艦の建造が決定した1926年は、列強海軍は1922年に締結されたワシントン海軍軍縮条約の影響下にあり、米英日仏伊の各国の巡洋艦は基準排水量1万トン以下、備砲5インチ（12・7㎝）以上8インチ（20・3㎝）以下との制限を受けていた。

スペインは同条約に加盟していないので、設計を打診されたイギリス側もこの条約に縛られない複数の案を提案したが、財政的に厳しいスペイン海軍としてはコスト減を図る必要があり、イギリスのケント級（カウンティ級第1グループ）巡洋艦をタイプシップにして、条約内の性能で設計されることになった。

とは言えケント級とは設計者も異なるので違いも少なくない。特に、「カナリアス」は、ケント級と同じ塔型艦橋を採用しているにしても、操舵艦橋が前に張り出していて見た目が大きく異なる。またケント級が三本煙突なのに対し、「カナリアス」は二本を集合煙突にして、側面から見れば艦橋よりも煙突の方が大きくて目立っており、素人目にはケント級がベースと言われても、あまりしっくりこない。

また、「カナリアス」の前部マストの小ささも、他の国の艦艇を見慣れていると、特異な形状に見える。主砲はイギリス製20・3㎝砲連装4基（8門）を前後に2基ずつ配置、12㎝高角砲8基を備える計画だった。防御力はタイプシップ同様貧弱だったが、多少強化されている。

戦前の「カナリアス」。巨大な集合煙突とかなり背の低い前部マストが特徴的だ

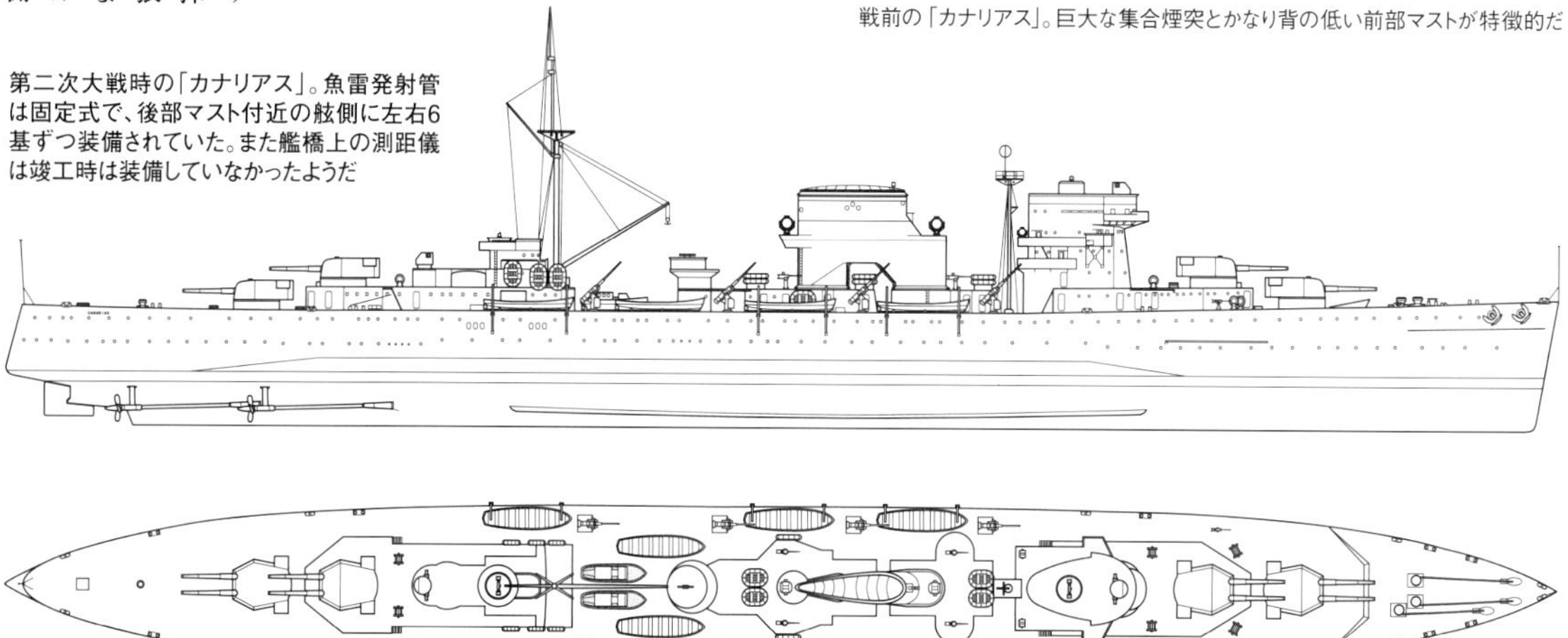
第二次大戦時の「カナリアス」。魚雷発射管は固定式で、後部マスト付近の舷側に左右6基ずつ装備されていた。また艦橋上の測距儀は竣工時は装備していなかったようだ

機関はヤーロー缶8基とパーソンズ式ギアードタービン4基の4軸推進で、出力は9万馬力。スマートな艦の形状が奏功し、ケント級より1・5ノット速い33ノットを発揮可能だった。

### 未完成のまま、反乱軍に所属し内戦に参戦

1928年8月15日に「カナリアス」、「バレアレス」の二隻が、スペイン北西部ガリシア州にある大西洋に面したエル・フェロル海軍工廠で起工した。「カナリアス」の進水式は1931年5月28日、「バレアレス」は翌32年2月4日に行われたが、スペイン海軍の予

「カナリアス」の前部主砲塔2基。イギリス製の50口径20.3㎝砲を8門搭載した

■重巡洋艦「カナリアス」（1936年竣工時）

| | | | |
|---|---|---|---|
| 基準排水量 | 10,113トン | 全長 | 193.55m |
| 全幅 | 20.0m | 吃水 | 5.27m |
| 主缶 | ヤーロー缶8基 | | |
| 主機 | パーソンズ式タービン4基/4軸 | | |
| 出力 | 90,000馬力 | | |
| 最大速力 | 33ノット | | |
| 航続力 | 15ノットで8,700浬 | | |
| 兵装 | 20.3㎝連装砲4基、10.2㎝単装高角砲（後に12㎝単装高角砲）8基、12.7㎜機銃4基、53㎝三連装魚雷発射管4基、水偵2機 | | |
| 装甲 | 砲塔25㎜、水線114㎜、甲板76㎜ | | |
| 乗員 | 780名 | | |

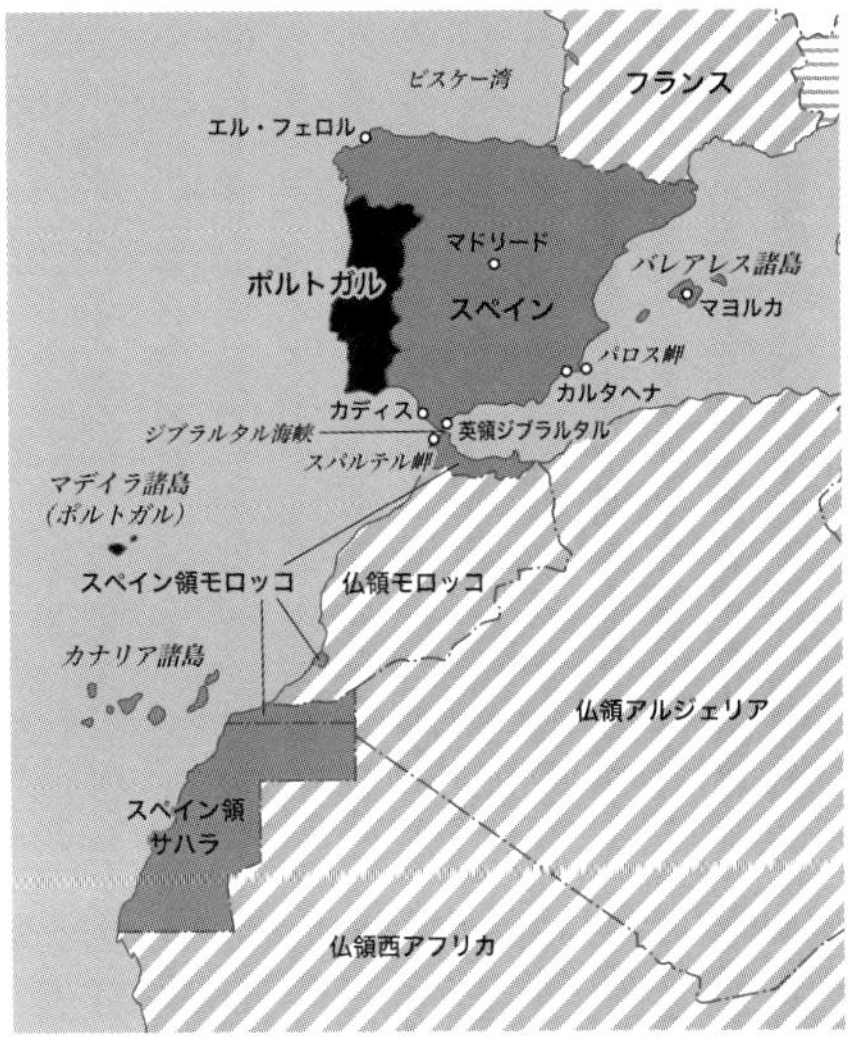


スペイン内戦時のスペイン周辺の地図。スペイン内戦の序盤、反乱軍側は国土の北西を支配していたため、エル・フェロルで建造されていたカナリアス級2隻は反乱軍側に接収されて戦うことになった（図／おぐし篤）

算不足は深刻で、工期は伸び、さらに一基の砲塔はイギリスで作られたが、残りはスペイン南端のカディスで作られ、その輸送費にも事欠くありさまだった。

そのために完成は遅れに遅れ、スペイン内戦が勃発した1936年7月の時点で、まだ両艦とも未完成であった。工廠のあるガリシア州は初期から反乱軍側（9月29日にフランコが総司令官となる）で、それに伴って両艦も反乱軍の管理下に入った。

両艦は未完成のまま直ちに乗員を集め、出港準備に入るが、多くの装備がまだ不足しており、「カナリアス」は製造が間に合わなかった12cm高角砲の代わりに10・2cm単装高角砲を搭載した。更には、主砲の測距儀以外の射撃指揮装置、機銃なども未搭載だった。この状態で9月（日付不詳）に就役、準備が整い次第出撃することになった。なお、僚艦の「バレアレス」も4番主砲塔を未搭載のまま12月28日に就役した。

フランコの反乱軍に対する人民戦線（政府）側はスペインの地中海側を主に抑えており、ソ連からの支援を受けていた。そこで反乱軍は北部制圧と並行して制海権の確保を目指し、地中海へ「カナリアス」と軽巡「アルミランテ・セルヴェラ」を向かわせる。一方人民戦線側も、孤立した北部の救出に主要艦艇をビスケー湾へと向かわせた。その際に、人民戦線側の駆逐艦「アルミランテ・フェルナンデス」と「グラヴィナ」がジブラルタル海峡に残り、海峡を封鎖していた。

「カナリアス」は9月26日早朝にこれを発見、1万6000mの距離から発砲、2斉射目で「アルミランテ・フェルナンデス」に命中弾を与え、逃亡する同艦に対し2万mからの3斉射目で命中弾を与え撃沈する。一方、「アルミランテ・セルヴェラ」の砲撃は稚拙で、「グラヴィナ」をカサブランカへと取り逃がすが、結果的に海峡の確保に成功した（スパルテル岬海戦）。

この勝利により、反乱軍側はモロッコからスペイン本土への物資輸送が容易になり、更に「カナリアス」は地中海へと進み、艦隊のいない人民戦線側の拠点を砲撃した。慌てて人民戦線側も艦隊を地中海へと戻すが、両部隊は遭遇することなく、更に「カナリアス」は、12月12日にソ連から人民戦線への支援物資を積んだ貨物船「コムソモール」を撃沈する。これはソ連の人民戦線支援に商船を使うのを手控えさせる効果を生じた。

1937年2月には「カナリアス」はギリシャ貨物船と衝突、スペイン南西部のカディスで修理を行った。その間に一応完成となった「バレアレス」が合流し、マヨルカ島に移動する。

3月にはまたビスケー湾に戻り、複数の輸送船を捕獲。4月25日にはカルタヘナ港で修理中の戦艦「ハイメ1世」を狙うが、効果は嫌がらせ程度であった。その後もイタリアから反乱軍への支援物資の輸送を護衛し、同時に人民戦線側の港を艦砲射撃した。

## パロス岬沖で妹「バレアレス」を喪う

1938年3月5日には、イタリアの船団護衛に「カナリアス」、「バレアレス」、軽巡「アルミランテ・セルヴェラ」、駆逐艦3隻がマヨルカから出撃した。ただし、駆逐艦はすぐに引き返した。一方、人民戦線側も軽巡「リベルター」、「メンデス・ヌネス」、駆逐艦5隻がカルタヘナから出撃した。

同日夜に両艦隊は互いを発見、人民戦線側の駆逐艦が魚雷を発射したが、これは外れた。そのまま両艦隊はすれ違い、朝を待とうとする人民戦線側に対し、反乱軍側は反転して追撃を行う。6日2時過ぎに再遭遇、砲戦を開始、「バレアレス」が探照灯を照射した。それを狙って人民戦線側の駆逐艦が接近し、3キロの距離から12本の魚雷を発射、2～3発が「バレアレス」に命中して撃沈。残った「カナリアス」と「アルミランテ・セルヴェラ」は退避した（パロス岬沖海戦）。

その後の7月25日から勃発したエブロ川の戦いで人民戦線側は大敗。「カナリアス」は8月27日にはフランスから英国駆逐艦に偽装してジブラルタルを突破しようとする人民戦線側の駆逐艦「ホセ・ルイス・ディエズ」を迎撃、これを損傷させ、人民戦線側の仮装巡洋艦を拿捕した。

この頃には内乱はほぼ反乱軍側の勝利に傾いており、「カナリアス」は最終的に34隻の艦船を沈める戦果を得た。

その後の第二次大戦時はスペインは中立であったが、ドイツ戦艦「ビスマルク」の生存者救出に出動している。戦後の1952年から近代化改装を受け、集合煙突は2本煙突になり、ようやく艦橋に射撃指揮装置が取り付けられ、短かった前部マストも大型化した。1975年に除籍、78年に解体されたが、これは条約型巡洋艦の中では最長の艦歴であった。

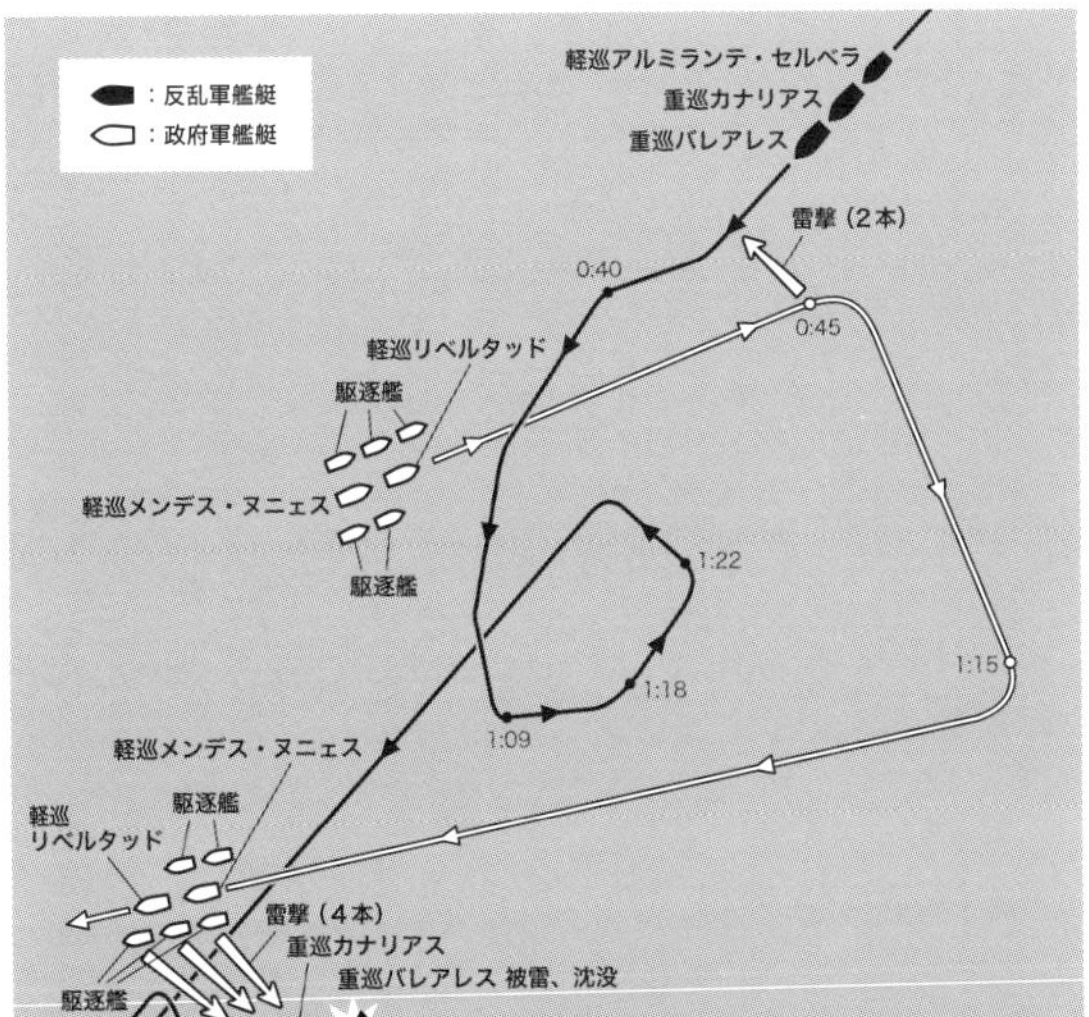


スペイン内戦最大の海戦となったパロス岬沖海戦の戦況図。駆逐艦を伴わなかった反乱軍艦隊は人民戦線艦隊の駆逐艦を牽制することが出来ず、雷撃を受けて先頭の「バレアレス」が撃沈されてしまった（図／おぐし篤）

戦後、大改装後の「カナリアス」。煙突は2本になり、前部マストが延長され、各種電測兵装を追加搭載している（Ph/Armada Española）

1970年ごろ、バルセロナ港で撮影された「カナリアス」

# ミサイル巡洋艦「ロングビーチ」（アメリカ）

## 世界初の原子力水上戦闘艦となった巨大な艦橋を持つミサイル巡洋艦

### 長浜…ではなくカリフォルニアの港湾都市にちなむ

本稿では本書唯一、第二次世界大戦後に設計・建造された艦として、アメリカ海軍の原子力ミサイル巡洋艦「ロングビーチ」を取り上げる。

艦名は滋賀県北東部の羽柴秀吉が今浜から改名した城下町である長浜に因んでいる、なんてことは当然なく、カリフォルニア州南部にある造船業が活発な港湾都市・ロングビーチに因んでいる。

なおこの名はアメリカ海軍では三代目で、初代AK‐9はイギリスで建造されドイツで使用されていたが、1917年にアメリカに接収された輸送船である。二代目PF‐34は、第二次世界大戦中のタコマ級フリゲートの一隻で、レイテなどで護衛任務の後、ソ連にレンドリースされ、返還後に日本に貸与されPF‐17「しい」となっている。

### 原子力時代の申し子として生を受ける

ウランの核分裂反応を軍事に利用したのは最初は爆弾としてだったが、動力とする研究も行われていた。アメリカ海軍のハイマン・G・リッコーヴァー大佐はドイツで潜水艦動力に原子力を検討していたのを知り、積極的に原潜の開発を推進。1952年に世界最初の原子力潜水艦である「ノーチラス」の建造が開始された。

続いて水上艦の原子力動力化も検討が開始され、原子力空母とその護衛を担う艦、特に小型で航続距離の短い駆逐艦が対象となった。だが当時の技術では、戦後型駆逐艦として建造開始されていた基準排水量2750トンのフォレスト・シャーマン級程度の船体に原子力動力を搭載するのは困難で、少なくとも大戦時の軽巡並みの5000トン級にはなると、研究を行っていた艦船局は判断する。

海軍作戦部長のアーレイ・バーク大将は、第二次世界大戦中の経験から艦の速度を重視していたため、小型の艦に原子力動力を搭載すると高速が出せない可能性があると報告されると、まずはプロトタイプとして大きさにはこだわらず速力30ノットを発揮することを優先するように指示した。

その結果として、基準排水量1万4200トン、全長219・9mという、第二次大戦時の重巡洋艦以上の大型艦となり、1957年12月2日にマサチューセッツ州フォアリバー造船所で起工された。

1959年7月14日に進水し、「ロングビーチ」と命名されたが、翌60年1月に消磁ケーブルが3カ所切断される妨害工作が発生している。

以後は大きな問題は起こらず、61年9月9日に就役、バージニア州ノーフォーク海軍基地に移動して大西洋艦隊に配属された。なお、初代艦長に任命されたのはロングビーチ出身で、前述の「ノーチラス」の初代艦長だったユージーン・P・ウィルキンソン大佐であった。

就役から間もない1960年代に撮影された「ロングビーチ」。前から見るとあまりにも巨大な四角い艦橋が印象的だ。横長の板がAN/SPS-32捜索レーダー、縦長の板がAN/SPS-33追尾レーダー。艦前部のテリア連装発射機2基、その後ろに備える円形の火器管制レーダー2基、艦橋上の火器管制レーダー2基などが特徴的

「ロングビーチ」の特徴的な巨大な箱のような艦橋は、AN／SPS‐32とAN／SPS‐33フェーズドアレイレーダーで構成される3次元レーダーシステム（SCANFAR）のテストを行うためで、軽量化に大量のアルミを使用しているので、無線コールサインに「アルコア」を割り当てられるほどだった。

### ベトナム戦争に原子力任務部隊出撃

「ロングビーチ」は就役後、1961年10月2日から12月16日までプエルトリコ沖で、各種武装と機関のシェイクダウン試験を行い、61年12月28日から62年1月6日までミサイル運用試験を行って、原子力動力艦の実用性を証明した。その後、ドイツ北部のブレーマーハーフェンに向けて出港し、1月15日に表敬訪問を行っている。2月7日にノーフォークに帰港、4月まで訓練を続けた。

その後オーバーホールを受け、63年8月6日に地中海の第6艦隊に平和維持活動のために参加した。一時ノーフォークに戻るが、64年5月13日に原子力空母「エ

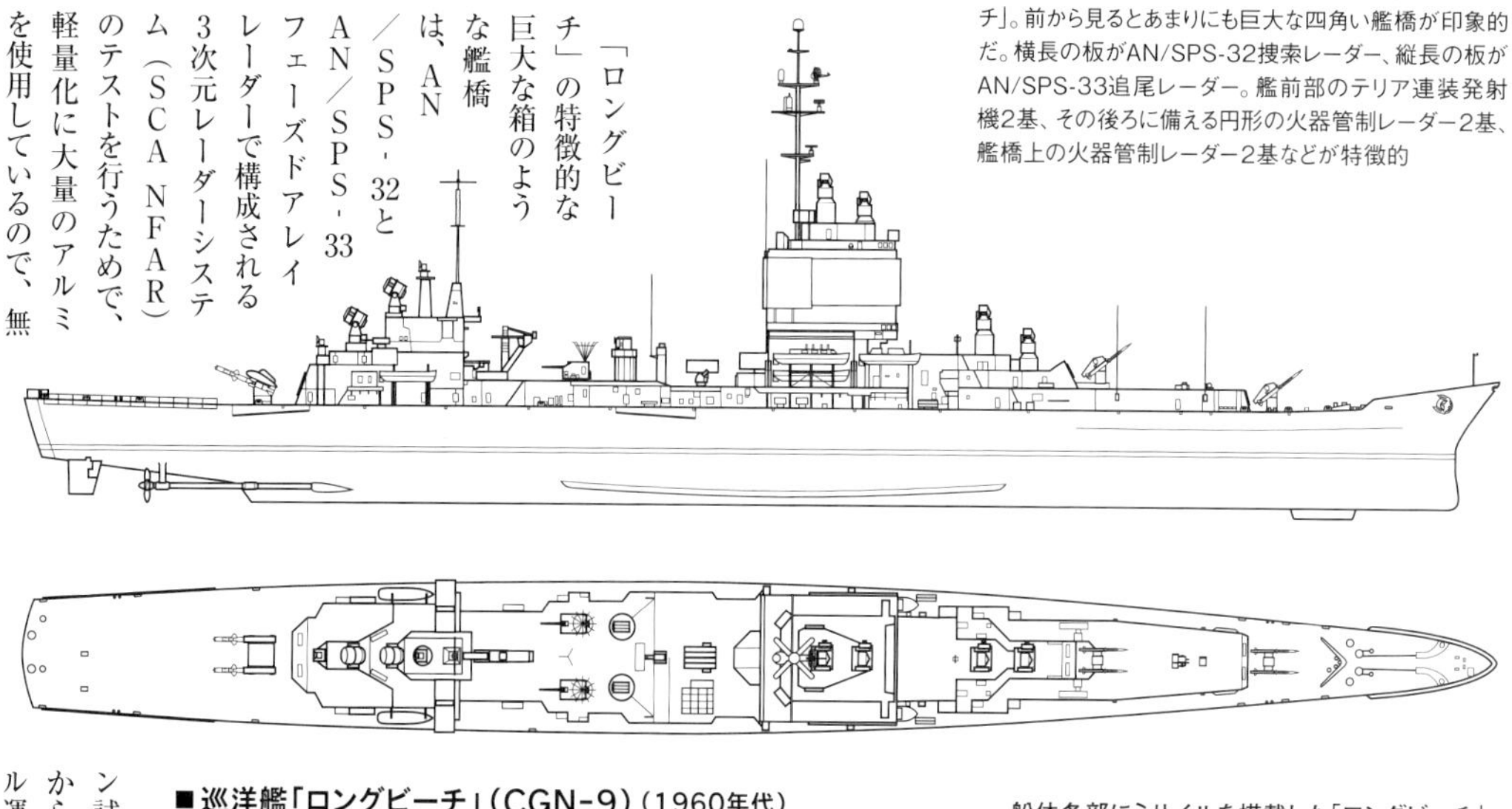

船体各部にミサイルを搭載した「ロングビーチ」。艦前部にテリア艦対空ミサイル（SAM）連装発射機を2基、艦後部にタロス艦対空ミサイル連装発射機1基、巨大な艦橋の後ろにアスロック対潜ミサイル8連装発射機を1基、その後ろに127㎜単装両用砲を2基搭載している。艦橋トップと艦橋前にある4つのレーダーはテリア用の火器管制レーダーAN/SPG-55、後部構造物上にある2つのレーダーはタロス用の火器管制レーダーAN/SPG-49

■巡洋艦「ロングビーチ」（CGN-9）（1960年代）

| | | | |
|---|---|---|---|
| 基準排水量 | 14,200トン | 全長 | 219.9m |
| 全幅 | 22.3m | 吃水 | 8.8m |
| 原子炉 | ウェスティングハウスC1W型加圧水型原子炉2基 | | |
| 主機 | ジェネラル・エレクトリック式蒸気タービン2基 | | |
| 軸数 | 2軸 | 出力 | 80,000馬力 |
| 最大速力 | 30ノット強 | 航続距離 | 無限（20ノットで360,000浬） |
| 武装 | 127㎜単装砲2基、RIM-8タロスSAM連装発射機1基、RIM-2テリアSAM連装発射機2基、アスロックSUM 8連装発射機1基、324㎜3連装短魚雷発射管2基 | | |
| 乗員 | 約1,000名 | | |

ンタープライズ」、原子力ミサイルフリゲート「ベインブリッジ」と共に地中海のマヨルカ島で第1任務部隊を構成し、7月31日に燃料無補給での世界一周航海を行うシー・オービット作戦に参加、ジブラルタルを出港して65日をかけて世界を巡り、10月3日にノーフォークに帰港した。

その後は東海岸で訓練を続け、65年8月から66年2月まで初めての核燃料交換を行い、2月28日に太平洋艦隊に配属されるためにロングビーチへ向けて出港、3月15日に到着した。

1964年8月、ベトナムのトンキン湾で哨戒活動中のアメリカ駆逐艦「マドックス」に北ベトナム軍の哨戒艇が魚雷攻撃を行ったとする「トンキン湾事件」が発生し、アメリカのベトナム戦争への参加が強化されていくことになった。

その一環として、本艦も66年11月7日にトンキン湾方面に向けて出港、トンキン湾最西部で北ベトナムを攻撃して帰還する米軍機を識別し、敵機が味方の振りをして紛れ込んでいないか確認、味方を安全に誘導するためのPIRAZ（Positive Identification Radar Advisory Zone）ステーションで哨戒を行った。この任務中、アントノフAn-2複葉機の接近を確認、指揮下にあるF-4ファントムⅡ戦闘機に攻撃指示を出し撃墜している。

1966年、「ロングビーチ」から発射されるテリア艦対空ミサイル。テリアは中距離SAM、タロスは長距離SAMとして運用された

1967年7月にロングビーチに帰港するが、68年にトンキン湾に戻り、5月23日に65マイル（約105km）先のMiG戦闘機をRIM-8タロス対空ミサイルにて撃墜。これは「ロングビーチ」の初戦果となっただけでなく、アメリカ海軍艦艇から発射された対空ミサイルによる初撃墜でもあった。

その後61マイル（約98km）の距離での敵機撃墜も達成、これらの行動で表彰を受けている。また17人の米軍パイロットの救助に貢献し、72年4月26日には海軍戦闘行動章を受章している。

だが、1969年にニクソン大統領が就任して以来、ベトナムから米軍の段階的撤退は続いており、72年2月21日にニクソン大統領が中国を訪問、ベトナムからの「名誉ある撤退」の道を探り、73年1月29日、ニクソン大統領はベトナム戦争の終結を宣言した。

## ベテラン巡洋艦として湾岸戦争にも参加

ベトナム戦争の終結を受けて「ロングビーチ」も帰国し、第7艦隊に所属して太平洋方面で活動。1975年には「エンタープライズ」の護衛を行い、母港をサンディエゴ海軍基地に変更している。

1976～77年には多国籍海軍演習に参加、同じ頃米海軍で計画していたイージスシステムを搭載した原子力打撃巡洋艦（CSGN）が建造中止となったため、そのプロトタイプとして「ロングビーチ」を改装するように予算が振り替えられた。だが77年1月17日にフォード政権によって改装は中止、CSGN計画自体がカーター政権で見直しとなった。

「ロングビーチ」は79年1月から4月にピュージェット・サウンド海軍造船所で中期転換フェーズ1の改装、80年10月6日から83年3月26日までフェーズ2の改装を受け、その際に艦橋のレーダーシステムを米海軍で標準的なAN/SPS-48とAN/SPS-49に換装、タロス発射機とその関係兵装を撤去し、ファランクスCIWS 2基とハープーン艦対艦ミサイル4連装発射筒2基が搭載された。なお改装の間の80年1月7日から7月11日に西太平洋とインド洋で活動し、ベトナム沖で14名の難民を救助している。

1973年5月9日、ハワイ・オアフ島沖を航行する「ロングビーチ」。艦後部のランチャーにタロスSAMが装備されている

1985年1月5日からハープーンを後部上部構造物上に移動し、空いた空間にトマホーク巡航ミサイルの装甲ボックスランチャー2基を設置する改装が行われた。

1987年10月19日、米海軍がペルシャ湾のイラン石油プラットフォームを攻撃するニンブルアーチャー作戦に参加、上空援護支援を行った。

1991年1月17日に湾岸戦争が勃発すると、戦艦「ミズーリ」や空母を護衛、次いで5月28日から開始されたイラク北部のクルド人民間人を救出するプロビットコンフォート作戦に従事した。6月にはフィリピンのピナツボ火山の噴火から米軍関係者を避難させている。

92年にオーバーホールが行われ、93年にはカリブ海で麻薬取締パトロールを行ったが、湾岸戦争終了による軍事費の削減により、通常動力艦よりも人員とコストが必要な原子力巡洋艦は廃止が決定。94年7月2日にノーフォーク海軍基地で非活性化が行われ、95年5月1日に退役、2002年9月に上部構造と核燃料が撤去された。その後スクラップとして売却されたが、船体の一部は2018年時点で現存していたという。

1989年に撮影された「ロングビーチ」。艦橋のレーダーは撤去されて幾分小さくなり、前檣にAN/SPS-48レーダーが、後檣にAN/SPS-49レーダーが装備された。ハープーン対艦ミサイル4連装発射筒が後部構造物横に、トマホーク巡航ミサイル発射機2基が後甲板に、その前の後部構造物上にはCIWSが2基装備されている

1990年に上空から見た「ロングビーチ」。異様な艦橋が目立つ彼女だが、真上から見ると高速発揮に適したスレンダーな艦形となっているのが分かる

# 軽巡洋艦「シドニー」(オーストラリア)

## 豪海軍に所属して武勲を重ねるも意外な最期を迎えた英国生まれの軽巡

### 艦名の由来は豪州最大の都市

本稿で紹介するのは、第二次大戦時のオーストラリア(以下「豪州」)海軍の軽巡洋艦「シドニー」である。シドニーは言うまでもなく、豪州で最も人口の多い都市であり、世界遺産にもなっている貝のような形のオペラハウスでも有名である。なお、豪州の首都はキャンベラであるが、首都がシドニーと誤解している人も少なくない。

それはともかく、豪州では大型艦に都市の名前を付けることが多く、今回の「シドニー」は二代目になる。初代はイギリスで1908年度計画で建造されたブリストル級防護巡洋艦、そこから発展したタウン級の第三グループであるチャタム級軽巡の一隻として建造された。タウン級と言うだけあってこのクラスは、全て都市の名前が付けられていた。初代「シドニー」は、第一次世界大戦で通商破壊中のドイツ軽巡「エムデン」と遭遇し、これを大破・座礁させた武勲を持つ。

### 生まれはイギリス育ちはオーストラリア

1920年代、イギリス海軍は第一次世界大戦や世界恐慌の影響で、深刻な予算不足に喘いでいた。そこで1930年、巡洋艦など補助艦艇の制限を行うロンドン海軍軍縮条約が締結されると、大戦後久しぶりに軽巡洋艦の建造を始める。ちなみに重巡洋艦は、1927年計画で建造された「エクセター」が最後で、以後は軽巡をひたすら作り続けている。

この時建造されたのがリアンダー級軽巡で、それを元に、機関をシフト式に変更するなどの改良を施したのがパース級軽巡である。当初は「アンフィオン」「アポロ」「フェートン」と、リアンダー級同様ギリシア神話にちなんだ艦名であったが、「アンフィオン」と「アポロ」は完成後、「フェートン」は建造中に豪海軍が購入し、それぞれ「パース」「ホバート」「シドニー」と改名された。

なお、豪海軍は予備役となっていた軽巡「ブリスベン」の代艦として、1934年に「フェートン」の購入交渉を行い、「アポロ」は38年、「アンフィオン」は39年に豪州へ引き渡されたため、建造順とは逆になっている。

こうして豪海軍が購入した「シドニー」は、1935年9月24日にイギリスで就役、10月29日にポーツマスを出港。ジブラルタルの地中海艦隊に加わり、エチオピアに侵攻していたイタリアに対する経済制裁に参加した(アビシニア危機)。

その後、重巡洋艦「オーストラリア」などと共に、第1巡洋艦戦隊を組んで英艦と共にイタリアへの制裁を行いつつ訓練を実施。36年7月14日には豪州に向けて出航、翌8月に到着する。その後は39年に第二次世界大戦が勃発するまで、豪州周辺で訓練に従事していた。

### 第二次大戦序盤 地中海で伊海軍と激闘を重ねる

1939年9月の第二次世界大戦勃発に伴い、「シドニー」は豪州周辺で護衛任務に就いたが、ドイツの装甲艦「アドミラル・グラーフ・シュペー」がインド洋に移動したため、11月28日からは重巡「オーストラリア」「キャンベラ」と共にその捜索に従事した。

だが「シュペー」はすぐにインド洋から去ったので、豪州へ戻ってメンテナンスを受け、その後はインド洋方面の船団護衛や沿岸哨戒任務に従事した。

しかし40年5月、ドイツがベネルクス三国とフランスに侵攻したことで、イタリア参戦の可能性が高まったため、「シドニー」は地中海に派遣され、英海軍の地中海艦隊第7巡洋艦戦隊(軽巡「オライオン」「ネプチューン」「グロスター」「リヴァプール」)に加わった。

6月にイタリアが参戦すると、早速作戦行動に入り、フランス海軍と共にリビア砲撃や船団護衛を行う。この時、3つの船団を護衛するMA3作戦が開始され、第7巡洋艦戦隊も参加した。

6月28日には、北アフリカへの輸送任務に就いていた伊駆逐艦3隻を、サンダーランド飛行艇がザンテ島西で発見、第7巡洋艦戦隊が急行する。機関トラブルが発生していた伊駆逐艦「エスペロ」は逃げきれずに、軽巡「リヴァプール」の攻撃で被弾損傷、それ以外の伊駆逐艦は逃亡した。日没と弾薬消耗から同戦隊はマルタへ帰還、砲撃機会にあまり恵まれなかった「シドニー」が残って「エスペロ」に止めを刺した(エスペロ船団の戦い)。

この戦闘でMA3作戦は中止、マルタからの船団出航は延期され、7月7日にMA5作戦として再開された。イタリアはこの作戦の情報を察知しており、9日にはカラブリア(プンタ・スティロ)沖海戦が勃発する。伊海軍は戦艦2隻、重巡6隻、軽巡10隻、駆逐艦36隻の大艦隊を二手に分けて出撃させ、対する連合軍は戦艦3隻、空母1隻、「シドニー」を含む軽巡5隻、駆逐艦16隻であった。

8日に潜水艦「フェニックス」が伊艦隊を発見し、連合軍も伊艦隊の出撃を知った。続いて伊軍がドデカネス諸島か

1936年に撮影された「シドニー」。前部と後部の主砲塔2基は背負い式となっている。船体は船首楼が船体中央部まで延びており、優れた凌波性を備えていた

■軽巡洋艦「シドニー」(1935年新造時)

| | | | |
|---|---|---|---|
| 基準排水量 | 7,198トン | 全長 | 171.4m |
| 全幅 | 17.285m | 吃水 | 4.65m |
| 主缶 | 海軍省式缶4基 | | |
| 主機 | パーソンズ式蒸気タービン4基/4軸 | | |
| 出力 | 72,000馬力 | | |
| 最大速力 | 32.5ノット | | |
| 航続力 | 16ノットで7,000浬 | | |
| 兵装 | 50口径15.2cm連装砲4基、10.2cm単装高角砲4基、12.7mm四連装機銃3基、53.3cm四連装魚雷発射管2基、水偵1機 | | |
| 装甲 | 主砲塔25mm、水線102mm、甲板38mm | | |
| 乗員 | 570名 | | |

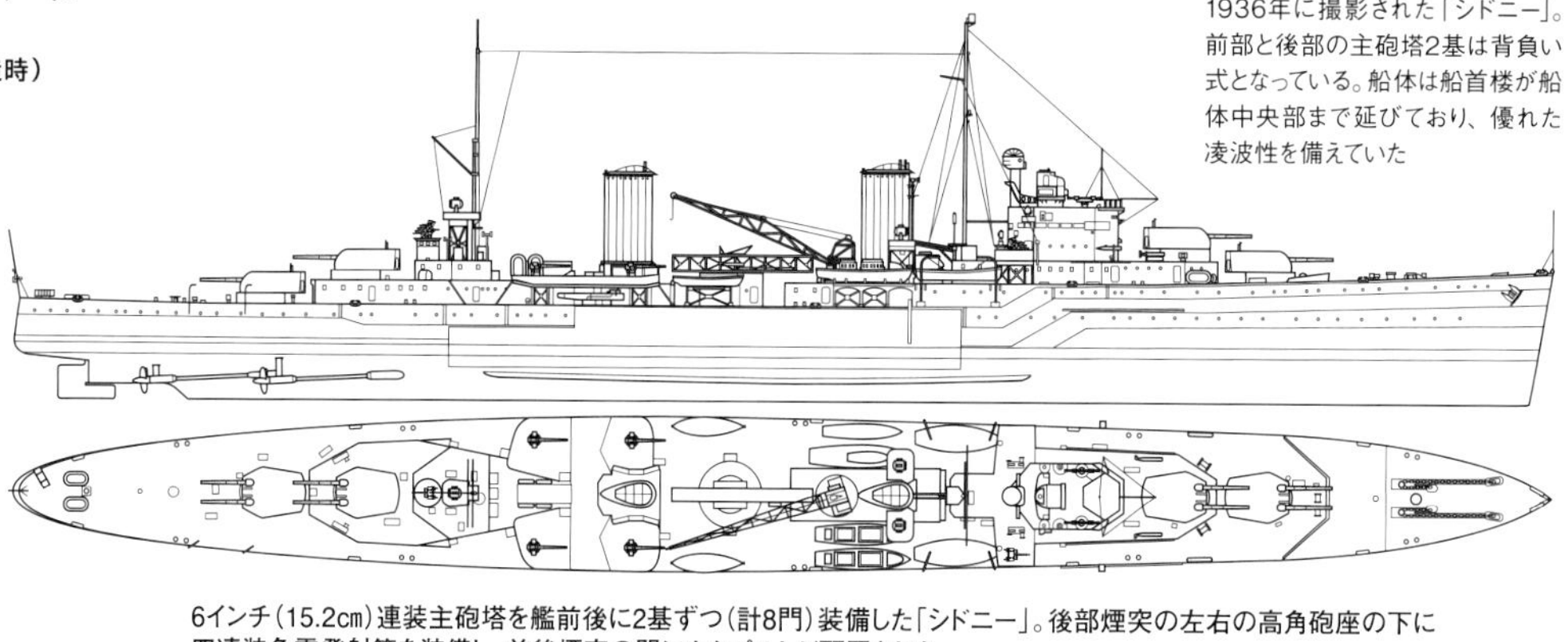

6インチ(15.2cm)連装主砲塔を艦前後に2基ずつ(計8門)装備した「シドニー」。後部煙突の左右の高角砲座の下に四連装魚雷発射管を装備し、前後煙突の間にカタパルトが配置された

ら空襲し、軽巡「グロスター」が被弾する。この戦果を過大に評価した伊軍は攻撃を決意しつつも、空軍の勢力範囲内に引き付けようとしていた。

9日正午、双方の距離は145㎞となり、13時15分に空母「イーグル」から攻撃隊が出撃したが、これは戦果は無かった。続いて15時15分に連合軍艦隊は伊艦隊主力を発見、距離2万1500mで砲戦が開始される。15時22分に伊艦隊の攻撃が連合軍の巡洋艦隊を捉えたため、連合軍艦隊は距離を開き15時30分に戦闘が中断する。

続いて15時52分に戦艦同士の砲戦が生起、英戦艦「ウォースパイト」が伊戦艦「ジュリオ・チェーザレ」に命中弾を与え、火災により速度を低下させた。だが双方の巡洋艦が戦闘に復帰、伊艦隊は不利を悟って撤退。カラブリア沖海戦は引き分けに終わった(78ページも参照)。

7月18日、「シドニー」は、クレタ島北で対潜哨戒中の駆逐艦の支援などのために、アレクサンドリアを出港したが、支援予定の駆逐艦部隊は19日朝にイタリアの軽巡2隻に発見され、砲撃を受けていた。

08時20分、「シドニー」は、煙幕を焚いて逃走中の英駆逐艦と追撃する伊軽巡を発見。08時29分に伊軽巡「ジョバンニ・デレ・バンデ・ネレ」に対し砲撃を開始した。08時35分には命中弾を出し、伊艦隊は針路を変更。駆逐艦部隊と合流した「シドニー」は敵を追撃し、途中に命中弾1発を受けるも、09時24分にはもう一隻の「バルトロメオ・コレオーニ」に命中弾を与え、航行不能に陥らせた。その後放棄された「バルトロメオ」は、英駆逐艦の魚雷で処分され、「シドニー」は勝利の立役者となった(スパダ岬沖海戦)。

アレクサンドリアに戻った「シドニー」は、その後も船団護衛や陸上砲撃に従事していたが、11月12日にはオトラント海峡海戦が勃発。「シドニー」を含む軽巡3隻と駆逐艦2隻の連合軍艦隊は、アドリア海にて伊側の商船4隻と護衛の水雷艇1隻と仮装巡洋艦1隻を深夜01時20分に発見、この商船全てを沈めるのに成功した。

12月にはマルタで修理と改修を受けると、豪海軍に戦闘経験を伝え、さらにナウル周辺に出没しているドイツの武装商船への警戒のために、豪州帰還が命じられた。途中インド洋の船団護衛や、ドイツの仮装巡洋艦「アトランティス」の捜索に参加、41年2月9日にシドニーに到着する。簡単な修理の後、客船「クイーン・メリー」の護衛など船団護衛任務に就いた。

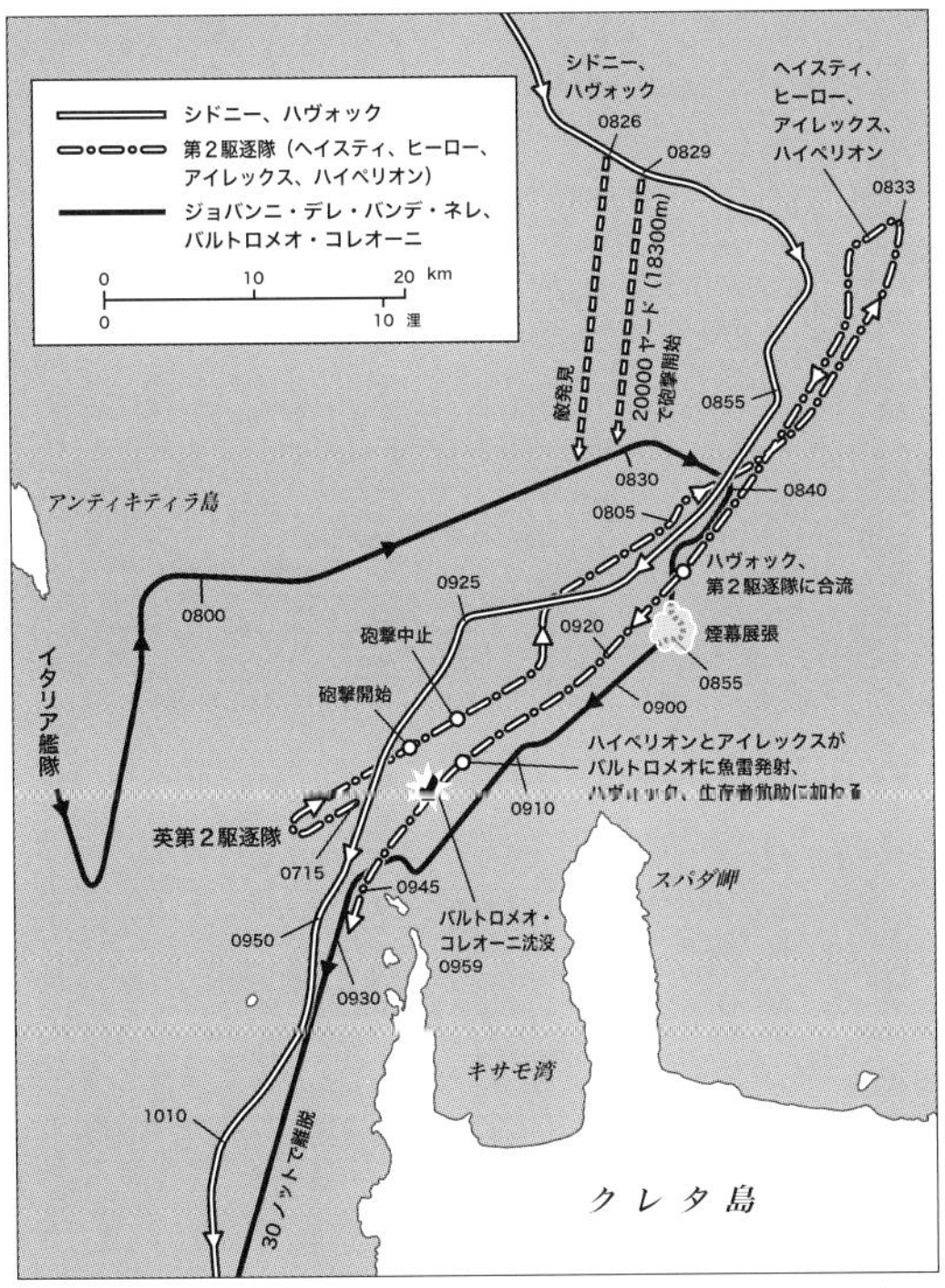
シドニー、ハヴォック
第2駆逐隊(ヘイスティ、ヒーロー、アイレックス、ハイペリオン)
ジョバンニ・デレ・バンデ・ネレ、バルトロメオ・コレオーニ
0 10 20 km
0 10 浬
シドニー、ハヴォック
ヘイスティ、ヒーロー、アイレックス、ハイペリオン
0826
0829
0833
敵発見
20000ヤード(18300m)で砲撃開始
0855
0830
0840
0805
アンティキティラ島
ハヴォック、第2駆逐隊に合流
0800
0925
煙幕展張
0920
砲撃中止
0855
イタリア艦隊
砲撃開始
0900
ハイペリオンとアイレックスがバルトロメオに魚雷発射、ハヴォックも生存者救助に加わる
0910
英第2駆逐隊
0715
0945
スパダ岬
バルトロメオ・コレオーニ沈没
0959
0950
0930
キサモ湾
1010
30ノットで離脱
クレタ島
スパダ岬沖海戦の戦況図。「シドニー」はイタリア軽巡2隻に襲われたイギリス駆逐艦4隻を救援するため、駆逐艦「ハヴォック」と共に現場に急行。イタリア軽巡「バルトロメオ・コレオーニ」を返り討ちにした(図/おぐし篤)

右舷から見た「シドニー」。後部煙突の左右の10.2㎝高角砲2基にはカバーがかけられている。軍艦旗はイギリス海軍のものを掲げている

## 仮装巡洋艦と刺し違える武勲艦のあっけない最期

1941年11月19日、西オーストラリアのシャーク湾沖170浬にて、「シドニー」はオランダ船に偽装していたドイツの仮装巡洋艦「コルモラン」と遭遇する。時間稼ぎをする「コルモラン」に対し、「シドニー」は戦闘配置にしないまま、「コルモラン」の側面至近距離に近付いた。

直後、ドイツ戦闘旗を上げた「コルモラン」は全砲門を開き、対空砲が「シドニー」の艦橋に命中、砲撃指揮装置を破壊する。さらに魚雷が「シドニー」の前部砲塔の間に命中し、動作不能とした。

「シドニー」も後部砲塔で反撃し、「コルモラン」の機関室に火災を発生させたが、「コルモラン」の攻撃により、「シドニー」の全砲門は沈黙、火災が発生した。「シドニー」は魚雷での反撃も、更には体当たりも躱され、「コルモラン」の視界外へと消えた。

「コルモラン」も火災により後に爆沈、乗員の一部は豪州へたどり着いた。だが、「シドニー」の生存者は皆無であり、またその大きな被害に衝撃を受けた豪州では、独側の奇襲や日本の潜水艦攻撃など多数の陰謀論が出るほどであった。なお、2008年の3月15日に「コルモラン」が、17日に「シドニー」が海中調査で発見されている。

右舷前方から見た「シドニー」。前後煙突間のカタパルト上には複葉のウォーラス飛行艇が見える

1941年2月10日、自らの名の由来であるシドニー港に凱旋した「シドニー」

# 軽巡洋艦「デ・ロイテル」（オランダ）

## 日本海軍との死闘の末散ったオランダ東洋艦隊の旗艦

### 英蘭戦争で活躍したオランダ史上最高の提督

17世紀にはオランダ海上帝国と呼ばれるほどの富を享受していたオランダは、日本にとっては、江戸時代の鎖国の間も貿易を続けていた国でもある。独立の経緯や、貿易の利権を巡って周辺諸国との衝突も頻発していた頃の1607年3月24日、オランダの南端ゼーラント州のスヘルデ川河口の都市フリシンゲンで産声を上げたのが、ミヒール・アドリアンソーン、後のミヒール・デ・ロイテルである。

彼の生涯は波乱万丈で、英蘭戦争で司令官として活躍し、イギリスやフランス艦隊に幾度も勝利し、祖国を守っている。第三次英蘭戦争の後、デ・ロイテルはフランスを攻撃するスペイン支援に地中海に派遣されたが、カターニャ沖の海戦で負傷し、シチリア島で死去。率いていた艦隊も壊滅した。

### 日本海軍を仮想敵としたオランダ最新鋭の軽巡

さて、「デ・ロイテル」の名は戦列艦や海防戦艦などでオランダ艦にたびたび使われたが、本稿で紹介するのは第一次大戦の勃発で建造中止となったジャワ級3番艦に代わって、1930年計画で建造が承認された軽巡洋艦である。オランダは植民地のオランダ領東インド（現在のインドネシア）を有していたが、その防衛のためには、ジャワ級軽巡2隻では不足とみなされ、その補完として建造された。

当初はジャワ級と同等の5000トン級の船体に、15cm連装砲3基6門を搭載する艦として計画された。だが、仮想敵である日本海軍の5500トン軽巡洋艦が14cm単装砲7基を装備しているため、それに対抗するにはジャワ級と同等では能力不足と考えられ、速度と武装を強化するために船体を拡大し、基準排水量は6642トンとなった。主砲はボフォース社の新型の15cm速射砲で、連装砲3基と単装砲1基、計7門となった。

しかし1929年に始まった世界大恐慌の影響で予算が抑えられ、高角砲や魚雷は装備されなかった。それでも、対空戦闘も考慮して採用した主砲の最大仰角は60度と高く、またボフォース40mm56口径機関砲を連装5基10門、ブローニング12・7mm機銃を連装4基8挺搭載した。

船体は東南アジアでの運用を考慮し、復原性に優れた長船首楼型を採用、高い乾舷を有している。装甲は舷側の最厚部で51mmと、同時期の英米の15cm砲装備軽巡洋艦が76mmだったのに比べるとやや薄いが、主砲塔の前盾に100mm、主砲バーベット部50mmと、少ない予算ながら、重点的に防備をしたと考えられる。

機関はヤーロー式重油専焼缶6基とパーソンズ式ギアードタービン2基の2軸推進、6万馬力で32ノットを発揮し、また本国から遠く離れた東南アジアに派遣するため、満載時には巡航12ノットで1万浬という極めて長大な航続距離を持っている（常備時は6800浬）。

右舷前方から見た「デ・ロイテル」の勇姿。艦橋は塔型のすっきりしたデザインである（Ph/Fotoafdrukken Koninklijke Marine）

「デ・ロイテル」は艦前部に連装砲1基と単装砲1基を、後部に連装砲2基を搭載したが、魚雷発射管や高角砲は持たず、40mm機関砲は艦後部に集中している。設計にドイツ企業が関わっていたため、全体的な雰囲気や艦橋の形状などはドイツの装甲艦とよく似ている（86ページ参照）

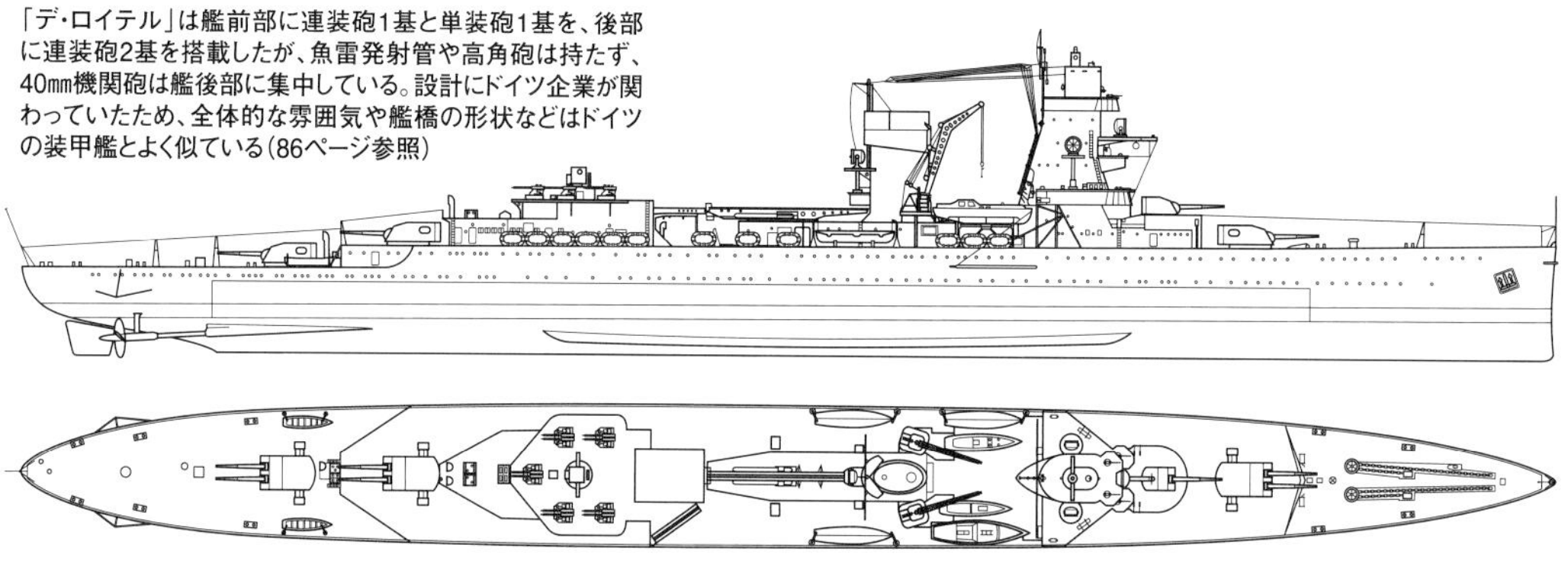

### 太平洋戦争開戦…ABDA艦隊を率いる

「デ・ロイテル」は1933年9月16日に起工され、35年5月11日に進水すると、翌36年10月3日に就役し、翌37年1月12日には東南アジアへと派遣された。1940年、カレル・ドールマン少将が東インド艦隊司令官となり、同艦はその旗艦として太平洋戦争を迎えた。

1942年1月に日本がオランダ領東インド方面への侵攻を開始すると、2月にはドールマン少将は米英蘭豪連合攻撃部隊（ABDA艦隊（※））の司令官に任じられ、日本軍の上陸艦隊迎撃に出撃する。ただ、この艦隊は各国寄せ集めの上、少将は英語を解せず、意思疎通にも問題があった。

同艦隊は4日に日本側の偵察機に発見され、塚原中将率いる日本海軍第十一航空艦隊の一式陸上攻撃機36機、九六式陸攻24機による攻撃を受けた。これがジャワ沖海戦で、「デ・ロイテル」、米重巡「ヒューストン」と米軽巡「マーブルヘッド」が小破しただけだが、少将は上陸艦隊への攻撃を断念した。

その後も攻撃の機会を狙うが、15日にはガルパル海峡を北上中に空母「龍《りゅう》驤《じょう》」の艦上機と九六式陸攻の攻撃を受け、損害は軽微であったが再び攻撃を断念した。

■軽巡洋艦「デ・ロイテル」（1936年竣工時）

| | | | |
|---|---|---|---|
| 基準排水量 | 6,642トン | 全長 | 170.92m |
| 全幅 | 15.7m | 吃水 | 5.0m |
| 主缶 | ヤーロー式缶6基 | | |
| 主機 | パーソンズ式タービン2基/2軸 | | |
| 出力 | 66,000馬力 | | |
| 最大速力 | 32ノット | 航続距離 | 12ノットで6,800浬 |
| 兵装 | 15cm連装砲3基、15cm単装砲1基、40mm連装機関砲5基、12.7mm連装機銃4基、水偵2機 | | |
| 装甲 | 主砲塔100mm、水線51mm、甲板33mm | | |
| 乗員 | 435名 | | |

（※）ABDA…American-British-Dutch-Australianの略。

直後の17日に日本輸送船団がバリ島に向かったため、急きょ動かせる艦艇をかき集め、「デ・ロイテル」を含む蘭軽巡3隻、駆逐艦7隻（米6隻、蘭1隻）でバリ島へと進出する。これがバリ島沖海戦で、日本側の戦闘艦艇は船団護衛の第八駆逐隊の駆逐艦4隻のみであった。19日深夜、バリ島から出航しようとしていた「朝潮」が、接近中の「デ・ロイテル」と「ジャワ」を発見する。20日に日が変わった頃、距離2000mで砲戦が開始されたが、双方ほぼ損害無く「デ・ロイテル」以下の艦は去っていった。その後先行していた「大潮」が蘭駆逐艦「ピートハイン」を大破させ（後に沈没）、後続の連合軍艦隊がバリ島のサヌール泊地へと突入、再び「大潮」と「朝潮」、同駆逐隊第2小隊の「満潮」「荒潮」と交戦しているが、「デ・ロイテル」は既に戦域を離れていて、戦況に寄与していない。

## スラバヤ沖海戦にて敵闘の末に斃れる

この時すでにオランダ本国はドイツによって占領され、またシンガポールも陥落。連合国側の艦艇の修理は難しくなり、更にはオーストラリアからの補給路も寸断されていた。そんな折の2月25日に、ドールマン少将はジャワ島へ日本軍が接近中との報告を受ける。少将は、蘭軽巡「デ・ロイテル」「ジャワ」、英重巡「エクセター」、米重巡「ヒューストン」、豪軽巡「パース」と駆逐艦9隻を率いて出撃したが、まだ日本軍はジャワ近隣まで接近しておらず、スラバヤへと帰投した。その後も出撃を繰り返し、日本側の航空隊に動きを把握されることとなった。

2月27日、その報告を受けた日本海軍の第五戦隊司令官高木少将は、旗艦「那智」の水上偵察機で偵察し、第二水雷戦隊を引き連れABDA艦隊へと向かった。第四水雷戦隊もこれに同行する。

一方、ABDA艦隊はスラバヤに入港しようとしていたが、日本艦隊接近の報告を受けて反転する。日本艦隊は重巡2、軽巡2、駆逐艦14、ABDA艦隊は重巡2、軽巡3、駆逐艦9と数の上ではほぼ互角だったが、ABDA艦隊側は接敵時には重巡に気が付いていなかったとの証言もある。

接敵すると日本側が丁字戦法を試みるが、ドールマン少将はこれを同航砲戦へと持ち込み、1万7000mから砲戦が開始された。遠距離にいた「那智」と「羽黒」も2万6000mから砲撃を開始、遠距離からの砲撃が続いた。そこに四水戦が到着し、接近戦を仕掛け魚雷を発射するが、全て外れるか自爆した。

その後も遠距離砲戦が続いたが、単縦陣で「デ・ロイテル」の後に続いていた英重巡「エクセター」の機関部に砲弾が命中、速度低下と共に左に転舵、その後に続く米重巡「ヒューストン」、豪重巡「パース」もそれに従った。これにより、「デ・ロイテル」は孤立、合流のために転舵する。更に魚雷が蘭駆逐艦「コルテノール」に命中、轟沈したのを見て、ABDA艦隊は戦域から離脱を開始した。

日本艦隊も追撃するが、一部の駆逐隊を除き遠距離攻撃に徹したため、損傷艦を抱えていたABDA艦隊を撤退させてしまう。日本軍の追撃が無かったため、ドールマン少将は損傷艦を離脱させ、再び船団攻撃に向かった。だが双方とも準備が整う前に再遭遇、日本側はABDA艦隊を第三戦隊の金剛型戦艦と誤認し、ABDA艦隊側も想定外の遭遇でほとんど交戦せずに戦域から離脱した。

少将はその後も日本船団への突入を企図したが、28日0時33分に両軍は会敵、砲戦の後「那智」「羽黒」から12本の魚雷が発射され、うち1本が「デ・ロイテル」の後部に命中、火薬庫に引火して炎上。1本は「ジャワ」に命中、同艦は爆沈した。ドールマン少将は後続の「ヒューストン」と「パース」に対し、自艦の生存者に構わず避退する様に命じたが、その命令の直後「デ・ロイテル」は沈没した。避退した他の艦艇も後の戦いで壊滅し、まるでデ・ロイテル提督本人の最期を思わせるものであった。

なお、この沈没を受けて、オランダ本国で1939年に起工され建造中だった軽巡洋艦が、「デ・ロイテル」の名を受け継ぎ、何と1953年に就役した。76年にはペルーに売却され「アルミランテ・グラウ」となり、驚くべきことに2017年まで現役だった。

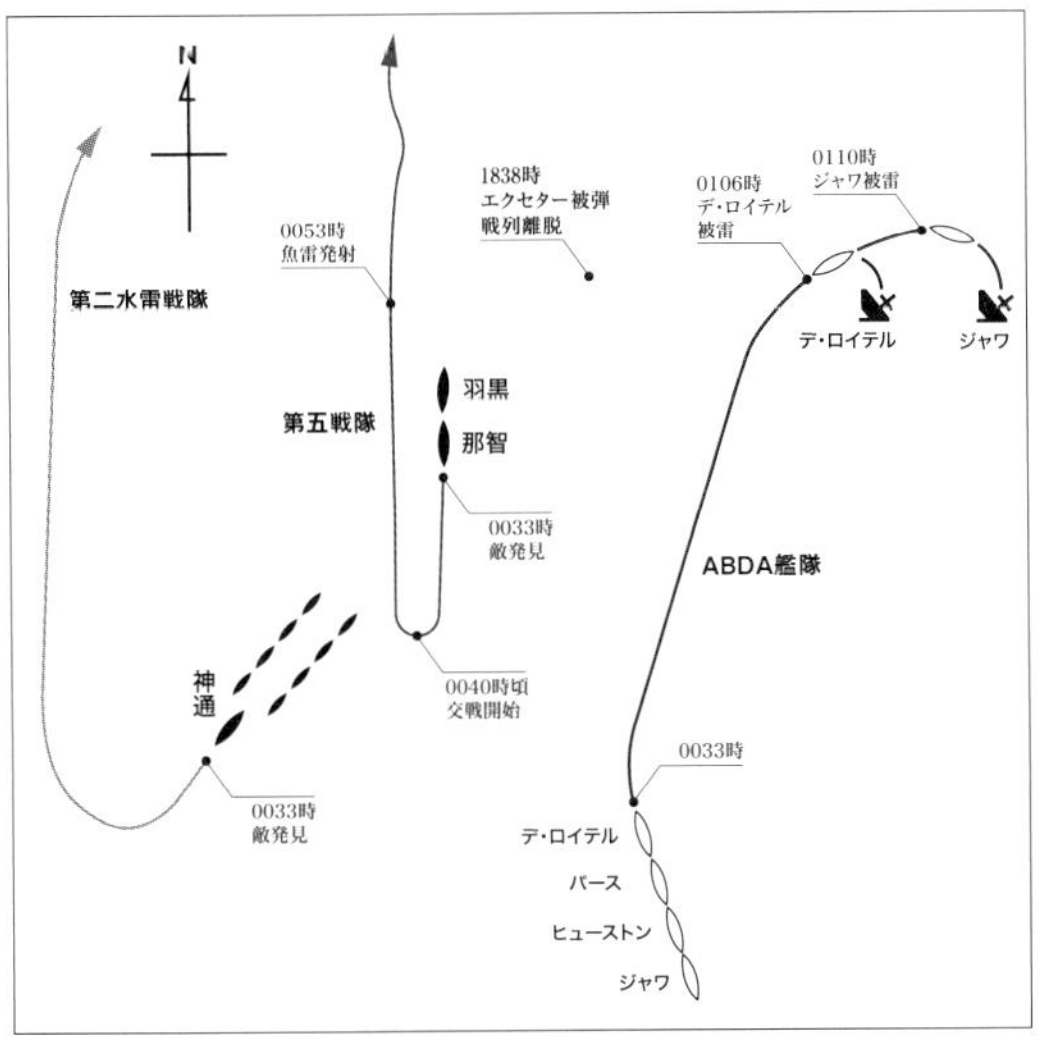


1942年2月28日のスラバヤ沖海戦・第二次夜戦の戦況。日本の重巡「那智」が8本、「羽黒」が4本の魚雷を発射、被雷したオランダ軽巡「デ・ロイテル」と「ジャワ」が撃沈された

「デ・ロイテル」の主砲塔と艦橋を前からとらえた写真。艦橋左右の探照灯が両目のようにも見えるユニークな配置だ
(Ph/Fotoafdrukken Koninklijke Marine)

前後の連装砲塔の上に天幕を張っている「デ・ロイテル」。船体は船首楼が艦後部まで延びる長船首楼型だった。カタパルト上に乗っている水偵はフォッカーC.11

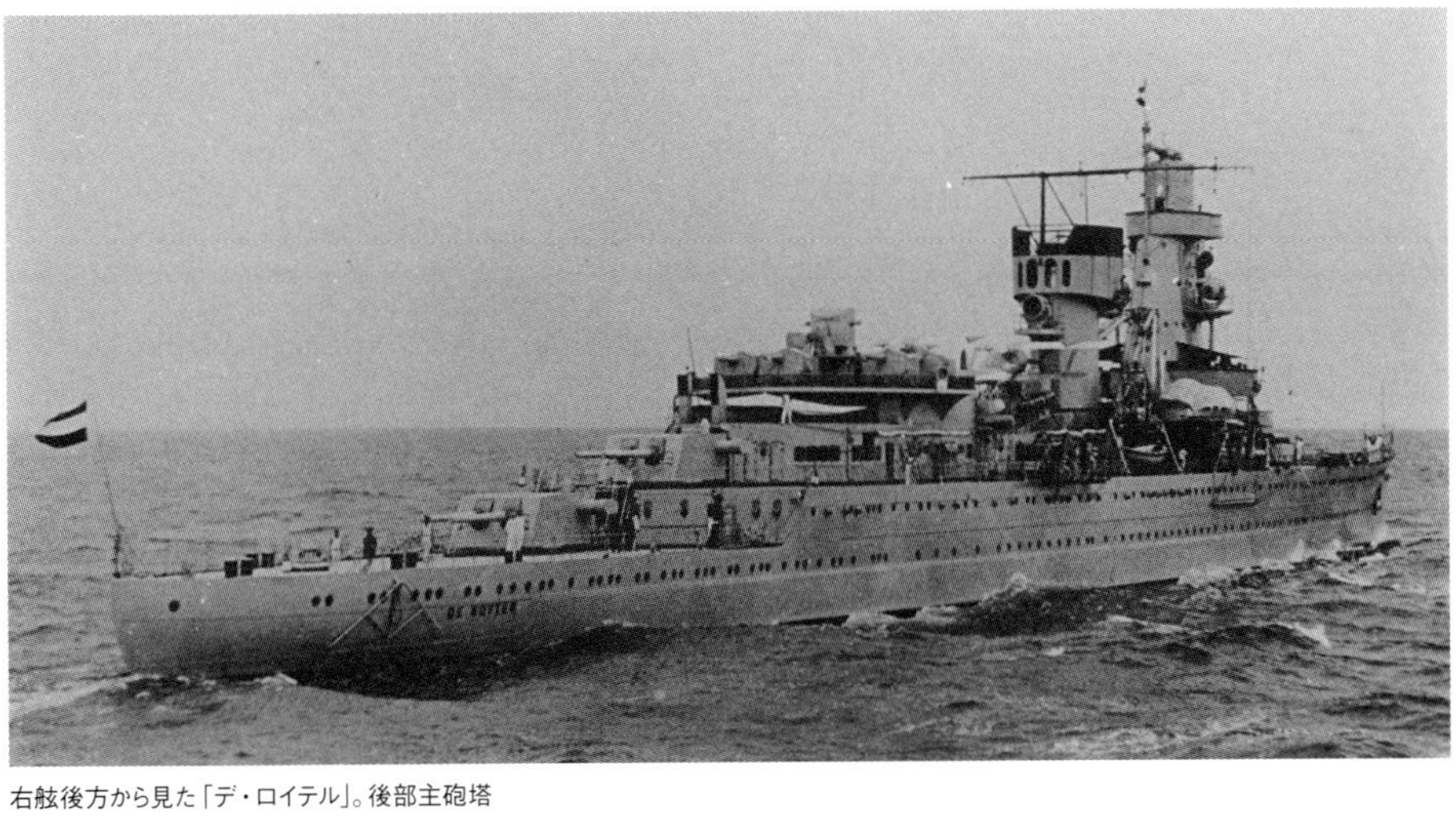

右舷後方から見た「デ・ロイテル」。後部主砲塔2基や煙突の形状がよく分かる
(Ph/Fotoafdrukken Koninklijke Marine)

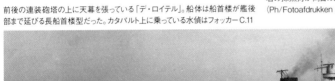

# 軽巡洋艦「ライプツィヒ」（ドイツ）

## 度重なる不幸に見舞われながらも 終戦後まで地道に働いたドイツ軽巡

### 艦名はザクセン州最大の都市に由来

ここで紹介する軽巡「ライプツィヒ」の艦名は、ドイツの東端でチェコとポーランドに接したザクセン州、その最大の都市から取られている。都市の名はラテン語読みでは「リプシア」で、その語源はスラブ語で「菩提樹《ぼだいじゅ》（正確にはセイヨウシナノキ、ドイツ語ではリンデンバウム）が立っている集落」に由来している。

### 第一次大戦後、ドイツ5隻目の軽巡

第一次世界大戦の敗戦で、ヴェルサイユ条約によってドイツ海軍は大幅な縮小を強いられ、保有艦も旧式戦艦・軽巡洋艦各6隻、駆逐艦・水雷艇各12隻に制限された。また、戦艦と巡洋艦の使用年数は20年とされ、新造艦はその年数を超えた艦の代艦のみが認められ、また排水量も軽巡洋艦に関しては6000トン以下と定められた。

軽巡洋艦の代艦枠でまずは「エムデン」が建造され、続いて軽合金と電気溶接を多用して、6000トン以内に収まるように徹底的な軽量化を行ったケーニヒスベルク級軽巡3隻が建造された。同級は武装軽量化の一環として、主砲は三連装15cm砲塔を前方1基、後方2基として更に2番砲を左舷側、3番砲は右舷側にずらして配置していた。しかしこうした軽量化によって安定性を欠いてしまい、同級2番艦の「カールスルーエ」は、1936年に太平洋を航海中に遭遇した熱帯低気圧によって電気溶接部に深刻な損傷を受け、サンディエゴで修理を受けている。

こうした構造の脆弱性や主砲配置の問題を修正して建造されたのが、本稿の主役「ライプツィヒ」である。「ライプツィヒ」という艦は、巡洋艦としては初代がブレーメン級小型巡洋艦として1906年に就役、1914年12月8日にフォークランド沖海戦で沈没している。二代目は1914年計画で建造されたケルン級の一隻だが、第一次世界大戦の勃発で建造が中止されており、本艦は三代目となる。また、本級の後にM級が計画されていたが、第二次世界大戦の勃発により建造は中止され、戦前のドイツ海軍最後の軽巡洋艦グループとなった。

「ライプツィヒ」は1928年4月28日にヴィルヘルムスハーフェン工廠で起工され、1929年10月18日に進水、1931年10月8日にストブヴァッサー艦長の指揮下で就役した。乗員は当初士官26名、下士官と兵508名だったが、後に士官30名、下士官と兵628名、更には士官24名、下士官と兵826名と増員されている。また、旗艦となった場合はこれに6名の士官と20人の下士官が追加される。

構造としては、軽量化のためにフレームの90％以上が溶接で作られ、それにクルップ社の表面硬化装甲を施した。また「ニュルンベルク」では新型のヴォータン

1936年の改装後の「ライプツィヒ」。上甲板より一段高い船首楼を艦中央部まで備えていたのが分かる。改装では艦橋と煙突の間にカタパルトが装備されるなどした

艦前方から見た「ライプツィヒ」。前橋はシンプルな一本マストであった

■戦艦「ライプツィヒ」（1931年竣工時）

| | | | |
|---|---|---|---|
| 基準排水量 | 6,310トン | 全長 | 177m |
| 全幅 | 16.3m | 吃水 | 4.88m |
| 主缶 | 海軍式缶6基 | | |
| 主機 | 海軍式蒸気タービン2基＋MAN式ディーゼル4基/3軸 | | |
| 出力 | 72,400馬力 | | |
| 最大速力 | 32ノット | | |
| 航続力 | 10ノットで3,900浬（ディーゼル巡航） | | |
| 兵装 | 60口径15cm三連装砲3基、8.8cm単装高角砲2基、50cm三連装魚雷発射管4基、機雷120個 | | |
| 装甲 | 水線50mm、甲板20～25mm、砲塔30mm、司令塔100mm | | |
| 乗員 | 534名 | | |

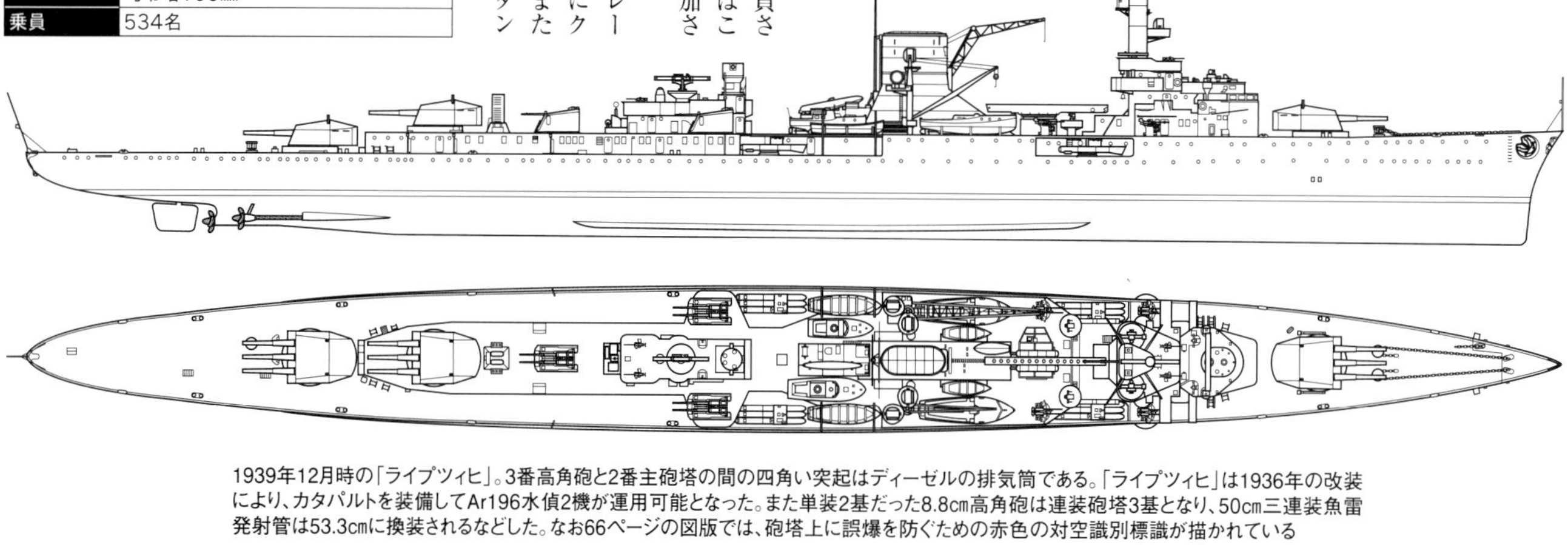

1939年12月時の「ライプツィヒ」。3番高角砲と2番主砲塔の間の四角い突起はディーゼルの排気筒である。「ライプツィヒ」は1936年の改装により、カタパルトを装備してAr196水偵2機が運用可能となった。また単装2基だった8.8cm高角砲は連装砲塔3基となり、50cm三連装魚雷発射管は53.3cmに換装されるなどした。なお66ページの図版では、砲塔上に誤爆を防ぐための赤色の対空識別標識が描かれている

装甲を採用している。艦を動かす機関としては、ヴェルケ社とゲルマニア・ヴェルフト社製の蒸気タービン2基と、MAN社製の4基の7気筒複動式2サイクルディーゼルエンジンが搭載された。

主砲は60口径15cm砲を3連装砲塔3基として、艦の中心線上に配置した。また建造時には45口径8・8cm単装高角砲を2基装備し、後に4基に増設した。そして改装時に76口径8・8cm連装高角砲3基に換装されている。他に50cm三連装魚雷発射管を4基(改装時に53・3cm発射管に換装)搭載。魚雷は予備も含め24本搭載され、120個の機雷を搭載可能だった。

なお、同型艦として「ニュルンベルク」が1933年11月に起工されたが、同年1月にはヒトラー内閣が成立しており、将来の再軍備を見越してか、同型艦でありながら大型化した。基準排水量が「ライプツィヒ」では6310トンだったのが、「ニュルンベルク」は7150トンにまで増えた。だが、公称は6000トンと発表されている。

## 味方練習艦と衝突したり英潜の雷撃で大破したり…

就役後、「ライプツィヒ」は1932~33年にかけてバルト海で訓練を行い、34年には「ケーニヒスベルク」と共にポーツマスに寄港、ドイツ艦として第一次世界大戦後初めてイギリスへ親善訪問を行った。同年末には「ニュルンベルク」と同様の武装にするために改装が行われ、またその際にカタパルトと水上機用クレーンが設置されている。

改装後の1935年には前弩級戦艦「シュレジェン」、装甲艦「ドイッチュラント」、軽巡洋艦「ケルン」と共に演習に参加、同年にヒトラーの訪問を受けている。翌36年には「ニュルンベルク」「ケルン」と共に大西洋で演習に参加、スペイン内戦が勃発すると、8月にはスペイン沿岸や港湾の哨戒を行う英仏独伊からなる海軍部隊に参加した。

艦尾から見た「ライプツィヒ」。艦後部に主砲塔2基を背負い式に搭載していた

翌年6月まで参加していたが、魚雷攻撃を受けたと称し(ビスケー湾で荒天のために損傷したとも)、独伊はこの哨戒から撤退、本艦もドイツへと帰国した。その後バルト海で38年まで訓練を行う。

ドイツが1939年3月にリトアニアにドイツ人住民が多いメーメルの割譲を要求すると、「ライプツィヒ」もこの併合作戦に参加。その後大西洋で、戦艦「グナイゼナウ」、装甲艦「ドイッチュラント」などと共に演習に参加した。

第二次世界大戦直前の8月30日、ポーランド海軍の駆逐艦をイギリスへと脱出させるペキン作戦が開始された。「ライプツィヒ」はそれを阻止する艦隊に配属されて目標を発見するが、その時はまだ開戦前であり、結局逃亡を許してしまっている。

以後は北海で活動したが、11月7日に砲術練習艦「ブレムゼ」と衝突、その後機雷敷設作業や護衛活動などに従事。12月13日にはスカゲラク海峡を通過する船団の護衛についたが、イギリス潜水艦「サーモン」から魚雷攻撃を受け、「ニュルンベルク」と共に被雷。装甲のみならずキール(竜骨)が損傷して1700トンの海水が侵入、ボイラー室も浸水して左舷タービンが停止するほどの損害を受けた。

翌14日はイギリス第99飛行隊のウェリントン爆撃機20機の襲撃を受けるが、これはドイツ側の第77戦闘航空団によって迎撃され、英空軍は少なくとも6機を喪失し攻撃に失敗。「ライプツィヒ」は無事キールのヴィルケ造船所に入港した。

## 「オイゲン」に衝突されあわや切断の大損傷…

だが、損傷の酷さから「ライプツィヒ」は練習艦への変更が決まり、修理と共に4基のボイラーが撤去され、空いた機関室は士官候補生の居室へと転用されたが、1940年12月には実戦に復帰した。1941年6月には重巡洋艦「リュッツオウ」(旧装甲艦「ドイッチュラント」)をノルウェーまで護衛したが、「リュッツオウ」はイギリスの雷撃機により損傷した。

その後は6月に開始されたドイツ進攻作戦「バルバロッサ」の砲撃支援を「エムデン」と共に実施。9月には戦艦「ティルピッツ」などのバルト海艦隊に編入され、ソ連艦隊の阻止任務に参加した。しかし、10月にはキールへと戻り、1942年に練習艦隊旗艦となった。

1943年3月に大幅なオーバーホールの必要から一旦退役するが、8月1日に再就役してオーバーホールを受けた。だが、乗員に病気が発生したり作業量過大などの理由から作業は44年9月までかかり、再就役後はバルト海での護衛任務に就いた。

10月14日ゴーテンハーフェン(現ポーランド東部のグディニャ)からスヴィーネミュンデ(現ポーランド西方ドイツ国境沿いのシフィノウイシチェ)に向けて出港したが、濃霧のために視界が悪く、更には巡航用ディーゼルから蒸気タービンに切り替え作業を行っていたために航路を外れ、20ノットでゴーテンハーフェンに向け航行中だった重巡洋艦「プリンツ・オイゲン」に艦首から衝突された。

1941年、コペンハーゲンに停泊していた練習艦時代の「ライプツィヒ」。バルチックスキームと呼ばれる幾何学的な迷彩が施されている。練習艦に改装するにあたって、航空艤装は撤去された

これにより「ライプツィヒ」は竜骨まで切り裂かれ、更には左舷第3機関室が損傷、第2機関室に浸水、危うく船体が前後に切断される寸前で、両艦を分離させるのに14時間も掛かったほどであった。この衝突事故で「ライプツィヒ」の乗員39名が死傷。自力航行は無理でゴーテンハーフェンへと曳航された。

戦況が悪化していたことと被害の大きさから、本艦に十分な修理を行うのは不可能と判断され、応急修理でかろうじて浮くだけの状態で放置、定置訓練艦となった。1945年3月には侵攻してきたソ連軍に対して砲撃、24日には難民を乗せて対岸のヘラ(現ポーランドのヘル)へと移動、僅か6ノットでアペンラーデ(現デンマーク・オーベンロー)へ避難、そのまま戦後まで生き残った。

戦後ヴィルヘルムスハーフェンへ移送され、状態の悪さからドイツ沿岸の機雷除去を行う機雷除去局用の宿舎となったが、1945年12月20日に退役。46年7月9日に廃船となり、スカゲラクへと曳航され、20日午前10時59分に爆破されて沈没した。なお、その際に毒ガスが搭載されていたとの説もあるが、真偽のほどは不明である。

重巡「プリンツ・オイゲン」(手前)に艦首から衝突された「ライプツィヒ」。船体が切断される寸前の大惨事となった

# 駆逐艦「春風《はるかぜ》」（日本）

## 水上戦闘や船団護衛に活躍し終戦まで生き残った旧式駆逐艦

### うららかな春の風

日本の駆逐艦は、天象、気象、海洋、季節関連、植物から名前が取られている。「春風」もその名の通り「春の風」であり、艦自体もその名のように、時には春の嵐のように厳しく、しかし春の到来を告げる優しさも持った波乱の生涯を送った。

「春風」は、1904年（明治37年）から建造を開始された初代神風型駆逐艦の1隻として、1906年5月14日に竣工したのが初代である。初代「春風」は日露戦争に向けて建造されたが、同型艦共々間に合わず、後に掃海艇となり1929年（昭和4年）に廃艦となった。

次いで、1918年（大正7年）に予算が通過した八六艦隊案にて、「第一」「第三」「第五」駆逐艦の建造が盛り込まれた。完成後、「第一号」「第三号」「第五号」駆逐艦と改名され、1928年に初代神風型の名前を引き継ぎ、「第一号駆逐艦」が「神風」と改称され、「第五号駆逐艦」も「春風」となった。

二代目神風型の前級である峯風型は、艦橋の前を一段下げてそこに魚雷発射管を置き、同時に艦橋を艦首から遠ざけた。これによって、艦橋に被る波を減らし凌波性の向上を試みている。神風型もこの設計と武装や機関などを踏襲し、峯風型と比べると全長はそのままだったが、艦の幅は8・92mから9・16mへ、吃水も2・79mから2・92mへとやや拡大されている。当然排水量も増加して、イメージとしては「ちょっと太った?」という感じであろうか。「太ったんじゃなくて、グラマーになったと言って!」というクレームは聞き流しつつ、この改良によって安定性や復原性は向上した。ひょっとすると、安産型になったというのが一番ふさわしいかもしれない。

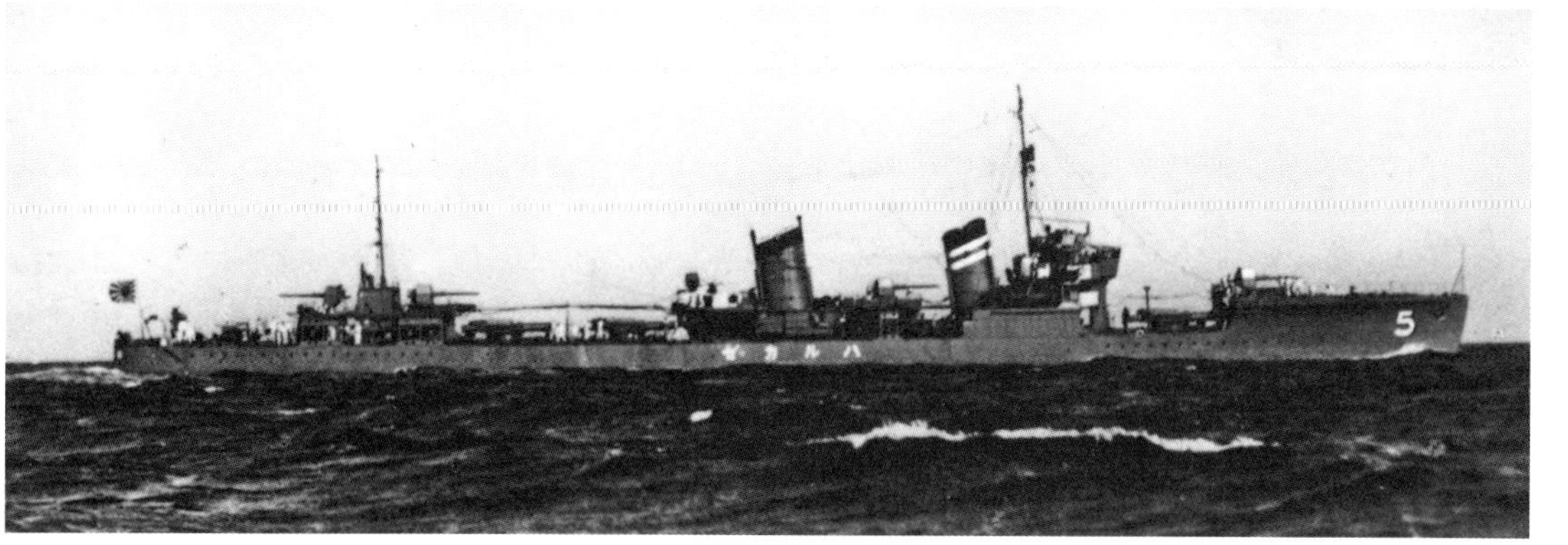

1934年（昭和9年）夏、横須賀港で撮影された「春風」。艦首の「5」は駆逐隊名を表す

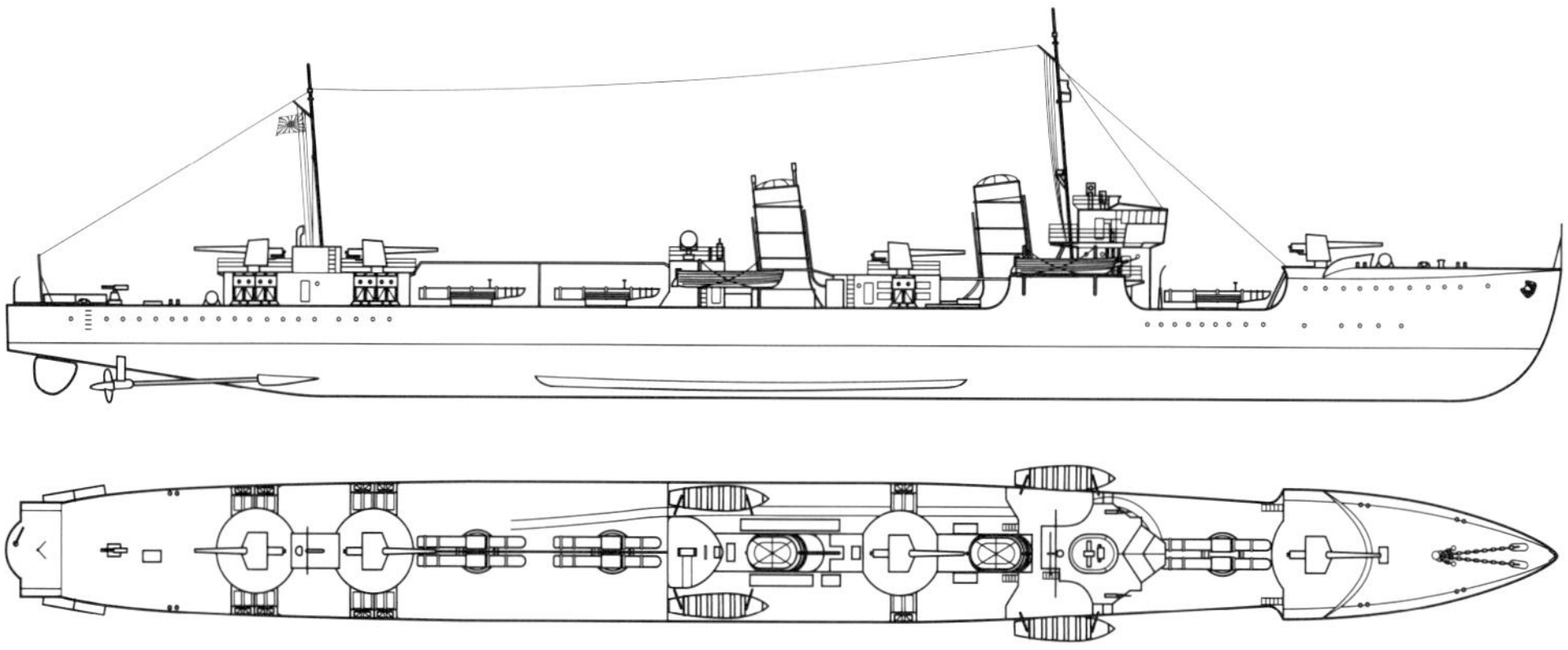

1934年（昭和9年）時の「春風」。艦首下の形状は一号機雷を乗り越えるためスプーン型で、艦首上面は水はけのよいタートルバック（亀の甲）型となっていた。前級の峯風型では艦後部の装備配置が、後ろから主砲、魚雷発射管、後檣、魚雷発射管、主砲とバラバラで統一指揮と給弾が難しかった経験から、改良型である神風型では、後ろから主砲、後檣、主砲、発射管、発射管と、主砲と発射管がそれぞれまとめて配置された

■神風型駆逐艦「第五駆逐艦」（春風）（1923年竣工時）

| | | | | | |
|---|---|---|---|---|---|
| 基準排水量 | 1,270トン | 全長 | 102.6m | 全幅 | 9.2m |
| 吃水 | 2.9m | 主缶 | ロ号艦本式缶4基 | 主機 | パーソンズ式タービン2基/2軸 |
| 出力 | 38,500馬力 | 最大速力 | 37.3ノット | 航続距離 | 14ノットで3,600浬 |
| 兵装 | 12cm単装砲4基、6.5mm単装機銃2基、53.3cm連装魚雷発射管3基 | | | | |
| 乗員 | 154名 | | | | |

### 第四艦隊事件では軽微な損害に留まる

それはさておき、二代目「春風」は1922年（大正11年）5月16日に舞鶴工作部で起工され、同年12月18日に進水、1923年5月31日に就役。横須賀鎮守府で後に「朝風」と改名される「第三駆逐艦」と共に第五駆逐隊を編成した。同年9月1日の関東大震災では、救難活動に従事、その後第二艦隊隷下の第二水雷戦隊に組み込まれる。

その後「第七（松風）」「第九（旗風）」駆逐艦が竣工すると、同隊に編入され（駆逐隊は通常同型4隻からなる）、大湊要港部にて北方警備に従事した。次いで、

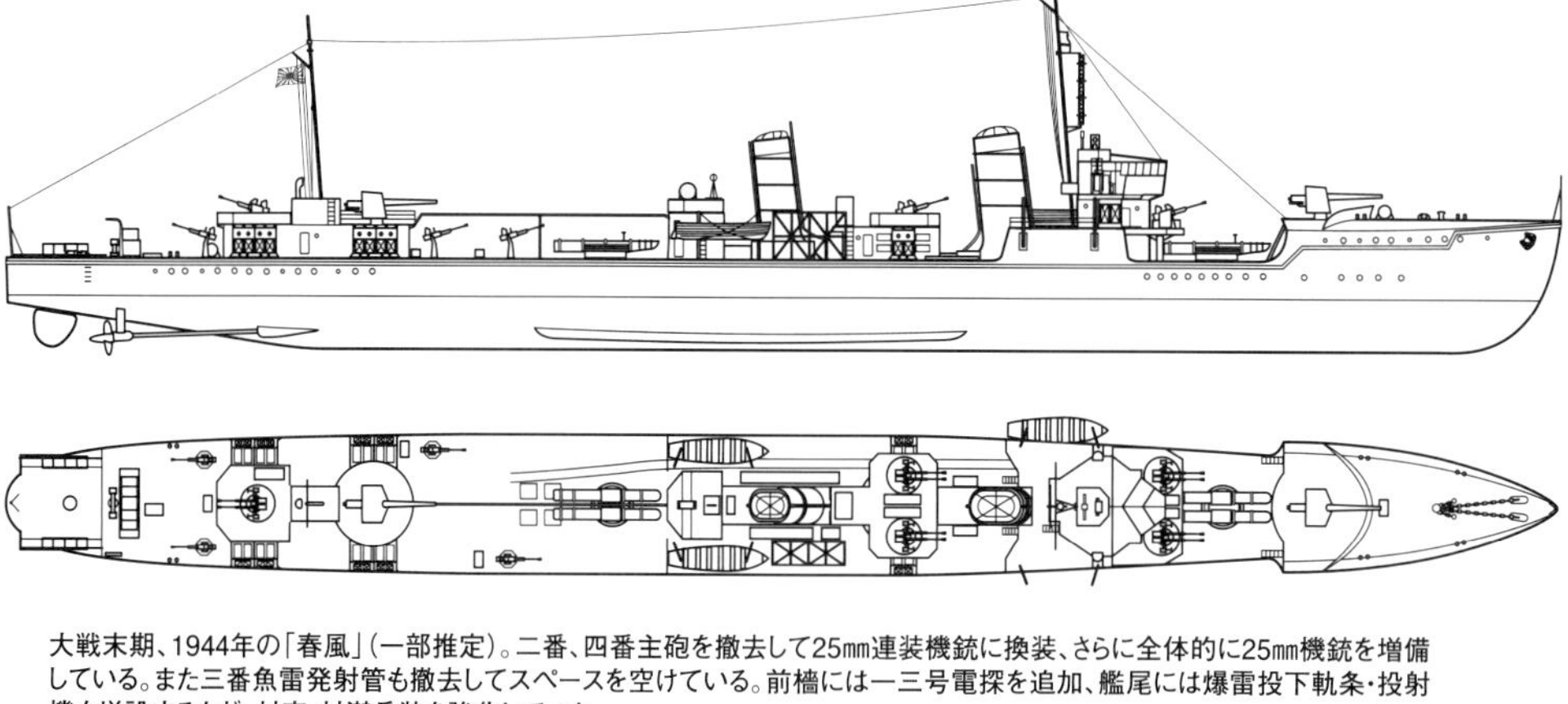

大戦末期、1944年の「春風」（一部推定）。二番、四番主砲を撤去して25mm連装機銃に換装、さらに全体的に25mm機銃を増備している。また三番魚雷発射管も撤去してスペースを空けている。前檣には一三号電探を追加、艦尾には爆雷投下軌条・投射機も増設するなど、対空・対潜兵装を強化していた

前方から見た「春風」。タートルバック式の艦首形状が分かる

第一艦隊隷下の第一水雷戦隊に、１９３４年（昭和９年）には「龍驤」「鳳翔」と共に第一航空戦隊に、翌35年度の海軍大演習では、臨時編成の第四艦隊に組み込まれた。この演習は、常設の第一、第二艦隊（青軍）と、第四艦隊（赤軍）との間で７月から行われ、９月末にその総仕上げの対抗演習をすることになっていた。

１９３５年９月24日から25日にかけて函館港を出港した第四艦隊は、26日に岩手県東部２５０浬の太平洋上で極めて大規模な台風に遭遇し、吹雪型（特型）駆逐艦の「初雪」「夕霧」は艦首を切断され、参加41隻中19隻が損傷するという大事故「第四艦隊事件」が発生する。「春風」も巻き込まれたが、グラマーになったのが良かったのか、魚雷発射管損傷と比較的軽微な損害のみであった。

その後、横須賀鎮守府に編入され、１９３７年には台湾澎湖諸島にある馬公要港部へと異動になった。７月に日中戦争が勃発すると南方で活動を行い、第二遣支艦隊で南シナ海方面の護衛などを実施、次いでフランス領インドシナ進駐にも参加している。

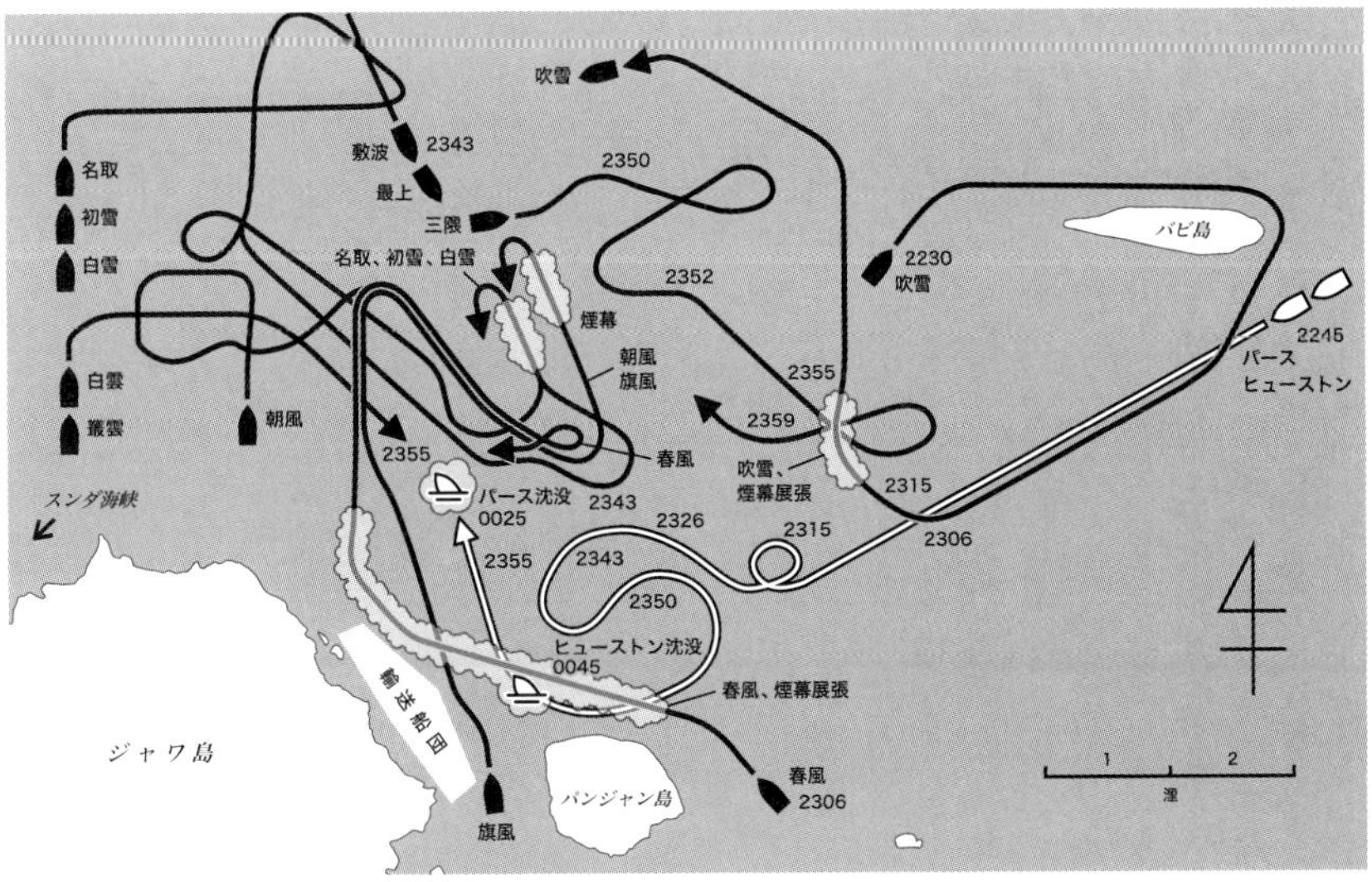

「春風」が活躍したバタビア沖海戦の海戦図。かなり混乱した海戦だったので、この図も想像図の一つである
（図版作成／おぐし篤:based on map by perthone.com）

## 太平洋戦争緒戦のバタビア沖海戦で活躍

１９４１年（昭和16年）に太平洋戦争が勃発した際、本艦は第三艦隊第五水雷戦隊第五駆逐隊に所属していた。第三艦隊はフィリピン攻略用の艦隊であり、フィリピン占領後はオランダ領東インドを攻略する蘭印作戦に参加する。

「春風」も姉妹たちと共にそれに付き従い、まずは12月22日に、フィリピンのルソン島西部にあるリンガエン湾へ、陸軍第十四軍主力が上陸するのを護衛した。次いで、マレー半島北端のタイ領内にある、シンゴラへの陸軍上陸作戦を支援、整備を受けた後、上記の通り蘭印作戦に参加した。

１９４２年２月18日に西部ジャワ島攻略のため、今村均中将率いる第十六軍を乗せた輸送船団はカムラン湾を出港したが、「春風」はそれを第三護衛隊の一隻として護衛していた。同27～28日には、ジャワ島攻略の日本側輸送船団をアメリカ、イギリス、オランダ、オーストラリアの合同艦隊（ＡＢＤＡ連合艦隊）が迎撃したが、逆に日本側の護衛艦隊によって連合軍の重巡１、軽巡２、駆逐艦５を沈められるというスラバヤ沖海戦が勃発していた。

かろうじてアメリカ重巡「ヒューストン」とオーストラリア軽巡「パース」が、ジャワ島のバタビア（現在はジャカルタ）に撤退した。だが、日本軍が迫っている以上バタビアも安全ではなく、２月28日夕方には両艦は移動を開始、すると第十六軍を乗せた輸送船団と遭遇、攻撃を決定する。

だが、その時には既に哨戒中の第十一駆逐隊の「吹雪」に発見され、跡を付けられていた。哨戒中の「春風」も３月１日００２９に目標を発見、第三護衛隊は集結して目標の排除を決定する。その間に両艦は輸送船団に接近、００３７に攻撃を開始した。すると、後方から送り狼となっていた「吹雪」が距離２５００ｍで魚雷攻撃を敢行、両艦は回避運動を行った。

そこで砲撃開始を知った「春風」は、船団をかばう様に敵艦との間に割って入り、煙幕を展開して砲撃を妨害した。この妨害によって、「パース」も「ヒューストン」も輸送船団が見えなくなり、効果的な攻撃が出来なくなる。その間に、第五、第十一駆逐隊に突撃命令が出ると、「春風」「旗風」「朝風」の駆逐艦３隻は合流して単縦陣を組んで目標に突撃した。しかし、「春風」は艦橋と機械室に被弾して舵が故障、「旗風」も至近弾の影響で魚雷発射が出来ず、「朝風」のみが魚雷６本を発射した。

「春風」と「旗風」が再度魚雷発射の機会を狙っていると、そこに第七戦隊の重巡「三隈《みくま》」「最上《もがみ》」が到着、戦闘に参加する。「三隈」などからの砲撃で「ヒューストン」は被弾、速度が低下。その間に「春風」は「パース」に向けて魚雷６本を発射すると命中を確認、また「旗風」も雷撃を敢行し、「パース」を航行不能とした。

その後は一方的な展開で、まずは「パース」、次いで「ヒューストン」が沈没する。だが、この時「最上」が発射した魚雷が、日本側の輸送船団にまで到達し、第二掃海艇、輸送船「佐倉丸」が沈没、病院船「蓬莱丸」が横転着底、輸送船「龍野丸」が座礁、今村均中将座乗の揚陸艦「神州丸」も大破着底している。これがバタビア沖海戦であった。

## 大戦後半は船団護衛に従事した「春風」

その後３月10日には第三艦隊自体が第二南遣艦隊へと改称され、第五水雷戦隊も解隊。「春風」は第一南遣艦隊へ転属、護衛任務に就いた。11月16日にジャワ島北側のスラバヤに入港しようとした時、触雷して第一発射管より前の艦首を喪失し、スラバヤで応急修理を受け、呉にて本格的な修理を受けた。

修理後の「春風」は船団護衛に従事、１９４３年（昭和18年）９月10日には佐伯からパラオに向かう「オ００８」船団を護衛していた。それを発見した米潜水艦「スピアフィッシュ」が雷撃、「津山丸」が被雷して航行不能となったが沈没には至らず、水雷艇「鷺《さぎ》」が曳航して佐伯に戻り、残りはパラオへ到着している。

１９４４年10月24日には、マニラから高雄へと向かう「マタ30」船団（別名「春風」船団）を護衛中、７隻の米潜水艦の攻撃を受ける。これにより輸送船12隻中９隻を喪失するも、「春風」は爆雷で反撃し、米潜「シャーク」を撃沈した。

次いで11月４日には、ルソン海峡にて米潜水艦「セイルフィッシュ」から３本の魚雷攻撃を受け、１本が左舷後部兵員室付近に命中。艦尾を喪失、航行不能となった。馬公で空襲を回避しつつ応急修理をすると、第38号哨戒艇が曳航して、何とか佐世保に帰還。だが、もう本格的に修理をする余裕などなく、大破状態のまま終戦を迎えた。

戦後、除籍後は上部構造物を撤去し、京都府竹野港の防波堤となったが、１９４８年（昭和23年）９月16日のアイオン台風によって破壊され、スクラップとして解体された。

なお、ロリＢＢＡにも関わらず大戦を通して船団護衛に活躍し、ボロボロになりつつも生き残った「春風」の名は、戦後海上自衛隊初の国産護衛艦「はるかぜ」に引き継がれた。

# 駆逐艦「ブリスカヴィカ」（ポーランド）

## 第二次大戦で奮闘し、現在も記念艦として愛されるポーランドの大型駆逐艦

### ポーランドの稲妻

艦名の由来の前に、まずポーランド海軍について簡単に触れる。ご存知の通り、欧州の国境線はコロコロと変動し、国家がしょっちゅう分裂合体するところである。そのため、ポーランドもバルト海に面した地域を保有していた時もあれば、そうでない時期もあった。

そのバルト海に面した地域、現在のポーランド北西部からドイツ北東部に広がる地域は、犬の品種ポメラニアンで知られるポメラニアと呼ばれている。ここには良港のグダニスクがあり、10世紀ころから神聖ローマ帝国（ドイツ）、デンマーク、ポーランドなど周辺国家が争奪戦を行っていた。ポーランド公国の拡大によって、ポメラニア公国も一時その支配下に入るが、頻繁に支配権が移動している。とにかくグダニスクを確保したことで、ポーランドもバルト海に海軍を置けるようになった。

しかしポーランド周辺は、東にロシア、西にプロイセンやオーストリア、南方にはオスマン帝国、北方にはスウェーデンと大国がひしめいており、それらの国が拡大すると、すぐにその影響を受けやすい。挙句の果てに、18世紀にはロシア、プロイセン、オーストリアによってポーランドは分割支配されてしまう。

その後第一次世界大戦が終結した際、ヴェルサイユ条約によってポーランドが復活し、ようやくポーランド海軍も再建の道をたどる。1924年に海軍整備計画を発表して、まずはフランスに駆逐艦2隻を発注したが、それがブルザ級（建造は同型の「ヴィヘル」の方が早いのでヴィヘル級とも言われる）である。

次いで、より新型の駆逐艦を求めてイギリスに発注したのがグロム級である。グロム級の一番艦は「グロム」、その二番艦が今回紹介する「ブリスカヴィカ（ポーランド語の発音では「ブウィスカヴィツァ」に近い）」である。「グロム」とはポーランド語で「雷鳴」、「ブリスカヴィカ」は「稲妻」で、いわば「雷」と「電」だ。前述の「ブルザ」は「夕立」、「ヴィヘル」は「強風」と、ポーランドの駆逐艦の名前は日本と同じように天候や気象にまつわる命名で、親しみが持てる気がする。

### 雷鳴轟き稲妻光る――グロム級の特徴

周辺を潜在的な脅威となる国に囲まれている国家であるポーランドの駆逐艦の任務は、陸路が使えなくなった時、バルト海を通ってグダニスクへと運ばれる物資の航路を守ることにあった。ただし、多数の艦艇を作るのは予算的に難しいため、諸外国の駆逐艦よりも大型で重武装、高速である必要があった。

ブルザ級はフランスに発注したので、次も引き続き当時のフランスの新鋭艦ゲパール級をベースにした艦を要求したが、フランス側がこれを断った。次いでスウェーデンに依頼するがこれも不調に

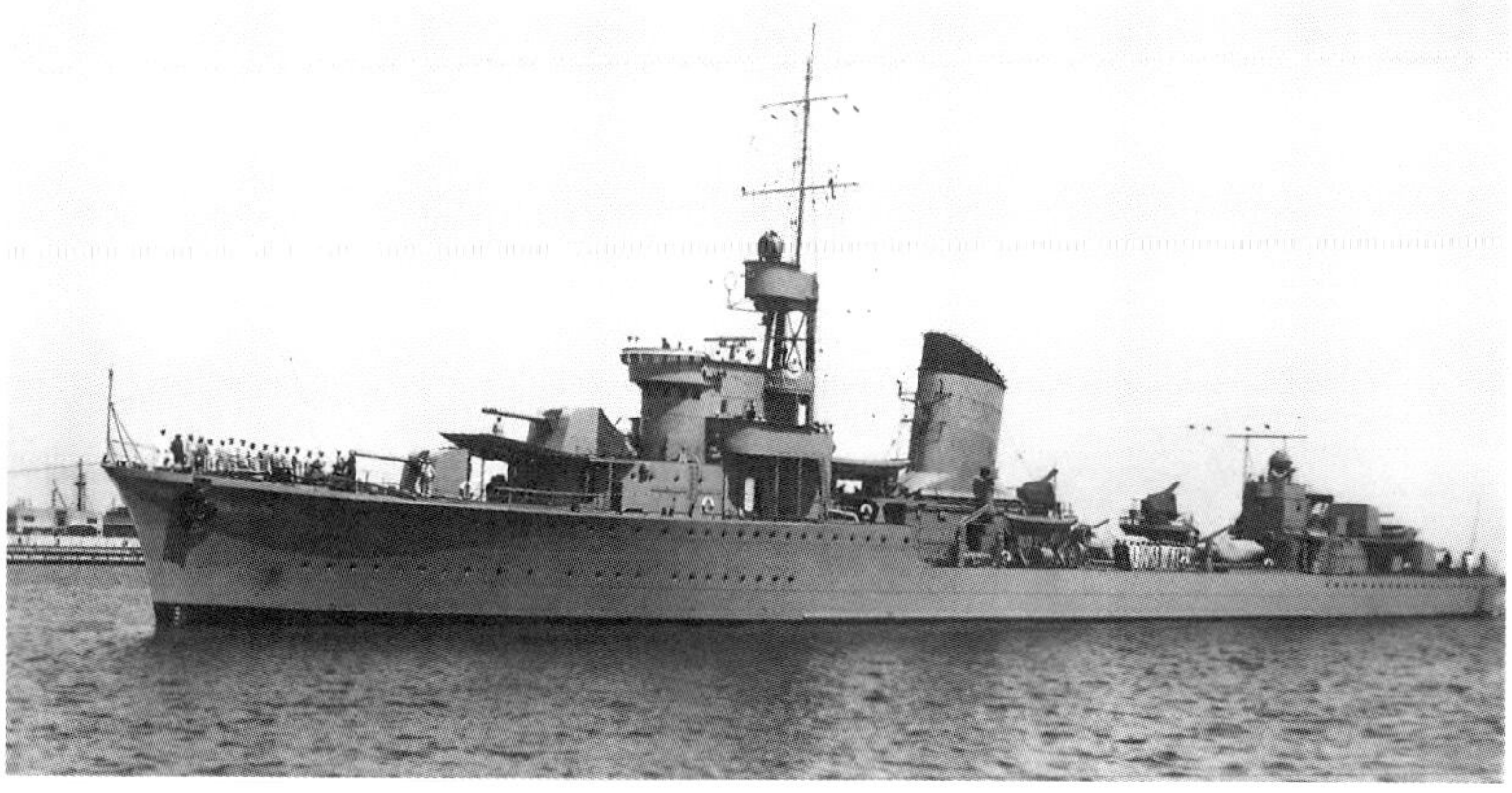

艦首方向から撮影した、改装前の「ブリスカヴィカ」。12cm主砲塔を背負い式に装備しているが、12cm単装砲を下段に、連装砲を上段に設置している。艦橋の上に探照灯台があるが、トップヘビーが懸念されたため英国での改装時に撤去された

1940年、イギリスで改装された後の「ブリスカヴィカ」。艦前部と後部の、一段高い場所に備えられている12cm連装砲塔が印象的だ。竣工時は2基あった53.3cm三連装魚雷発射管は、後部の1基を撤去して7.6cm単装高角砲1基を装備している

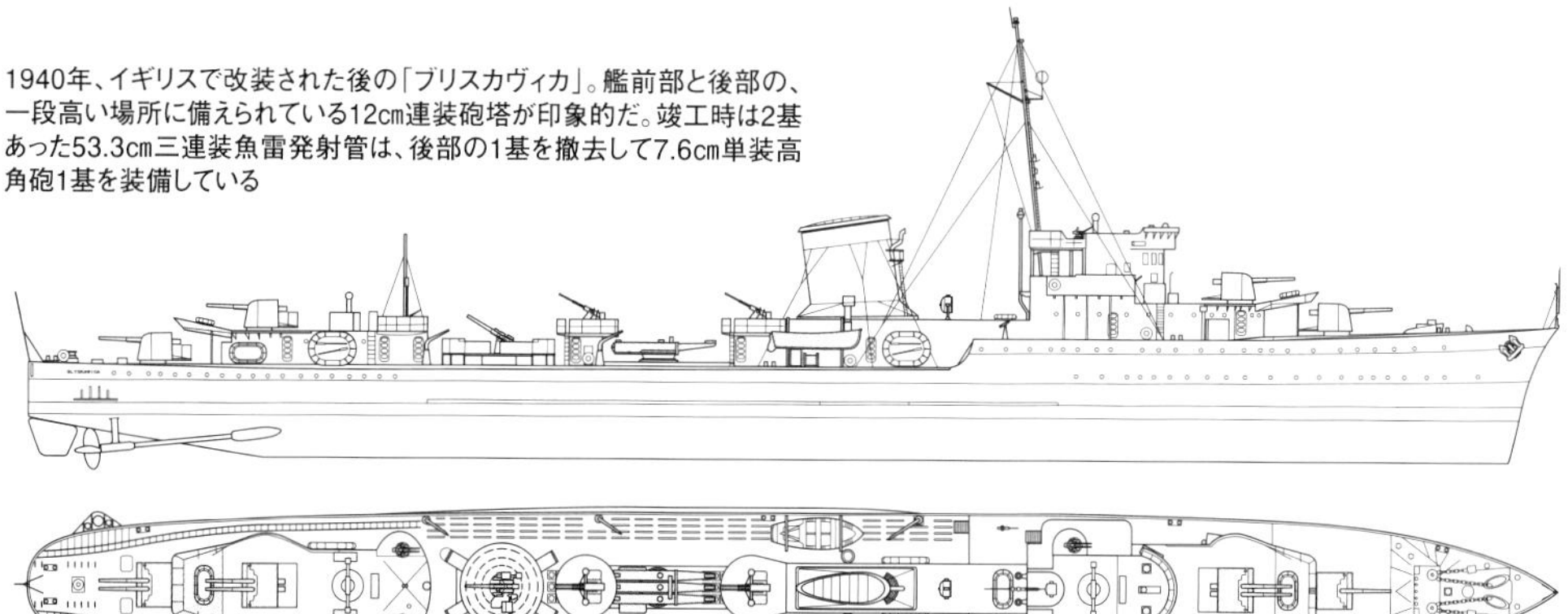

1944年、ノルマンディー上陸作戦時の「ブリスカヴィカ」。1941年には主砲塔4基をすべて10.2cm連装両用砲に換装。また7.6cm単装高角砲1基を撤去して、再度53.3cm三連装魚雷発射管を装備した。さらに13.2mm連装機銃4基を20mm単装機銃に換装、爆雷兵装を増備するなど対空・対潜兵装を強化した

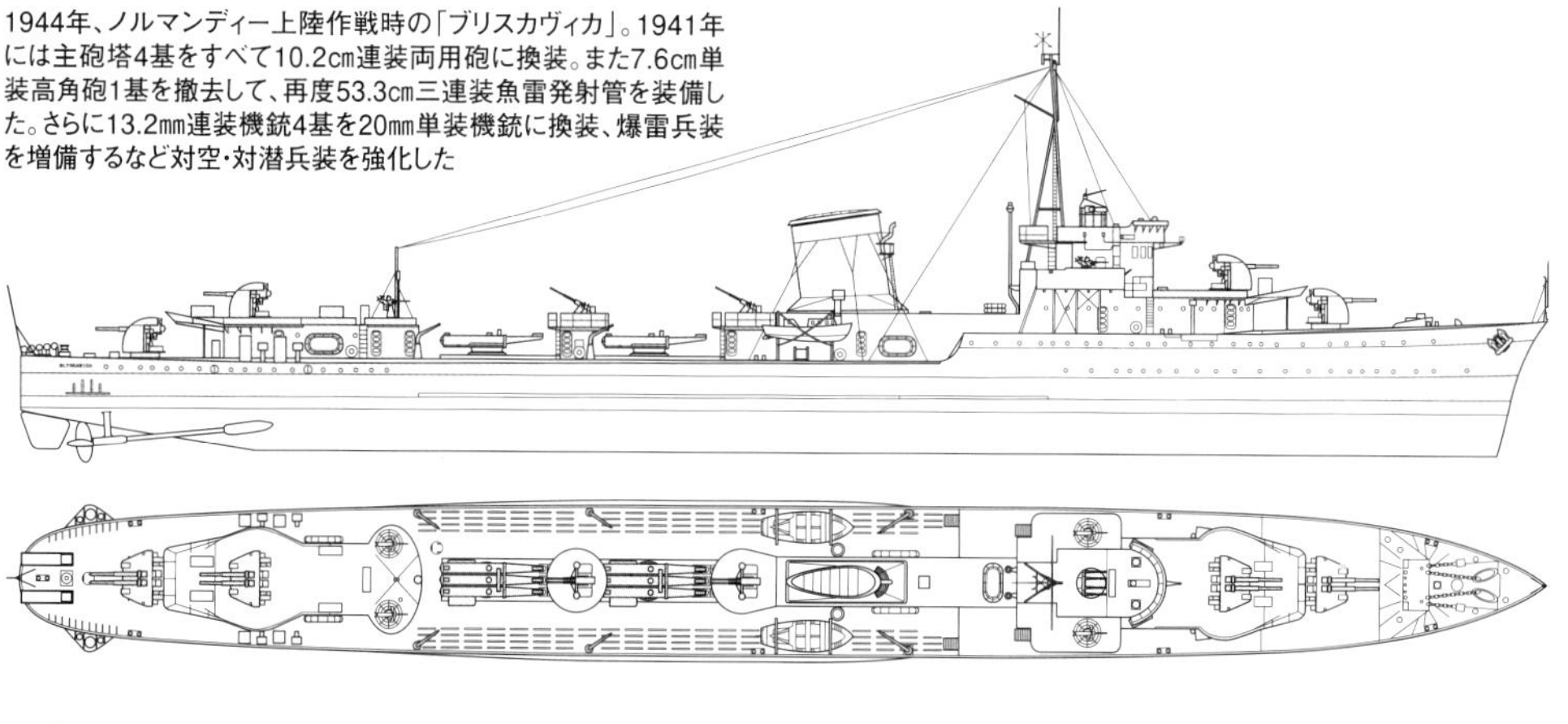

■グロム級駆逐艦「ブリスカヴィカ」（1937年竣工時）

| | | | | | |
|---|---|---|---|---|---|
| 基準排水量 | 2,011トン | 全長 | 114m | 全幅 | 11.36m |
| 吃水 | 3.3m | 主缶 | 海軍省式缶3基 | 主機 | パーソンズ式タービン2基/2軸 |
| 出力 | 54,000馬力 | 最大速力 | 39ノット | 航続距離 | 15ノットで3,000浬 |
| 兵装（1937年竣工時） | 12cm連装砲3基、12cm単装砲1基、4cm連装機関砲2基、13.2mm連装機銃4基、53.3cm三連装魚雷発射管2基 | | | | |
| 兵装（1940年改装時） | 12cm連装砲3基、12cm単装砲1基、7.6cm単装高角砲1基、4cm連装機関砲2基、13.2mm連装機銃4基、53.3cm三連装魚雷発射管1基 | | | | |
| 兵装（1941年再改装時） | 10.2cm連装両用砲4基、4cm連装機関砲2基、20mm機銃4挺、53.3cm三連装魚雷発射管2基 | | | | |
| 乗員 | 200名 | | | | |

終わり、最終的にイギリスでの競争入札となった。

イギリスでの駆逐艦建造大手のソーニクロフト社の案は価格的に折り合わず、J・サミュエル・ホワイト社の案に決定する。当時は日本の吹雪型を始め、各国が大型駆逐艦を配備していた時代だった。当時のイギリスにはモデルとなる大型駆逐艦は存在しなかったが、第一次大戦型の駆逐艦から切り替えるための大型駆逐艦（後のトライバル級）の設計準備を1934年から検討開始していた。グロム級の建造は1935年からなので、ある程度のプランは出来ており、グロム級に影響を与えた可能性がある。ただ、実際のトライバル級とグロム級を比較すると、主砲配置は類似点はあるが、違いも多く、どの程度の関連があるかは何とも言えない。

とにかく、基準排水量2011トンの船体に、5万4000馬力の機関を搭載、39ノットを叩き出す高速艦が誕生した。武装はボフォース50口径12cm連装砲3基と同単装砲1基、同じくボフォース56口径4cm連装機関砲2基、53・3cm三連装魚雷発射管2基、爆雷44個を搭載し、武装もなかなかのものであった。この重装備が可能となったのは、一つには航続距離がそれほど長くなくて良かったという理由もあるだろう。

その結果、当初希望したフランスのゲパール級には速度以外やや劣っているが、イギリスのトライバル級を航続距離以外では凌駕するほどの優秀艦となった。バルト海での運用を前提として、ある程度の砕氷構造を取り入れているが、逆に大西洋での運用を考えていない。そのため、重量がある連装砲が、一段上がった甲板上に背負い式に装備されていたり、背の高い艦橋を持っているなど、トップヘビー気味である。

こうして「ブリスカヴィカ」は1935年10月1日に起工、翌36年10月1日に進水、37年11月25日に就役した。

竣工直前の1937年11月、サウサンプトンのドックで艤装されている「ブリスカヴィカ」。艦後部の背負い式の連装主砲2基がよく分かる

## 大戦では英海軍の指揮下で敢闘

1938年にナチス・ドイツはオーストリアを併合、同様に周辺諸国のドイツ人居留地の併合を要求していた。翌39年3月にはチェコを占領、ポーランドに対しても、第一次大戦の結果として、ドイツからポーランドに割譲されたポーランド回廊の返還を求めていた。更には4月28日にドイツ・ポーランド不可侵条約が破棄され、ドイツがポーランドを攻めるのは時間の問題となった。

そこでポーランド側としては、ドイツが攻め込んで来た場合、手持ちの艦隊（「ブルザ」、「グロム」、「ブリスカヴィカ」の駆逐艦3隻）をイギリスへと逃がす計画を立てる。これがペキン作戦であり、1939年8月30日にこれらの艦艇はポーランドを離れ、途中ドイツ艦と遭遇しつつも、ポーランドにドイツが侵攻を開始した9月1日には、イギリスへと逃亡に成功、イギリス本国艦隊の指揮下に入った。

トップヘビーなグロム級は大西洋で使うには問題があったため、後部魚雷発射管や探照灯台などを撤去、復原性を改善する改修を受けている。その後、「ヴェーザー演習作戦」でデンマーク、ノルウェーに侵攻したドイツ軍に対抗し、英仏もノルウェーに遠征部隊を派遣、「グロム」と「ブリスカヴィカ」も参戦している。

1942年8月に撮影された、再改装後の「ブリスカヴィカ」。主砲が連装高角砲に換装され、レーダーなども増備されている

しかし、1940年5月4日に「グロム」は、ドイツ第100爆撃航空団のHe111爆撃機から攻撃を受け、魚雷発射管に爆弾が命中、魚雷が誘爆して船体が二つに折れて轟沈した。一方、「ブリスカヴィカ」はドイツ軍部隊に対し艦砲射撃を行い、更に対空砲でドイツ機を2機撃墜している。

しかし直後の5月10日にドイツがフランスへの侵攻を開始、ノルウェー方面の戦略的価値は低下し、連合軍は撤退を開始する。双方多数の艦艇を失った上に、フランスでの戦いも急速に戦況が悪化、5月26日にはダンケルクからイギリス海外派遣軍を撤退させる必要が生じた。そのため、「ブリスカヴィカ」もノルウェーを離れ、撤退作戦「ダイナモ」に協力している。

以後「ブリスカヴィカ」は船団護衛と哨戒任務に従事するが、1941年には再改装が行われ、主砲を全てイギリス製のQF4インチ（102㎜）連装高角砲に換装している。また、最大39ノットの快速を生かし、平均30ノットで航行した記録を持つ客船「クイーン・メリー」（軍隊輸送船に徴用されていた）に追いつくことができる数少ない艦になっていた。

1942年にはワイト島をドイツ空軍の爆撃から防衛。ノルマンディー上陸作戦後の44年6月9日には、上陸作戦の支援の一環として、駆逐艦8隻でなる第10駆逐群の一員として、フランス北西端のウェサン島でドイツ海軍第8駆逐隊と交戦。第10駆逐群は独駆逐艦ZH1とZ32を沈めた（ブルターニュ沖海戦）。

「ブリスカヴィカ」は最終的に83回の船団護衛に従事し、3隻のUボートに損傷を与え、少なくとも4機の航空機を撃墜している。1947年にポーランドに戻り、長く対空フリゲートとして現役だったが、75年に除籍され、現在はグダニスク近くのグディニャで記念艦（博物館船）となっている。

1960年代の「ブリスカヴィカ」。第二次世界大戦の英雄として国民に愛された「ブリスカヴィカ」は、ポーランド海軍の「顔」として外国への表敬訪問なども行っていた

# 駆逐艦「タシュケント」

**（ソ連）★☭**

**第二次大戦中の黒海を東奔西走した
イタリア生まれのソ連大型高速駆逐艦**

## ロシア革命で活躍した河川曳船の名を継ぐ

本稿で紹介するのは、ソ連の嚮導《きょうどう》駆逐艦（※）「タシュケント」である。艦名の「タシュケント」は、ロシア革命によって成立したトルキスタン自治ソビエト社会主義共和国の首都であり、現在はウズベキスタンの首都の名前である。

だが直接的には、ロシア内戦時にヴォルガ小艦隊に所属し、カスピ海の制海権を維持するのに尽力し、1918年9月5日に戦没した河川曳船第7号が「タシュケント」と名付けられたのを引き継いで命名された。

このようにソ連では、嚮導駆逐艦の名前に都市名を使用しており、通常の駆逐艦には「ブディテルヌイ」＝「用心深い」とか「ボエヴォイ」＝「勇敢な」といった形容詞を使用している。

## イタリアから来た戦慄のブルー

1928年にソ連で第一次五カ年計画が策定され、その中の一つに海軍艦艇整備計画があった。そこで作られた嚮導駆逐艦がレニングラード級で、基準排水量は2150トン、最大速力は40ノット、武装は130㎜砲5門、533㎜魚雷発射管8門を備えた、当時としては大型・高速の重武装艦であった。これは1922年に成立したワシントン海軍軍縮条約によって主力艦（戦艦）が制限され、巡洋艦や駆逐艦などの補助艦の大型化が進んでいたのを受けたものだった。

しかし1930年のロンドン海軍軍縮会議によって、「1500トン以上の駆逐艦は合計排水量の16％以内」と定められると、日本が特型（吹雪型）駆逐艦の建造を取りやめ、小型化した初春《はつける》型を開発したように、駆逐艦の大型化に歯止めがかかった。

一方、条約に加盟していないソ連は大型駆逐艦の建造にまい進するが、当時のソ連の造船能力では手にあまり、海外に発注することとなった。当初、伝統的に交流が多く、またちょうどル・ファンタスク級大型駆逐艦を開発していたフランスへ打診したが、金額面で折り合いがつかず、1935年にイタリアを交渉先に変更する。

ここでも金額が最大の壁となったが、オデーロ・テルニ・オルランド（OTO）社（後のオート・メララ社）が、新たな設計をテストするいい機会だと判断して引き受けた。

ソ連側の要求性能は、最大速力42・5ノット以上、巡航20ノットで5000浬の航続距離、連装主砲3基、3連装魚雷発射管3基、通常排水量3216トン、出力10万馬力というものであった。1935年9月に契約は締結されて翌36年2月にソ連側で承認され、約1年をかけて設計の見直しなどを行い、37年1月11日にリヴォルノ造船所で起工された。ソ連の造船所でも3隻の同型艦の建造が決定したが、経験不足などから後に中止されている。

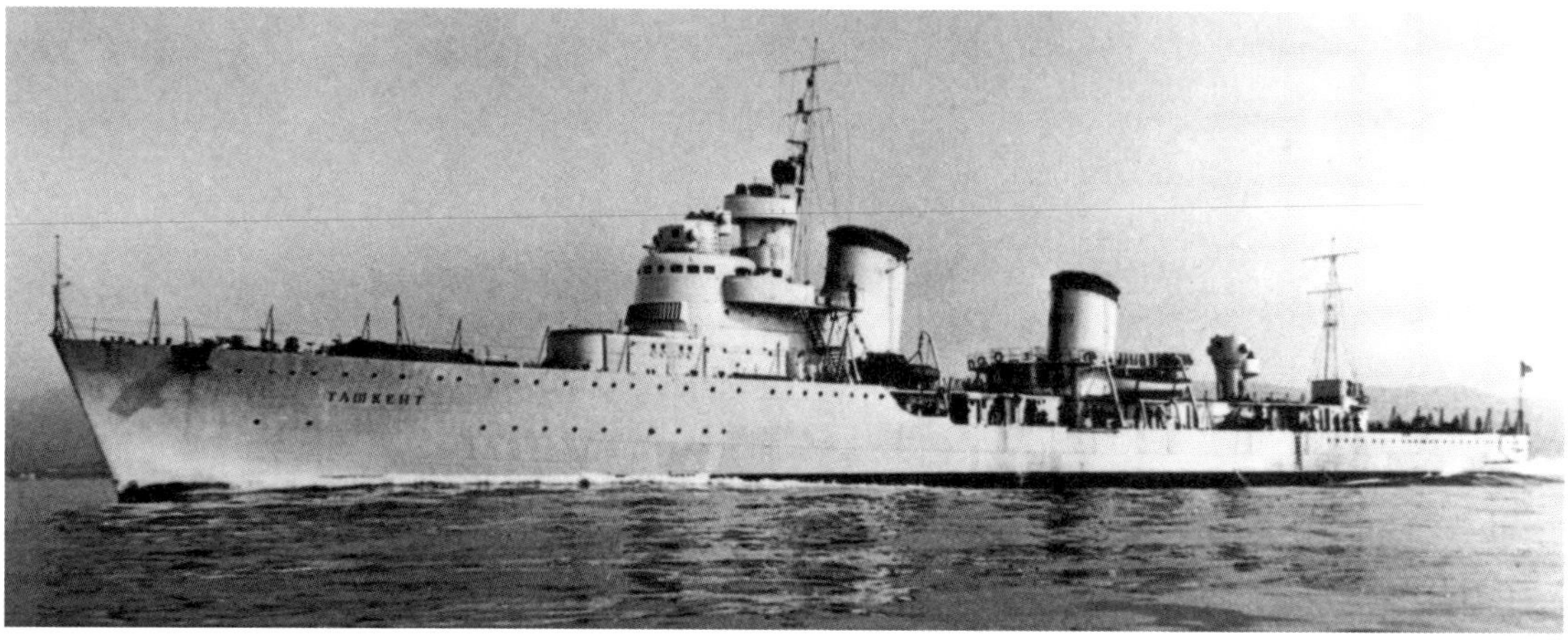

1939年、兵装を装備せず公試を行う「タシュケント」。
この状態で43.5ノットを発揮したと見られている

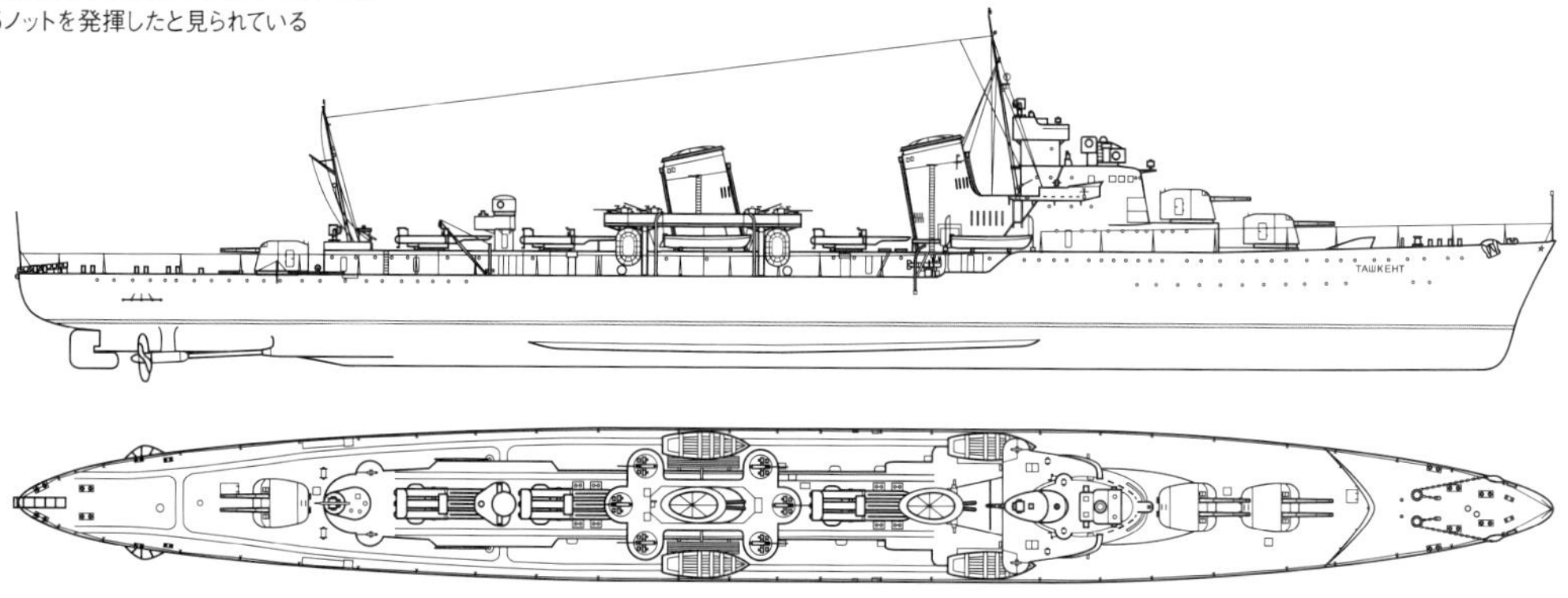


基準排水量約2,900トンと、小型の軽巡洋艦並みの大きさであった「タシュケント」。武装も13㎝砲6門、53㎝魚雷発射管9門と、超重武装駆逐艦として知られる日本の特型に匹敵する。さらに出力も重巡並みの13万馬力であった。一時期青系の塗装が施されていた「タシュケント」は「青い（空色の）巡洋艦」と呼ばれていた（66ページ参照）

「タシュケント」は1937年11月28日に進水して39年5月6日に竣工、未武装の状態で黒海沿岸のオデッサまで回航され、ソ連側へと引き渡された。オデッサで試験を受けた後、ニコラエフ（現ウクライナのムィコラーイウ）に移動してソ連式の武装を施され、10月22日に実戦配備に就いた。

なお、当初は連装砲塔が間に合わず、同様にイタリアの技術導入を行って建造されたグネフヌイ級駆逐艦などの主砲である50口径13㎝単装速射砲を搭載したが、後に当初の予定通り13㎝連装砲塔が搭載された。また計画では10万馬力だった機関が、最終的に13万馬力になったことで、公試ではなんと43・53ノットの高速を発揮している。

## 独ソ戦開戦直後、独軍機の爆撃で中破

1939年10月22日に黒海艦隊の一員となった「タシュケント」だが、遡る9月1日には第二次世界大戦が勃発。17日にはソ連もポーランドへ進攻、次いでバルト三国とフィンランドへの進攻準備の最中だった。

「タシュケント」も本来バルト艦隊に配属される予定だったが、この情勢ではバ

**■駆逐艦「タシュケント」（1941年）**

| | |
|---|---|
| 基準排水量 | 2,893トン |
| 全長 | 139.75m |
| 全幅 | 13.7m |
| 吃水 | 3.7m |
| 主缶 | ヤーロー式缶4基 |
| 主機 | オルランド式蒸気タービン2基/2軸 |
| 出力 | 130,000馬力 |
| 最大速力 | 42.5ノット |
| 航続力 | 20ノットで5,030浬 |
| 兵装 | 50口径13㎝連装砲3基、37㎜単装高角砲6基、12.7㎜機銃6挺、53.3㎝三連装魚雷発射管3基、機雷80個 |
| 乗員 | 250名 |

（※）嚮導駆逐艦…駆逐艦隊（水雷戦隊）の旗艦となって指揮する、大型で指揮通信能力が高い駆逐艦のこと。

「タシュケント」は1939年10月の就役から1941年初頭まで、主砲として130㎜単装砲を3基装備していた

第1砲塔を右に、第2砲塔を左に向けて疾走する「タシュケント」

1941年2月～6月に行われた改装で主砲を130㎜連装砲3基に換装、当初の計画通りの兵装を備えることになった

ルト海への移動は不可能で、黒海艦隊に留まった。1941年1月に嚮導駆逐艦「モスクワ」からV・Ye・エロシェンコ艦長が「タシュケント」に異動したが、6月22日にドイツがソ連へと突如侵攻、独ソ戦が勃発した。

ドック入りしていた「タシュケント」は直ちに出渠《しゅっきょ》、乗員不足のまま7月中旬にセヴァストポリへと移動する。8月頭に黒海艦隊の拠点の一つであるオデッサは陸上から枢軸軍に包囲されたが、制海権はソ連側が握っており、「タシュケント」も8月19日に駆逐艦3隻を率いて出撃、陸上の枢軸軍部隊に対し艦砲射撃を加えている。

8月29日には軽巡「チェルヴォナ・ウクライナ」、駆逐艦3隻、高速掃海艇、魚雷艇、油槽船などと共にオデッサへ移動し、翌30日にはオデッサを包囲する枢軸軍を砲撃した。だがその最中、「タシュケント」はJu88爆撃機の爆撃を受ける。艦砲射撃のために6ノットで移動中だったので回避が間に合わず、右舷艦尾の至近弾によって浸水、船体が傾き、舵が故障、照明も消えて危機に陥った。

浸水は悪化の一途をたどったが、乗員の決死の作業によって後部艦橋から操艦が可能となり、電力も復帰。排水が開始され、オデッサ港へ退避した。舵やスクリューなどに損傷は無かったが、オデッサでの修理は不可能で、セヴァストポリへ後退する。

右舷の破孔は竜骨にまで伸びており、平時なら5カ月の修理が必要と判断されたが、35日の突貫作業で戦線に復帰、またその際に艦尾に76㎜対空砲が増設されている。

一方9月27日、ドイツ軍のマンシュタイン将軍率いる第11軍がクリミア半島へと侵入を開始、ソ連側はオデッサの放棄を決定した。黒海艦隊によってオデッサ守備隊はセヴァストポリへ撤退、10月16日にオデッサは陥落した。

## 黒海を縦横無尽に駆けた「青い巡洋艦」

復帰した「タシュケント」は、11月1日に黒海東岸のトルコ国境に近いバトゥミへ移動、セヴァストポリへ弾薬などの物資を輸送し、帰りには負傷者などを輸送した。25日から28日にかけては、駆逐艦2隻と共に、極東へと向かう砕氷船や油槽船の船団をボスポラス海峡まで護衛した。

その後も「タシュケント」は、満載排水量4163トンという軽巡並みの大きさの船体や、1178トンの燃料搭載量、そして高速と重武装を活かして、何度となくセヴァストポリへの物資輸送を行い、同時に地上の枢軸軍を艦砲射撃した。

同艦は、迷彩として塗られた青のカラーリングから、包囲されているセヴァストポリや黒海周辺都市の住民から、いつしか「青い巨星」、じゃなくて「青い（空色の）巡洋艦」として称えられるようになっていく。その時、同艦の艦橋でエロシェンコ艦長が「この風、この波こそが戦争よ！」と言った、かどうかは定かではない。

12月には黒海艦隊は海軍歩兵をケルチ半島へ上陸させて枢軸軍に奇襲攻撃をかけ、一時的にセヴァストポリの包囲を解くのに成功する。

その後、1942年6月に再び包囲されるが、ソ連軍はガングート級戦艦の主砲を始めとして多数の砲をセヴァストポリ要塞に設置、徹底的な防御態勢を固めた。だが、マンシュタイン将軍も80㎝列車砲「グスタフ」以下約1300門もの火砲をかき集め、猛烈な攻撃を加えた。

この攻勢で要塞北面は破壊され、一挙に枢軸軍が優勢となったため、6月27日に「タシュケント」は2300名の負傷者と民間人、そしてクリミア戦争でのロシア軍の戦いを称えたパノラマ絵画「1854・55年のセヴァストポリの防衛」を乗せて、南ロシアのノヴォロシスクへ脱出した。

だが、これを追った90機近くのドイツ機が300発以上の爆弾を投下。「タシュケント」は至近弾で舵が効かなくなり、第1ボイラー室に浸水、大幅に速力が低下した。他の駆逐艦に乗客を移乗させ、重量物を投棄しても浸水は続き、艦は危機的状況に再び陥ったが、他の駆逐艦の牽引や救援艦の支援を受けて、なんとかノヴォロシスクへ到着する。

この勇敢な行動に対し、全乗員にスターリン国家章が送られ、艦長と政治将校はレーニン勲章を与えられた。7月1日には同方面の指揮官だったブジョンヌイ将軍が訪問、「君たちは立派に戦ってきた」と言ったかは定かではないが、大きな賞賛を受けた。

しかし、翌7月2日正午近くに突如ドイツ空軍の爆撃機が襲来。「タシュケント」は直撃弾を受けて大破、僅か3分後に着底し、多大な武勲を残してその生涯を閉じた。

1942年7月2日、ノヴォロシスクに停泊時、Ju88爆撃機から投下された2発の爆弾を被弾、大破着底した「タシュケント」。1944年に引き上げられたが、修理は不可能だった

# 駆逐艦「メンディップ」
## （イギリス/中華民国/エジプト/イスラエル）

**英国で建造され、戦後は中国、エジプト イスラエルに仕えた流浪の護衛駆逐艦**

### 艦名の由来 キツネ狩りに行こうよ

本稿でご紹介するのは、イギリスのハント級駆逐艦「メンディップ」である。2018年3月、フィリピン海軍のフリゲート艦「ラジャ・フマボン」が75年に渡る現役から引退したが、同艦は元海上自衛隊「はつひ」であり、更に遡ればアメリカのキャノン級護衛駆逐艦「アザートン」であった。本稿の「メンディップ」も戦歴は地味だが、「ラジャ・フマボン」以上に数奇な運命というか、多くの名を付けられた艦である。

元々ハント級はキツネ狩り（Fox Hunt）に因んで命名されており、本艦もイギリス南西部のサマセット州ブリストル（ボーファイター戦闘機などを生産したブリストル社がある地域）の南方十数kmにある石灰岩の丘陵から命名された。18世紀半ばにこの地に、キツネ狩り用の猟犬の群れを飼い始めた個人がおり、そこから同地でキツネ狩りが行われるようになったという。そのため、本艦のマークもキツネ狩りに使う角笛と青いバラである。

### 船団護衛用の安価な駆逐艦ハント級

イギリスは、第一次世界大戦の際にドイツの通商破壊で苦戦し、大量の船団護衛用の艦艇を必要とした。戦後しばらくは旧式艦を退役させつつ、大戦中の未成艦の建造を続けていたが、すぐに戦訓を取り入れた新型艦の建造を開始、少しずつ改良を続けつつ、A型からI型まで計79隻を建造した。

その後に建造された嚮導《きょうどう》駆逐艦であるトライバル級以降は大型化、コストが上昇し建造期間も長期化するようになった。また、1930年のロンドン軍縮条約において駆逐艦の保有トン数が制限されたため、イギリスではそれに抵触しない排水量2000トン以下、速力20ノット以下、備砲6・1インチ（15・5cm）砲4門以下の艦艇を「スループ」との艦種で建造し、旧式駆逐艦と共に船団護衛の主力とした。

だが当時、艦の寿命は大体25年程度と考えられており、1930年代後半には旧式駆逐艦は徐々に退役することが決まっていた。そこで、船団護衛用の安価で建造期間が短い小型駆逐艦として作られたのがハント級である。

しかし用兵側はあれも欲しいこれも欲しいと無茶な要求を言い出し、航続距離を最低限まで削って小さな船体に無理やり多数の武装を詰め込んだ結果、一番艦の「アサーストン」で復原力不足という当然の結果が発覚した。

これは根本的に設計ミスをしていたのも一因だが、すでに建造中の艦の設計変更が間に合わなかったため、主砲を一基減らし、上部構造物を低くし、バラストを積むという極東のどこかの海軍でもやったような対応を行った。

第二次大戦中の「メンディップ」。艦橋の後方には対空用の285型レーダーを備えたMk.V**方位盤を搭載している

これが同級のI型で、「メンディップ」もその中の一隻である。II型以降は設計を見直し、全幅を広げたことで当初予定通り4インチ（10・2cm）連装砲を3基搭載し、最終的に各型合わせて86隻も建造された。

### 牧羊犬のように船団護衛に奔走

本艦は第二次世界大戦直前の1939年8月10日にイギリス北部のスワン・ハンター造船所で起工、翌40年4月9日に進水、10月12日に竣工した。

その後スカパ・フローの本国艦隊に配属となって慣熟訓練を行っていたが、その際に投下した爆雷が近くで爆発、艦尾を損傷、5名の死者を出した。41年2月まで修理が行われ、3月にテムズ湾の出口にあるシェアーネスの第21駆逐艦隊に編入され、北海と英仏海峡の哨戒と船団護衛に従事した。

配属されたばかりの3月30日には、早速北海での護衛任務の最中にドイツ軍の航空攻撃を受けている。6月21日には機雷敷設船の護衛中に、ドイツの攻撃で沈んだオランダ船の船員を救出した。その後も船団護衛を続け、何度となく航空機や高速魚雷艇の攻撃を受け、42年2月19日には魚雷が近くをかすめるほどであった。

同年8月18日には、翌日に行われる予定の連合軍のディエップ奇襲上陸作戦（ジュビリー作戦）の船団護衛を行い、作戦の支援砲撃と煙幕展開を行った。だが、本艦の貧弱な4インチ砲ではドイツの沿岸砲台には何の被害も与えられず、作戦も失敗し、「まるで壁に玉子をぶつけたよう」と言われるほど上陸部隊は甚大な被害を受けた。ちなみに、このジュビリー作戦で初陣を飾ったチャーチル歩

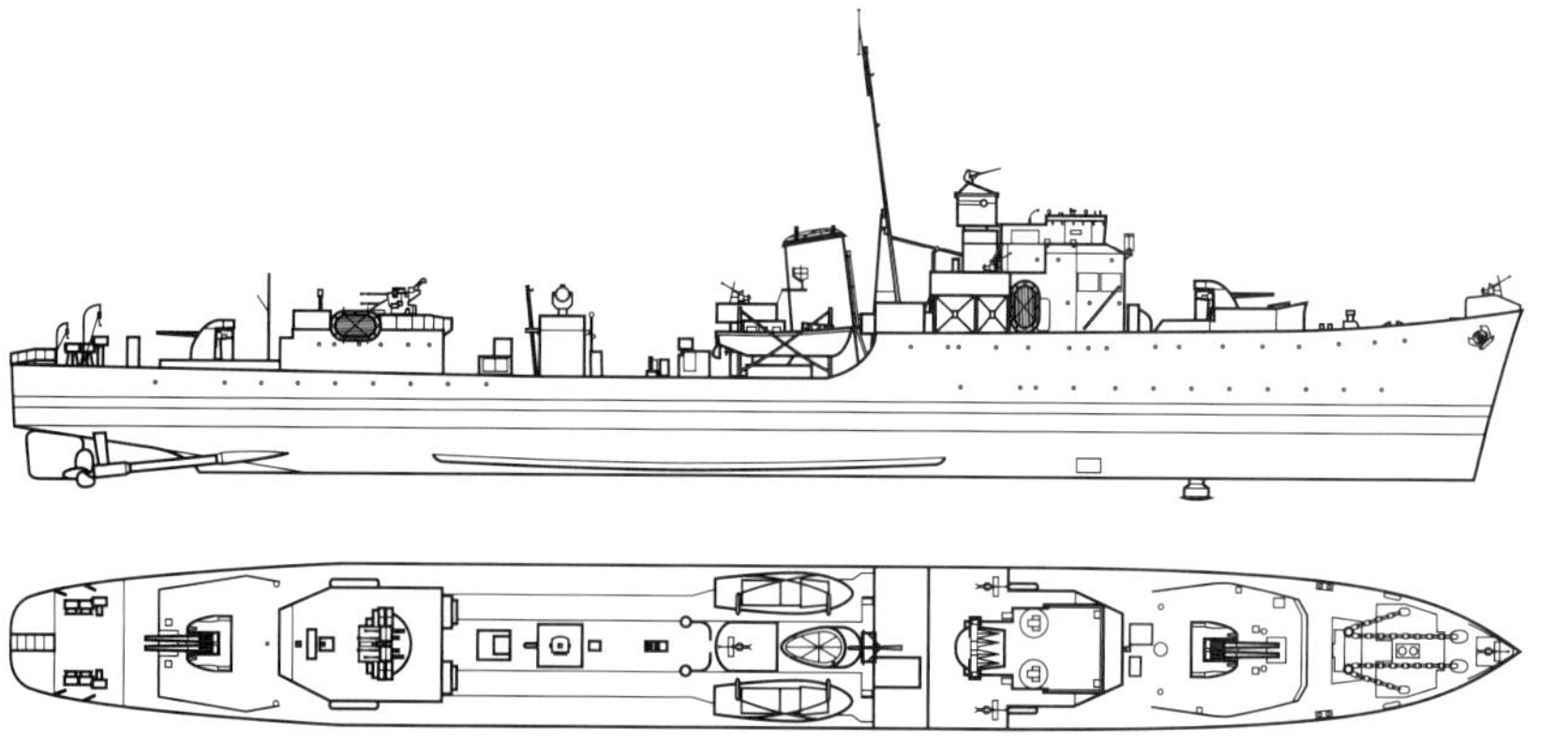

ハント級駆逐艦I型の「メンディップ」。主砲は高角砲の性格が強い連装両用砲2基で、爆雷を相当数搭載しており、魚雷は搭載していない。対水上戦より対空・対潜戦を重視する「護衛駆逐艦」に近い性格の駆逐艦だ。I型は当初は後部甲板室上に連装両用砲を搭載する計画だったが、トップヘビーとなるためポンポン砲（4連装40mm機銃）に替えている

■駆逐艦「メンディップ」（1940年新造時）

| | | | |
|---|---|---|---|
| 基準排水量 | 1,000トン | 全長 | 85m |
| 全幅 | 8.8m | 吃水 | 3.28m |
| 主缶 | 海軍省式缶2基 | | |
| 主機 | パーソンズ式ギヤードタービン2軸 | | |
| 出力 | 19,000馬力 | 最大速力 | 27.5ノット |
| 航続力 | 15ノットで3,500浬 | | |
| 兵装 | 4インチ（10.2cm）連装砲2基、2ポンド（40mm）4連装機銃（ポンポン砲）1基、20mm単装機銃2基、爆雷40発、爆雷投射機2基、爆雷投下台1基 | | |
| 乗員 | 146名 | | |

兵戦車は、上陸した30両のうち29両が失われている。

42年9月には第21駆逐艦隊最古参の艦となり、本艦のパリー艦長が艦隊指揮官となっている。その後グレート・ヤーマスの港を襲撃したドイツの高速魚雷艇S70とS75を撃退、撤退中に味方空軍の爆撃で両艇とも沈めている。

1943年4月には海外任務が決定したため、修理と再整備が行われ、6月13日に多数のリバティシップ（規格型輸送船）を含む、75隻の輸送艦からなる大規模輸送船団の護衛に就いてエジプトのポートサイドへと向かった。

この頃はトーチ作戦の成功で北アフリカは連合軍の手に落ちていたが、その物資輸送部隊の支援に従事し、続いてシチリア攻略のハスキー作戦の護衛任務に就く。7月9日にマルタ島に到着、翌10日にハスキー作戦が開始されると船団護衛を行ったが、ドイツの急降下爆撃機の攻撃でアメリカ駆逐艦「マドックス」、LST313など数隻が沈んでいる。

余談だが、本作戦中の7月15日に、英駆逐艦「ペタード」が他の艦3隻と共に陸上への支援砲撃を行っていたところ、ドイツ戦車から砲撃を受けるという世にも珍しい戦車対駆逐艦の戦闘が発生した。

その後20日には「メンディップ」はハスキー作戦から解かれ、アルジェへ帰還した。続いて9月9日にはサレルノ上陸作戦であるアヴァランチ作戦に参加。11日に空襲で250kg爆弾の至近弾を受け、発電機の一つが損傷、レーダー、コンパスなどが使用不能になった。そのため作戦から外され、マルタ島へ移動、続いてジブラルタルで修理を受けた。

修理後はマルタ島の第58駆逐艦隊所属となり、サレルノで対艦誘導爆弾フリッツXの攻撃を受けて損傷した戦艦「ウォースパイト」の護衛などを行っている。

11月24日にはイタリア・ガリリャーノ川河口周辺の砲撃を行い、44年3月17日には護衛任務中に潜水艦U371から攻撃を受け、オランダの兵員輸送艦「デムポ」が沈められている。

1944年5月にはノルマンディー上陸作戦のためにイギリスへ帰還し、再び第21駆逐艦隊へ復帰した。6月にノルマンディー上陸作戦が開始されると、オハマビーチへの輸送部隊を護衛し、更には上陸支援の砲撃を行った。その際、触雷して沈んだ輸送船から兵士400名を救助している。その後10月までリバプールで修理を受け、その後はアントワープへの護衛任務や近隣の哨戒を行った。

戦後は降伏したUボートを自沈処分させるために輸送するデッドライト作戦に従事し、1946年1月に予備役扱いとなった。

## 昔の名前で出ています 流転の人生

「メンディップ」はキツネ狩りの猟犬というより、牧羊犬のような地味な生涯で解体されるかと思いきや、1948年5月に軽巡「オーロラ」と共に中華民国に貸与され、「霊甫（リンフー）」と改名された。だが、「重慶」と改名された「オーロラ」は49年1月に中国共産党に投降、「霊甫」は49年6月に香港でイギリスに返還され、「メンディップ」の名に戻った。

イギリスへの回航途中、11月9日にアレキサンドリアでエジプトに売却され、近代エジプト君主の名に因んで「ムハンマド・アリー＝エル＝キビール」と改名される。1951年には「イブラヒム＝エル＝アワル」と改名され、56年に第二次中東戦争が勃発すると、イスラエルのハイファ市の海上封鎖に出撃する。

だが10月31日に、ハイファに停泊中のフランス海軍駆逐艦「ケルサン」の反撃を受け離脱、続いてイスラエル海軍の艦艇の追撃を受けて損傷、さらにイスラエル空軍機の航空攻撃を受けてイスラエル軍に拿捕《だほ》された。

イスラエルでは、「ハイファ」と改名して1960年代後半まで使用された。最後は諸説あり、一説には68年に標的艦としてガブリエル対艦ミサイルで沈んだとされる。また70年まで訓練に使用され、その後宿泊艦となり72年に解体されたとの説もある。

こうして「メンディップ」は4つの国の海軍に所属し、5つの名を持つ数奇な人生（艦生）を全うしたのだった。

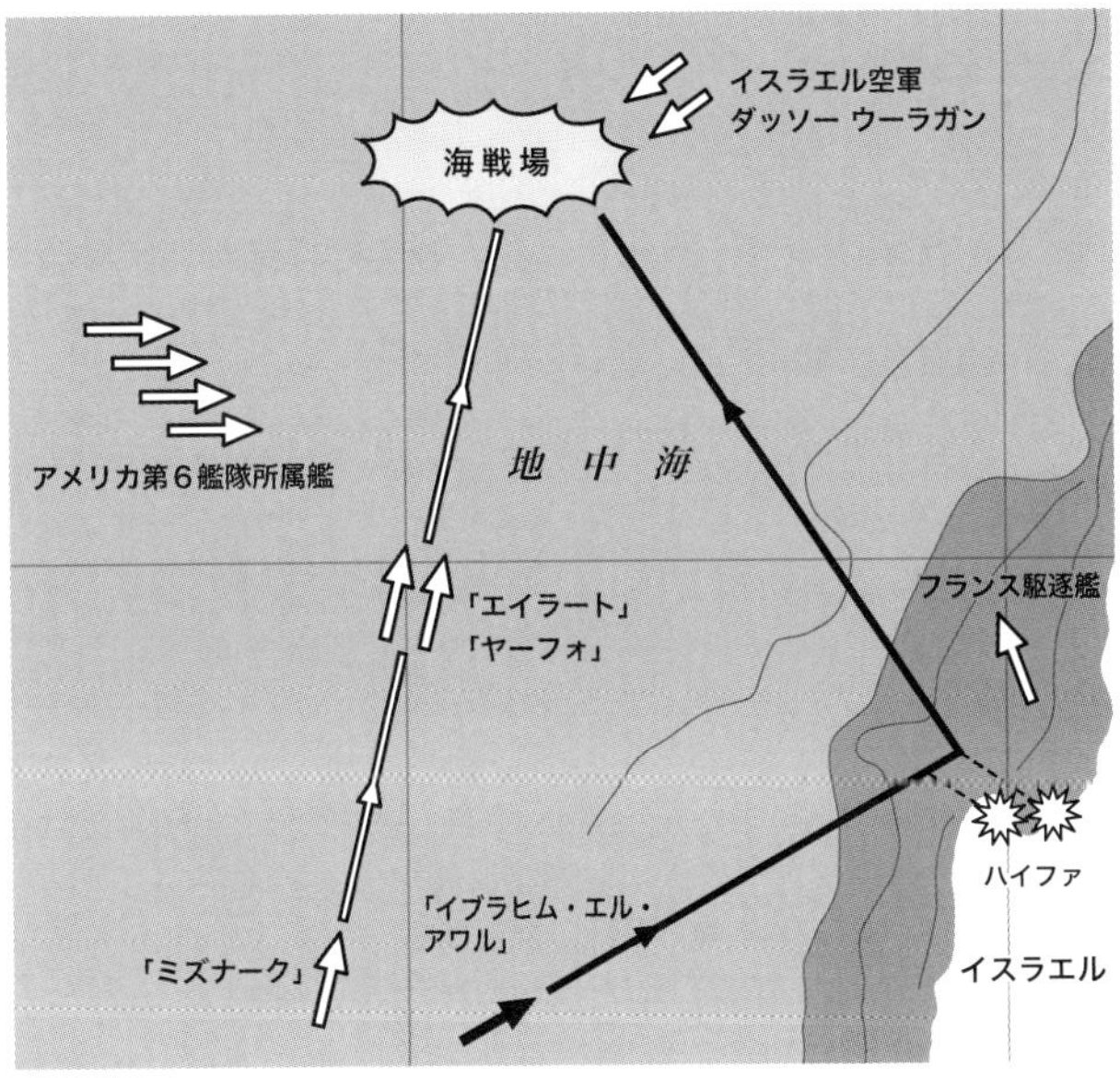


第二次中東戦争中の1956年10月31日、元「メンディップ」であるエジプト海軍の「イブラヒム＝エル＝アワル」はイスラエルのハイファ市を砲撃。200発の砲弾を撃ち離脱したが、イスラエル海軍の駆逐艦「エイラート」「ヤーフォ」に追撃される。「エル＝アワル」は両艦からの砲弾を機関部などに受け、ウーラガン攻撃機からも攻撃されて万事休す。降伏し拿捕されてしまった（図／おぐし篤）

ハイファ沖海戦に敗れ、イスラエル軍に拿捕された、元「メンディップ」の「イブラヒム＝エル＝アワル」

イスラエル海軍に編入され、「ハイファ」となった元「イブラヒム＝エル＝アワル」

# 潜水艦「ハーダー」

（アメリカ）

## 太平洋戦争で日本の駆逐艦を多数葬り自らも最後は帰らなかった武勲の潜水艦

### より硬い…ではなく魚の名 6人姉妹の予定が77人に!?

本稿の主人公は太平洋戦争時のアメリカ海軍ガトー級潜水艦の「ハーダー（Harder）」(SS-257)だ。一見「hard＝硬い」の比較級のように思えるが、ガトー級が水生生物から命名されていることで分かるように、実際は南アフリカ周辺で獲れるボラの一種から命名されている。

ガトー級は当初1941年度に6隻建造される予定だったが、海軍の大拡張が決定したため65隻の追加建造が決定、計77隻建造された。その46番艦が「ハーダー」で、日米開戦の直前である1941年12月1日に起工、翌42年8月19日に進水、同年12月2日にサミュエル・D・ディーレイ少佐の指揮で就役した。

建造はアメリカ北東部のコネチカット州グロトンのエレクトリック・ボート社で行われたが、この地はアメリカ最初の潜水艦基地が置かれていて、「米潜水艦隊の故郷」として知られている。

### 1回目、2回目の戦闘哨戒 輸送船数隻を撃沈破

「ハーダー」は同地で短期訓練の後、ハワイの真珠湾へ移動、1943年6月7日に日本近海への戦闘哨戒に出撃した。6月21日深夜から22日にかけて三重県大王崎77度12・5浬にて、旧式潜水母艦「駒橋」が護衛する第7621B船団に対して、レーダーを使用した水上攻撃を仕掛ける。魚雷4本を発射すると、海軍徴傭船「第三共榮丸」は煙突から後方を喪失、炎上漂流した。「ハーダー」は「駒橋」の爆雷攻撃を受けるが、潜行して回避に成功する。

このように、ミッドウェー海戦（1942年6月）から1年後の時点で、初陣の潜水艦でも日本近海まで侵入して戦果を挙げることが可能になっており、日本側の継戦能力は急速に低下していく。

同月23日には第42号駆潜艇と砲戦の後、神子元島沖で駆逐艦「澤風」に護衛された特設運送艦「相良丸」を航行不能にした。その後、「ハーダー」は第8623船団特設運送船「木津川丸」、輸送船「名瀬丸」、第8628B船団に魚雷攻撃を仕掛けるが戦果は無く、7月7日にミッドウェー島を経由して10日に真珠湾へ帰投した。

「ハーダー」は8月24日に2回目の戦闘哨戒に出発、9月9日未明に千葉県勝浦沖で輸送船「甲陽丸」を攻撃、魚雷は不発だったが損傷を与え、「甲陽丸」は浸水が増加して後に沈没。また11日未明に御蔵島西南西5㎞で特設運送船「陽光丸」を撃沈する。その後「ハーダー」は12日から15日まで断続的に航空機に制圧され、潜航と浮上を繰り返し、危うく電力を失う寸前だった。

19日潮岬260度6・5浬でまたも「駒橋」が護衛中の輸送船「加智山丸」を撃沈、23日に伊勢半島の大王崎東南東17㎞でタンカー「大神丸」と輸送船「弘和丸」を撃沈。30日16時過ぎ特設監視艇「第3松成丸」と「第2旭丸」と遭遇、戦闘を行うが視界の悪化に伴い撤退し、10月8日に真珠湾へ帰投した。

真横から見た「ハーダー」。長砲身の4インチ甲板砲や凸型の艦橋構造物がよく分かる

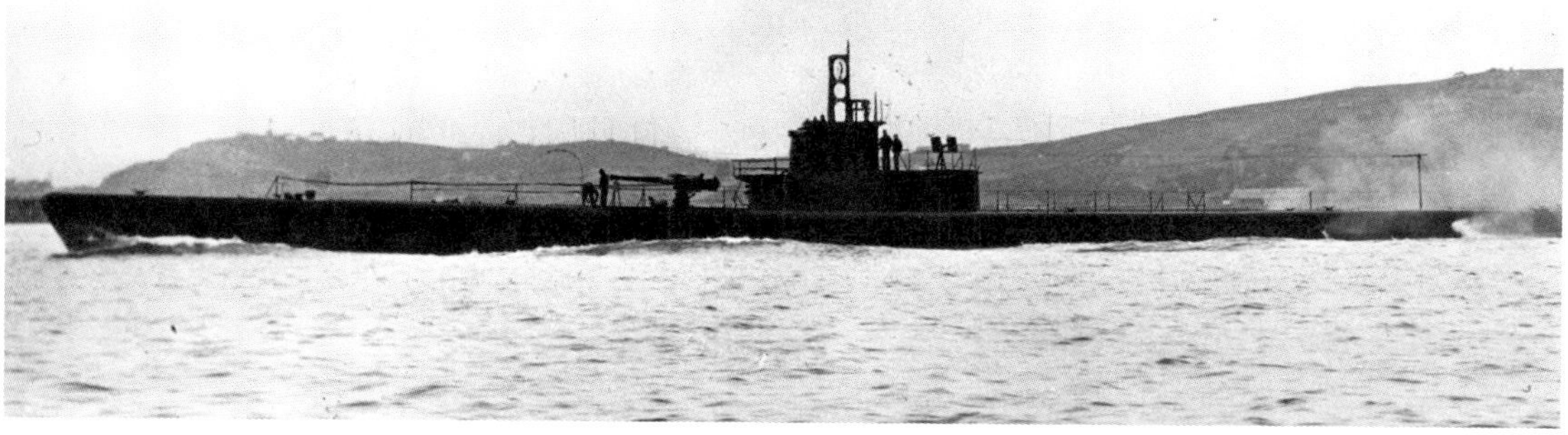

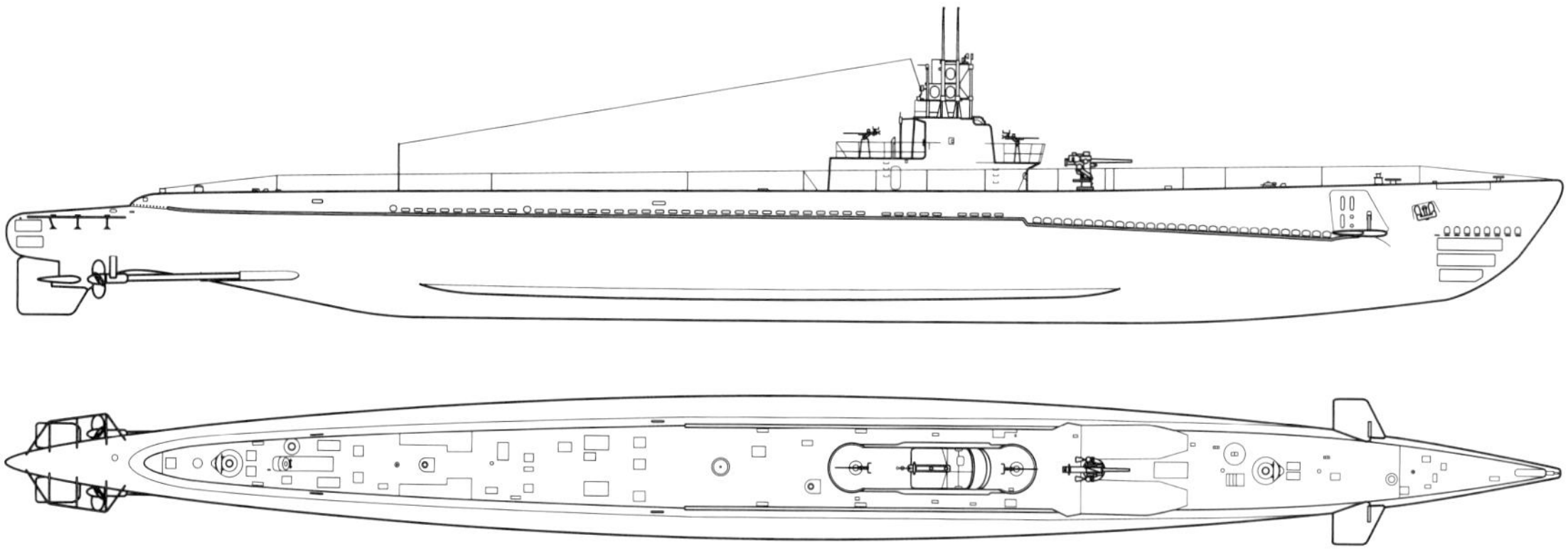

前後に銃座を備えた凸型の艦橋構造物を持っている「ハーダー」。前甲板には3インチ砲（76㎜砲）を、艦橋には20㎜機銃を装備している。3インチ甲板砲は威力不足だったため、後に4インチ砲（102㎜砲）に換装している

### 3回目、4回目の戦闘哨戒 駆逐艦「雷」を返り討ちに

1943年10月30日、3回目の出撃で、SS-264「パーゴ」と共にマリアナ方面へ向かう。11月12日午後、マリアナ諸島北端のファラリョン・デ・パハロス（ウラカス）島北北西60㎞で特設掃海艇「第十一鶚《みさご》丸」を撃沈。浮上し同行の輸送船を砲撃で沈めたとなっているが、日本側記録では該当船舶は不明である。

19日早朝、ウラカス島北東約360㎞で、駆逐艦「夕月」他に護衛された第4114船団を攻撃。輸送船「鵜戸丸」を撃沈、「北江丸」を大破させる。「夕月」は輸送船「日鉱丸」と共に「北江丸」を曳航しようとするが失敗。「夕月」と「第46哨戒艇」は「ハーダー」に攻撃を仕掛けるが見失い、逆に「ハーダー」は夜陰に乗じて「日鉱丸」と「北江丸」を沈め、翌朝レーダーで探知した駆逐艦と思われる反応に残りの魚雷を発射し、真珠湾へと帰投する。

その後、定期オーバーホールで12月12日にメア・アイランド海軍造船所へ回航された。この時、信頼性が低く、「尻軽女」

**■潜水艦「ハーダー」**（1942年就役時）

| | | | |
|---|---|---|---|
| 基準排水量 | 基準1,525トン/水中2,424トン | 全長 | 95.02m |
| 全幅 | 8.31m | 吃水 | 4.6m |
| 主機・電動機 | H.O.R.式ディーゼル4基&アリス・チャルマーズ式電動機4基 | | |
| 軸数 | 2軸 | | |
| 軸馬力 | 水上5,400hp/水中2,740hp | | |
| 最大速力 | 水上21ノット/水中9ノット | | |
| 航続距離 | 水上10ノットで20,000浬/水中2ノットで48時間 | | |
| 発射管 | 53㎝魚雷発射管10門（艦首6/艦尾4） | | |
| 魚雷搭載数 | 24 | | |
| 備砲 | 76㎜単装砲1基、20㎜機銃1挺、12.7㎜機銃2挺 | | |
| 安全潜航深度 | 90m | 乗員 | 60名 |

と言われるほどだったH.O.R(ホーヴェン＝オーエンス＝レントシュラー)社のエンジンをゼネラルモーターズ製に換装した。1944年2月19日にオーバーホールは完了、27日に真珠湾へ帰投する。

3月16日に4回目の戦闘哨戒に出撃。「ハーダー」はSS-304「シーホース」と共にカロリン諸島方面に向かい、第58任務部隊のパラオ空襲支援任務に就いた。同部隊はパラオに続いて4月1日にウォレアイ環礁(メレヨン)を空襲、レーダー、通信設備を破壊、滑走路に損害を与え、備蓄燃料の大部分を焼失させた。その際、撃墜されたパイロットが海岸で救助を待っているのを確認、「ハーダー」は日本側の反撃の中、環礁に侵入、ゴムボートでパイロットを救出した。

4月13日にグアム南南西沖を浮上航行中、日本軍の哨戒機が「ハーダー」を発見。連絡を受けた駆逐艦「雷《いかづち》」が急行するが、「ハーダー」は逆に待ち伏せし「雷」を撃沈する。この時、ディーレイ艦長は"Expended four torpedoes and one Jap destroyer!(4本の魚雷と日本の駆逐艦を消費した!)"と記録を残している。17日に貨物船「松江丸」を攻撃、同船は火災発生で船体放棄後沈没。20日にウォレアイ環礁を砲撃、5月3日オーストラリア西岸のフリーマントルへと帰投した。

OFFICIAL PHOTOGRAPH
NOT TO BE RELEASED
FOR PUBLICATION
NAVY YARD MARE ISLAND, CALIF
RESTRICTED

3回目の戦闘哨戒を終えた1944年2月7日、カリフォルニア州メア・アイランド海軍造船所で撮影された「ハーダー」。機銃の防盾、4インチ砲の後部、上部構造物などの形状が把握しやすい一葉だ

## 5回目の戦闘哨戒 駆逐艦3隻を葬る

5回目の出撃は44年5月26日、SS-272「レッドフィン」と共にセレベス海方面に向かう。6月6日夜、ボルネオ島とミンダナオ島間のシブツ海峡で、駆逐艦「若月」と「水無月」をレーダーで発見、接近してきた「水無月」を沈めたが、「若月」への魚雷は外れた。

翌7日早朝、タウイタウイ沖で哨戒機に発見されたが、急行してきた駆逐艦「早波」に魚雷3本を発射、2本を命中させて撃沈した。8日夜にイギリス諜報員と連絡を取り、9日夕方タウイタウイ沖で之字運動中の駆逐艦を発見、近くにいた「谷風」を目標に定めて潜望鏡深度で待ち続け、魚雷4本を発射。1本が「谷風」の左舷艦首、1本が左舷一番砲塔と艦橋の間に命中、大爆発と共に瞬時に轟沈した。

翌朝にはイギリス人諜報員と連絡士官を回収、同日夕方、第三次渾《こん》作戦に出撃した戦艦「大和」以下の艦隊を発見、追跡を行うが、「武蔵」からの砲撃を受ける。急行してきた駆逐艦「沖波」に真正面から魚雷を発射、爆発音を確認したので撃沈と判断、爆雷攻撃を潜水して退避した。

だが実際には「沖波」は全ての魚雷を回避、損害はなかった。7月3日にダーウィンに帰投するが、日本側はタウイタウイが大規模な潜水艦隊に包囲されていると判断、第一機動部隊を後退させたため、後にマリアナ沖海戦で日本側が大損害を受けるきっかけを作った。

OFFICIAL PHOTOGRAPH
NOT TO BE RELEASED
FOR PUBLICATION
NAVY YARD MARE ISLAND, CALIF
RESTRICTED

同じく1944年2月7日に撮影された、「ハーダー」の艦尾部

## 最後の戦闘哨戒―― 自らの命運も尽きる

そして1944年8月5日、SS-255「ハッド」、SS-256「ヘイク」と共に6回目の戦闘哨戒に出撃した。フィリピン・ミンドロ島沖で別部隊と合流し、湾内のミ12船団を待ち受ける。21日に出港した船団は潜水艦の包囲網で損害を受けるが、「ハーダー」の戦果は無かった。

22日4時頃、バターン沖で「ハッド」と共に対潜掃討中の海防艦「日振」「松輪」「佐渡」を発見。ディーレイ艦長は、攻撃を渋る「ハッド」のニミッツ・ジュニア艦長(太平洋艦隊のニミッツ司令長官の長男)を説得し、これを全滅させる。「ハーダー」が「松輪」「日振」を、「ハッド」が「佐渡」を撃沈したと見られている。

23日にはタマ24A船団を攻撃、護衛の駆逐艦「朝風」を撃破。護衛されていた「二洋丸」はルソン島西岸のダソル湾奥へ退避した。その救援に第22号海防艦と元米駆逐艦「スチュワート」の第102号哨戒艇が急行する。「ハッド」が補給に移動し、「ハーダー」は「ヘイク」と共に「二洋丸」を追うが、救援部隊が到着したため、一時攻撃を諦めた。

24日6時47分、「ヘイク」は「ハーダー」の潜望鏡を確認するが、ほぼ同時に湾口で警戒中の第22号海防艦もソナーで「ハーダー」を発見、「ハーダー」からの魚雷攻撃を回避する。第22号海防艦は7時28分に「ハーダー」の潜望鏡位置で爆雷を投下すると、大量の噴煙や重油が浮かんできた。「ヘイク」も4km西方で15発の爆発音を確認している。

「二洋丸」は第22号海防艦と第102号哨戒艇の護衛でマニラへと帰投。それに対して「ハーダー」はその後一切の連絡が取れなくなり、喪失と判断された。

1944年4月1日、ウォレアイ環礁で撃墜された海軍のパイロット、ジョン・ガブリン少尉を救助している「ハーダー」。SOCシーガル水偵が近くに着水している

## 潜水艦乗りの中の潜水艦乗り

第二次世界大戦中のアメリカ海軍艦艇の戦闘詳報や航海日誌をまとめてマイクロフィルム化した公文書は現在公開されており、325ページに亘る「ハーダー」のそれも入手が可能で、それは"The most brilliant submarine patrol of the war(大戦中最も輝かしい戦闘哨戒を行った潜水艦)"との一文から始まっている。

詳報を読むと「ハーダー」のディーレイ艦長は相手の正面で待ち伏せ、1000m以下まで引き付けて魚雷を発射するという戦法を好んで行った。これは日本の駆逐艦や駆潜艇などが、正面に攻撃可能な対潜兵器を持っていないのを理解していたからだと考えられる。

1944年6月、僅か4日で3隻の日本駆逐艦を沈め、日本軍のマリアナ方面の作戦を狂わせるという戦果を挙げたディーレイ艦長は「潜水艦乗りの中の潜水艦乗り」と呼ばれ、名誉勲章と海軍十字章を受章。「ハーダー」も殊勲部隊章を受章した。

# 潜水艦
# 「アップホルダー」
## (イギリス)

### 海中の海賊として地中海を席巻したイギリス海軍最高の殊勲潜水艦

### 艦名の由来～支持者・擁護者

アップホルダー(Upholder)とは、文字通りアップ(上げて)してホールド(維持する)する人、つまり支持者、擁護者の意味となる。イギリスのU級潜水艦の一隻だが、このクラスは基本的には艦の名前が「U」から始まる文字が付けられており、一番艦はアンダイン(Undine)で水の精霊として知られるウンディーネのことである。なお、アンダインの語源はラテン語の「波」から来ており、艦艇にはふさわしい名前と考えられたのだろう。

### 悠久の潜水艦…もといU級潜水艦

1930年のロンドン海軍軍縮条約によって、参加各国とも潜水艦の保有量を合計5万2700トン以下に制限された。そのため英海軍は沿岸哨戒用の安価な小型潜水艦を必要とした。

そこで潜水艦隊少将のノエル・ローレンスは老朽化した第一次世界大戦時のH級潜水艦の代替として、1934年に「対潜訓練等用の小型で単純な潜水艦」の建造を承認、1936年11月5日にヴィッカース・アームストロング社に最初の3隻、「アンダイン」、「ユニティ」、「アーシュラ」が発注される。

本級は200フィート(61m)まで潜水可能な厚さ0・5インチの鋼鉄で船体が作られ、615hp(460kW)を発するパックスマン・リカルド・ディーゼルエンジンを2基と825hp(615kW)の電動機を搭載、水上速度11・25ノット、水中10ノットを発揮可能だった。

またこれまでの潜水艦では、スクリューは水上航行に適した造りであったが、本級では水中で最大の効率を発揮するように設計された。だがこのスクリューによって発生するキャビテーション(液体の流れの中で圧力差によって短期的に泡が発生と消滅を起こす現象)ノイズは「歌うプロペラ」と呼ばれ、本級の悩みの種ともなった。

航続距離は水上10ノットで3800浬、水中2ノットで120浬で、まだシュノーケルを搭載していなかったために、バッテリーへの充電は浮上して行う必要があった。

武装は艦首に4本の魚雷発射管を備え、一部は艦の上部に外部発射管を2本追加している。ただ、外部発射管を装備すると大きな艦首波を発生するため、短い潜望鏡しか装備していない本級にとっては邪魔となり、また6本斉射すると急激に艦首部重量が減少し、最近F1でも問題となっている縦揺れ(ポーポイズ)が発生するので、装備しない艦の方が多かった。

1938年に最初の3隻が就役すると、良好な運用結果を受けて、キャビテーションを減少させるために艦尾形状が再設計され、一部では艦首波を減らすために艦首形状も変更され、水平舵も大型化した第2グループ12隻が発注された。「アップホルダー」は外部発射管を備えた4隻のうちの1隻として1939年9月4日に発注、10月30日に他の艦同様ヴィッカース・アームストロング社のバロー・イン・ファーネス海軍造船所で起工、1940年7月8日に進水、10月31日に就役した。

浮上航行する「アップホルダー」。ウォンクリン艦長の指揮下で大きな戦果を挙げた

### 「アップホルダー」1941年の活躍

1940年8月、マルコム・デイヴィッド・ウォンクリン大尉が「アップホルダー」艦長に就任し、スコットランド西岸のホーリー・ロッホに移動して5カ月に渡る艤装と試験を実施。戦闘に参加可能な状態となると、同級の他の艦の多くと同じようにマルタ島を拠点としていた第10潜水戦隊に配属され、12月10日に同地へと向かった。

ウォンクリン艦長は5歳で船乗りに憧れ、6歳の時に叔父が指揮してUボートを沈めた駆逐艦の修理の際に面会し感銘を受け、14歳で英海軍に入隊した。色覚

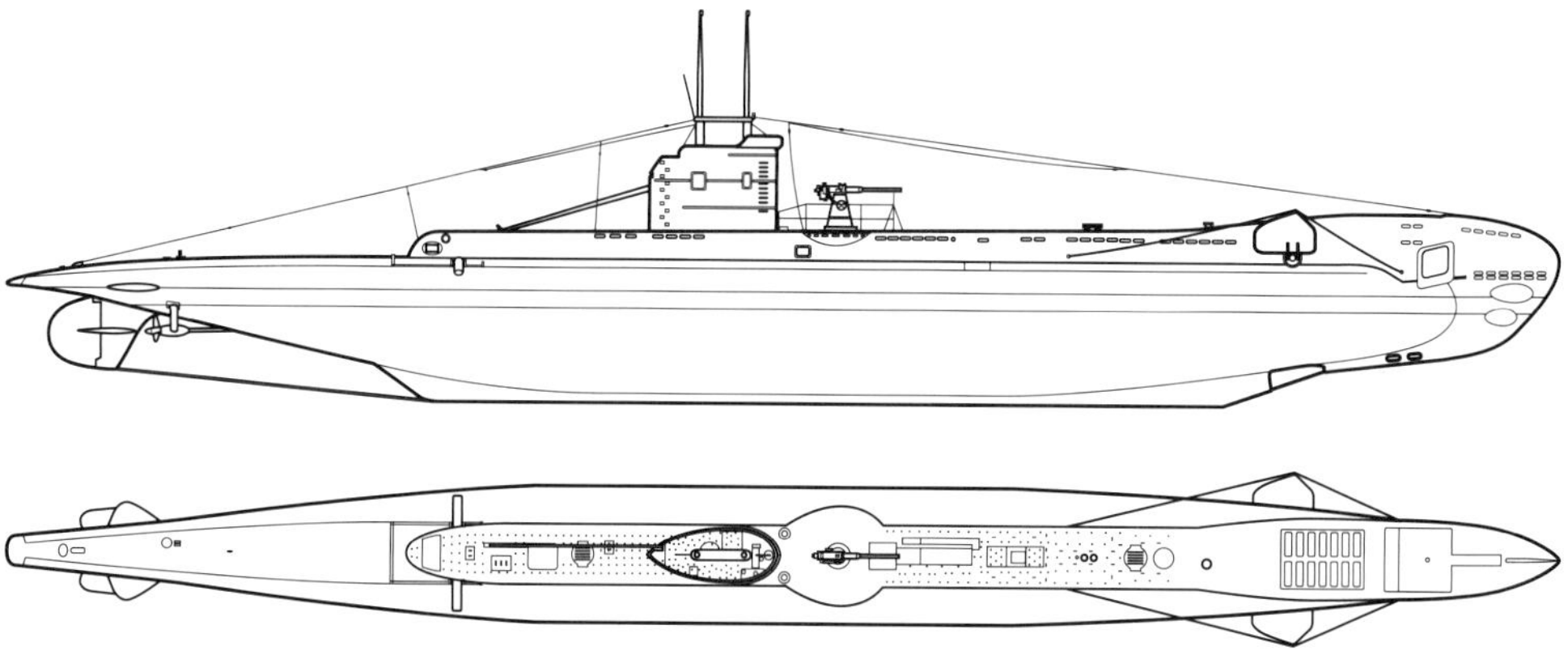

艦首部の外装式発射管のためのバルジ部分が印象的なU級「アップホルダー」。
魚雷発射管は艦首に4門+2門、砲は7.6cm単装砲1基を備えている

**■U級潜水艦第2群**

| | | | | | | | |
|---|---|---|---|---|---|---|---|
| 排水量 | 基準540トン/水中730〜732トン | 全長 | 58m | 全幅 | 4.90m | 吃水 | 3.0m |
| 主機・電動機 | パックスマン・リカルド式ディーゼル2基+ジェネラル・エレクトリック式電動機2基 | | | | | | |
| 軸数 | 2軸 | | | 軸馬力 | 水上615hp/水中825hp | | |
| 速力 | 水上11.25ノット/水中10ノット | | | 航続距離 | 水上10ノットで3,800浬/水中2.5ノットで170浬 | | |
| 発射管 | 53.3cm魚雷発射管6門 (艦首4/艦首水上2)(後期艦は艦首4のみ) | | | | | | |
| 魚雷搭載数 | 10 | 備砲 | 7.6cm単装砲1基 | 安全潜航深度 | 60m | 乗員 | 36名 |

マルタ島で撮影された「アップホルダー」（左）とU級第2群の「アージ」。同じU級だが、「アージ」は水上発射管用の艦首バルジがないためまったく印象が異なる。「アージ」も「アップホルダー」の後を追うように1942年5月6日に撃沈された

異常があったが医師の指導によって克服、優秀な成績で士官候補生となり、戦艦「マールバラ」、巡洋戦艦「レナウン」などの乗り組みを経由して潜水艦部隊に転属、40年に前述のH級潜水艦に乗艦すると、幾つかの戦果の後、「アップホルダー」の艦長となった。

途中の12月14日にスペイン北海岸で哨戒活動を行い、25日にジブラルタルに入港、1941年1月1日にカサブランカを出港した可能性があるヴィシー・フランス艦隊の迎撃に出撃したが、任務は撤回されマルタ島への船団護衛のための哨戒活動を行った。

マルタ島に移動した後、1月26日に兵員輸送船の船団を発見し、4本の魚雷を発射するが戦果無し。28日には独輸送船「デュイスブルク」を損傷させ、30日に伊船団を攻撃するが戦果無しで、逆に爆雷攻撃を受けた。

2月1日にウォンクリン艦長は少佐に昇進、4月上旬には独空軍のケッセルリンク司令に対する暗殺計画のための特殊部隊輸送任務に選ばれたが、作戦は延期され最終的に放棄された。

「N99」とセイルに描かれた「アップホルダー」。ウォンクリン艦長が前方を指さしている

トリポリ、シチリア、チュニジア周辺で哨戒活動を行い、何度か攻撃を行ったが戦果無く、4月25日にリン酸塩を積んでいた伊輸送船「アントニエッタ・ラウロ」を撃沈、これが以後多数の撃沈スコアの始まりだった。

26日には座礁した独輸送船「アルタ」を爆破、5月1日には独輸送船「アルクトゥルス」を撃沈、同「レバークーゼン」を損傷させ、再攻撃で撃沈した。20日に伊貨物船「ディエルピ」、タンカー「ウティリタス」、「ウラノ」に攻撃を加えて損傷させたが、「アップホルダー」は戦果確認できず。23日に仏タンカー「キャピテーヌ・ダミアーニ」を損傷させ、24日伊兵員輸送船「コンテ・ロッソ（1万7789総トン）」を撃沈、1291名が死亡、1441名が救助された。

6月5日から17日までウォンクリン艦長は休養のために一時的に指揮をアーサー・リチャード・ヘズレット艦長へ引き継ぐ。7月3日に伊輸送船「ラウラ・C」に魚雷2発を命中させ、同船は曳航中に沈没した。17日には他の潜水艦と共に演習を実施、マルタ島へ5000人の兵員を輸送する「サブスタンス」作戦が開始されるとこれに参加、伊艦隊基地や航路周辺の警戒に当たった。だが伊艦隊は出撃せず、航空攻撃と潜水艦攻撃のみで、軽巡「マンチェスター」が損傷、駆逐艦「フィアレス」が処分されただけで、作戦は成功に終わった。

6月24日に伊輸送艦「ダンドロ」を損傷させ、28日には伊軽巡「ジュゼッペ・ガリバルディ」に魚雷を命中させ、4カ月間のドック入りを余儀なくさせた。8月20日伊輸送船「エノトリア」、22日には伊輸送船「ルッシン」を撃沈、24日は長い名前で有名な伊軽巡「ルイージ・ディ・サヴォイア・ドゥーカ・デッリ・アブルッツィ」に魚雷攻撃を行うがこれは外れた。

U級潜水艦の甲板に装備されていた7.6cm単装砲1基

9月18日には他の潜水艦と共に厳重に護衛された船団襲撃を行い、好位置にいた本艦が伊大型兵員輸送船「ネプテュニア（1万9475総トン）」、「オセアニア（1万9507総トン）」を撃沈する大戦果を挙げた。6隻の駆逐艦に護衛されていたが、最初の攻撃で輸送船2隻に命中、浮上して停止しているのを確認、潜水して再装填中に駆逐艦が上を通ったが攻撃はされず、再浮上して魚雷2本を発射して沈めたが、最後まで駆逐艦からの攻撃は受けなかった。

11月7日にはそれまでの哨戒海域を離れ、ベンガジに向かう船団を警戒し、シチリア島とギリシャの間のイオニア海方面に移動した。8日に「ルイージ・セッテンブリーニ」と思われる伊潜水艦を攻撃して爆発音と油の放出を確認したが、実際には被害はなかった。

同月9日、伊駆逐艦「リベッチオ」を雷撃、艦尾を吹き飛ばし、同艦は曳航中に沈没した。11月25日からシチリア島からイタリア南部で哨戒を実施、12月1日に3隻の伊軽巡と5隻の駆逐艦からなる艦隊に4発の魚雷を発射するが、全弾外れた。12月29日にはウォンクリン艦長が休暇のためパトリック・ノーマン艦長が指揮に就くが、31日には復帰したウォンクリン艦長の指揮下でシチリア島北部の哨戒を実施した。

## イタリア艦船キラー トリポリ沖に死す

1942年1月4日、伊輸送船「シリオ」に魚雷を命中させるが、沈めるには至らなかった。5日、浮上中の伊潜水艦「アミラリオ・サン＝ボン」を撃沈する。2月1日にまたノーマン艦長に交代。イタリアが旧ユーゴスラビアの駆逐艦「ドゥブロヴニク」を接収し、改名して運用していた伊駆逐艦「プレムダ」を発見したが攻撃に失敗。8日、「アップホルダー」の魚雷は外れたが、魚雷から退避中の伊輸送艦「ボスフォロ」が衝突して沈没した。

イギリス海軍潜水艦博物館に展示されているウォンクリン艦長の肖像画

2月21日にウォンクリン艦長が復帰、トリポリ周辺を哨戒、27日に伊輸送船「テンビアン」を撃沈する。3月14日にはタラント沖の哨戒を実施、18日に伊潜水艦「トリチェコ」を撃沈、19日に伊補助掃海艇「B.14マリア」を砲撃で沈める。3月23日には伊戦艦「リットリオ」を発見、雷撃したが全て外れた。

4月6日に改装のために本国に戻る前の最後の任務に出撃、英秘密情報部の諜報員を移送した後、トリポリ沖でT級潜水艦「スラッシャー」と哨戒線を形成した。だが、その周辺は1日に伊側が機雷を敷設していた海域で、「アップホルダー」は恐らく4月14日に触雷して未帰還となった。

伊水雷艇「ペガソ」の攻撃で沈んだとの主張もあるが、最近の研究では「ペガソ」が攻撃したのはイルカの群れだったとされている。こうして、イタリア艦船13隻、ドイツ船2隻、計9万3031総トンを撃沈し、英潜水艦で最も成功を収めた武勲艦「アップホルダー」の喪失は8月22日に告示された。

## ●砲塔内部のメカニズム

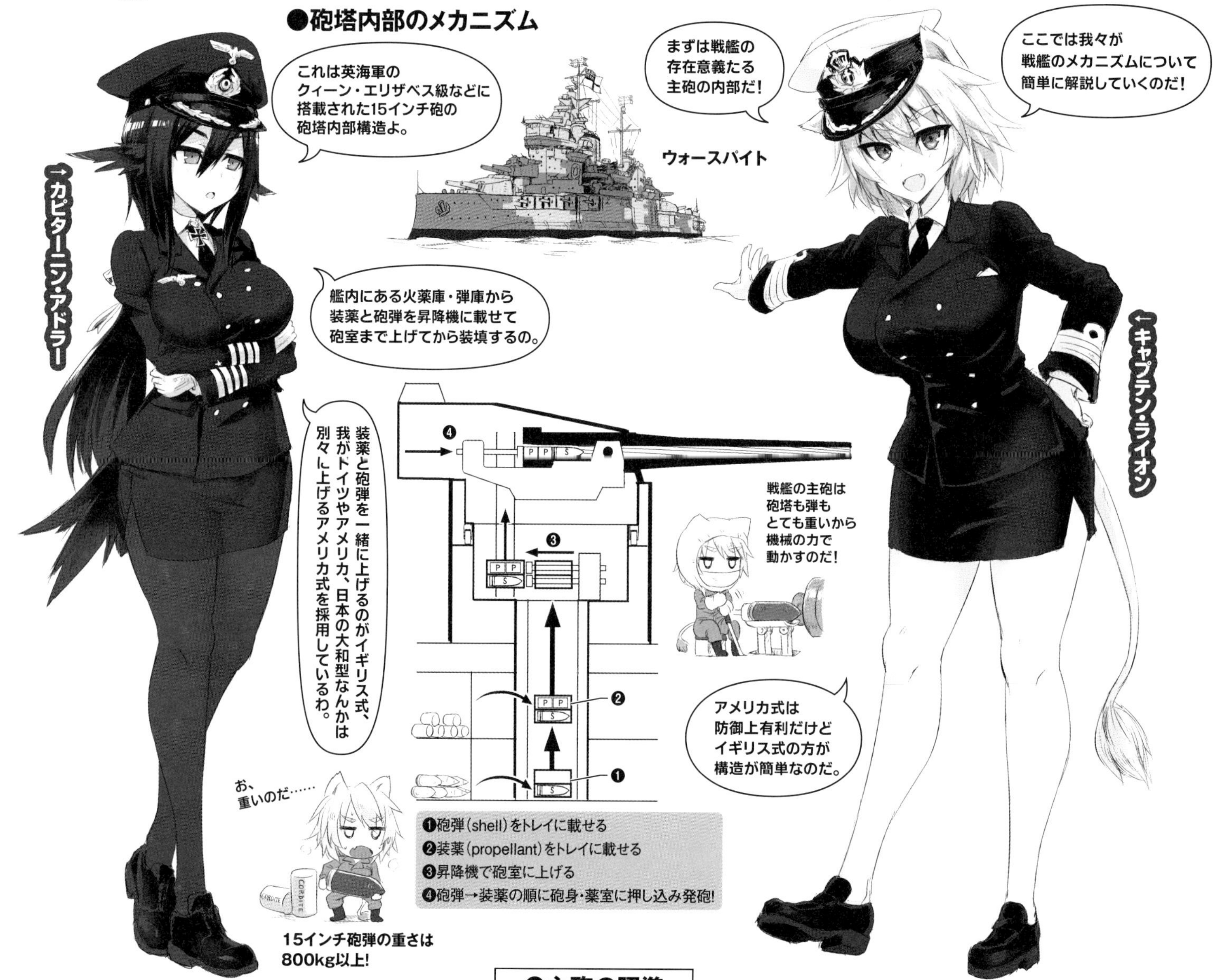
これは英海軍の
クィーン・エリザベス級などに
搭載された15インチ砲の
砲塔内部構造よ。
まずは戦艦の
存在意義たる
主砲の内部だ！
ここでは我々が
戦艦のメカニズムについて
簡単に解説していくのだ！
ウォースパイト
→カピターニン・アドラー
←キャプテン・ライオン
艦内にある火薬庫・弾庫から
装薬と砲弾を昇降機に載せて
砲室まで上げてから装填するの。
装薬と砲弾を一緒に上げるのがイギリス式、我がドイツやアメリカ、日本の大和型なんかは別々に上げるアメリカ式を採用しているわ。
戦艦の主砲は
砲塔も弾も
とても重いから
機械の力で
動かすのだ！
アメリカ式は
防御上有利だけど
イギリス式の方が
構造が簡単なのだ。
お、
重いのだ……
CORDITE
①砲弾（shell）をトレイに載せる
②装薬（propellant）をトレイに載せる
③昇降機で砲室に上げる
④砲弾→装薬の順に砲身・薬室に押し込み発砲！
15インチ砲弾の重さは
800kg以上！

## ●主砲の照準

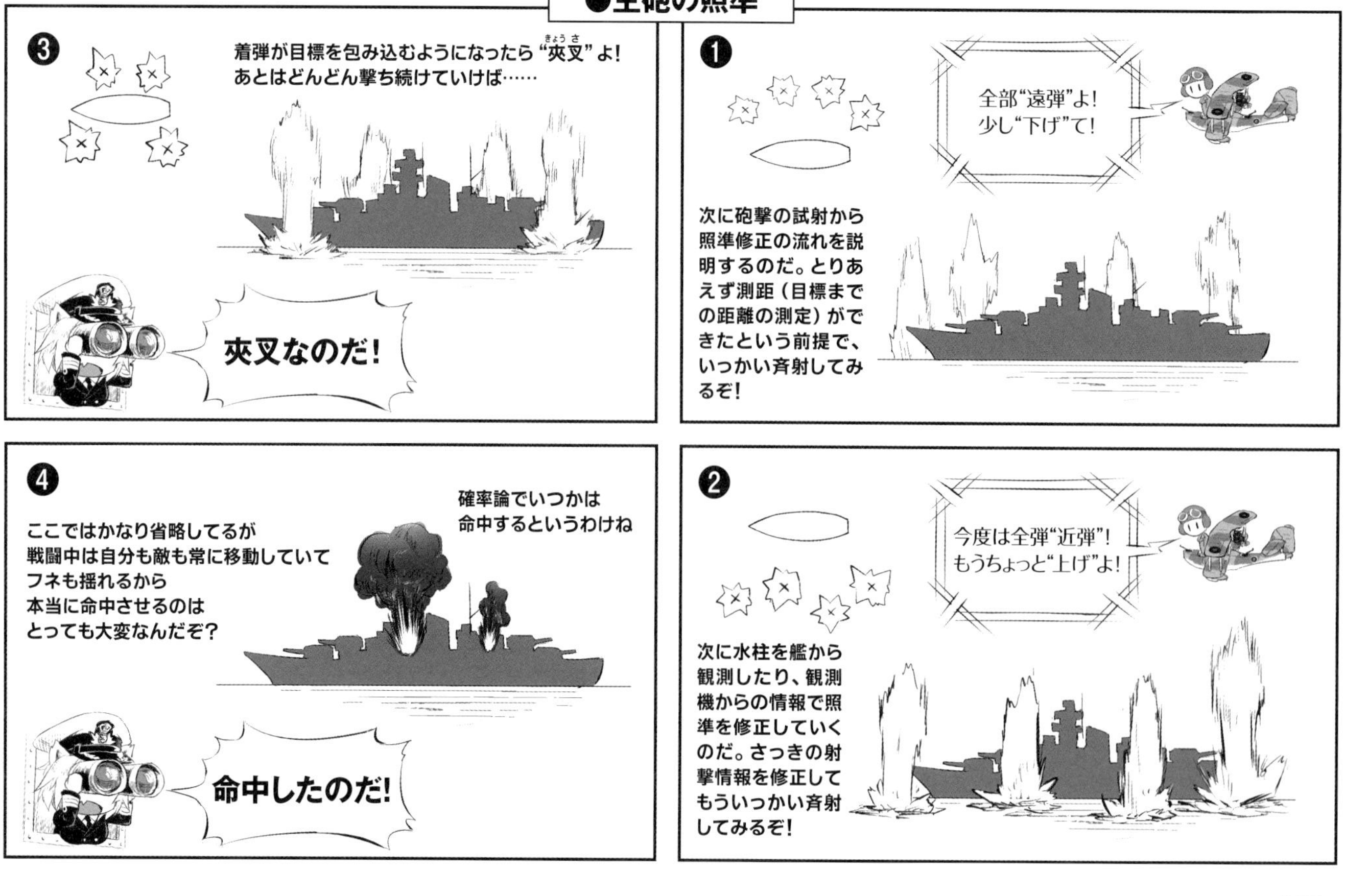
①
全部"遠弾"よ！
少し"下げ"て！
次に砲撃の試射から照準修正の流れを説明するのだ。とりあえず測距（目標までの距離の測定）ができたという前提で、いっかい斉射してみるぞ！
②
今度は全弾"近弾"！

もうちょっと"上げ"よ！

次に水柱を艦から観測したり、観測機からの情報で照準を修正していくのだ。さっきの射撃情報を修正してもういっかい斉射してみるぞ！
③
着弾が目標を包み込むようになったら"夾叉《きょうさ》"よ！

あとはどんどん撃ち続けていけば……

夾叉なのだ！
④
確率論でいつかは
命中するというわけね
ここではかなり省略してるが
戦闘中は自分も敵も常に移動していて
フネも揺れるから
本当に命中させるのは
とっても大変なんだぞ？
命中したのだ！

## ●装甲範囲

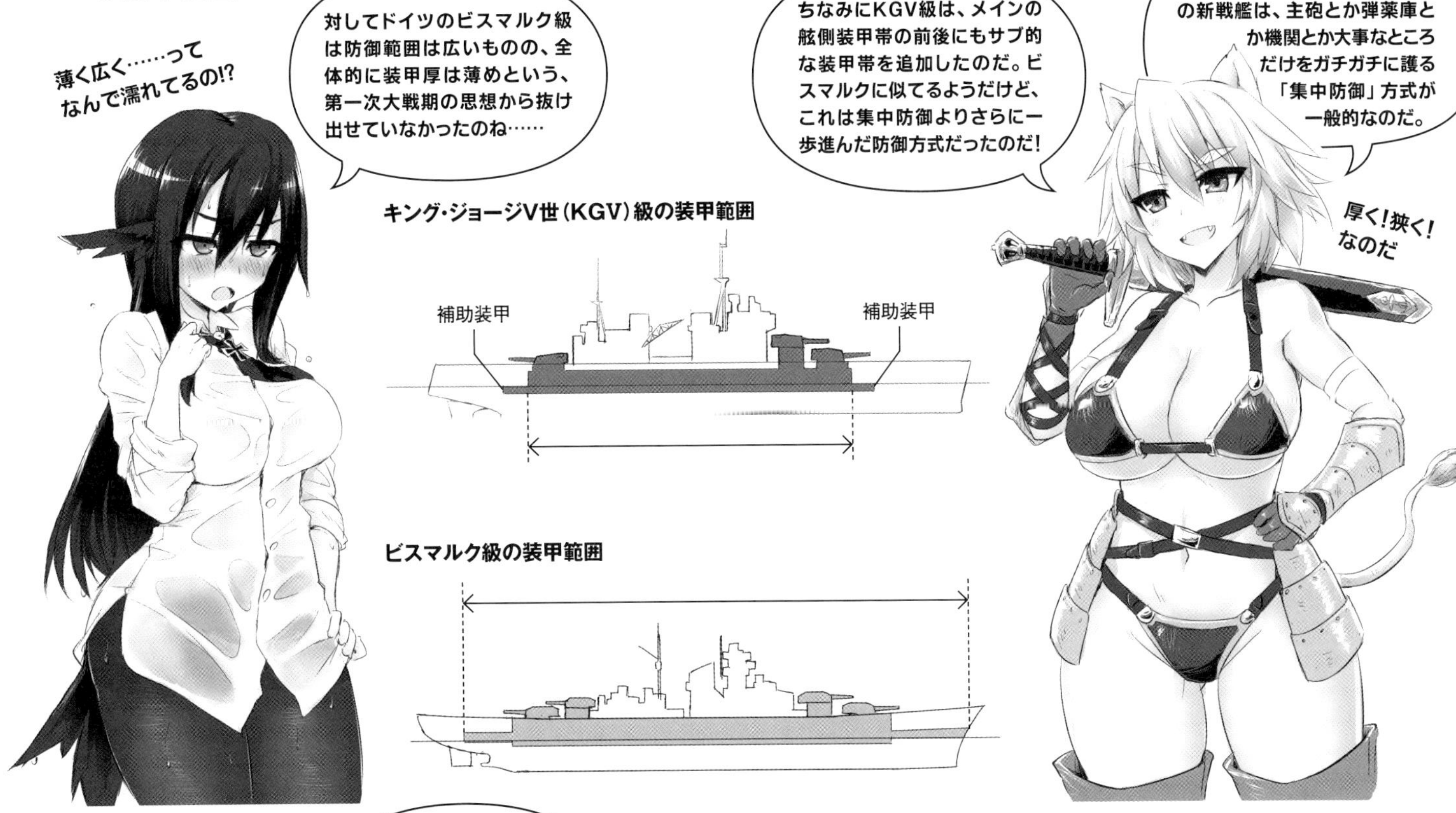

薄く広く……って
なんで濡れてるの!?
対してドイツのビスマルク級は防御範囲は広いものの、全体的に装甲厚は薄めという、第一次大戦期の思想から抜け出せていなかったのね……
ちなみにKGV級は、メインの舷側装甲帯の前後にもサブ的な装甲帯を追加したのだ。ビスマルクに似てるようだけど、これは集中防御よりさらに一歩進んだ防御方式だったのだ!
イギリスを含む第二次大戦ごろの新戦艦は、主砲とか弾薬庫とか機関とか大事なところだけをガチガチに護る「集中防御」方式が一般的なのだ。
厚く!狭く!なのだ
キング・ジョージV世(KGV)級の装甲範囲
補助装甲
補助装甲
ビスマルク級の装甲範囲


## ●装甲配置

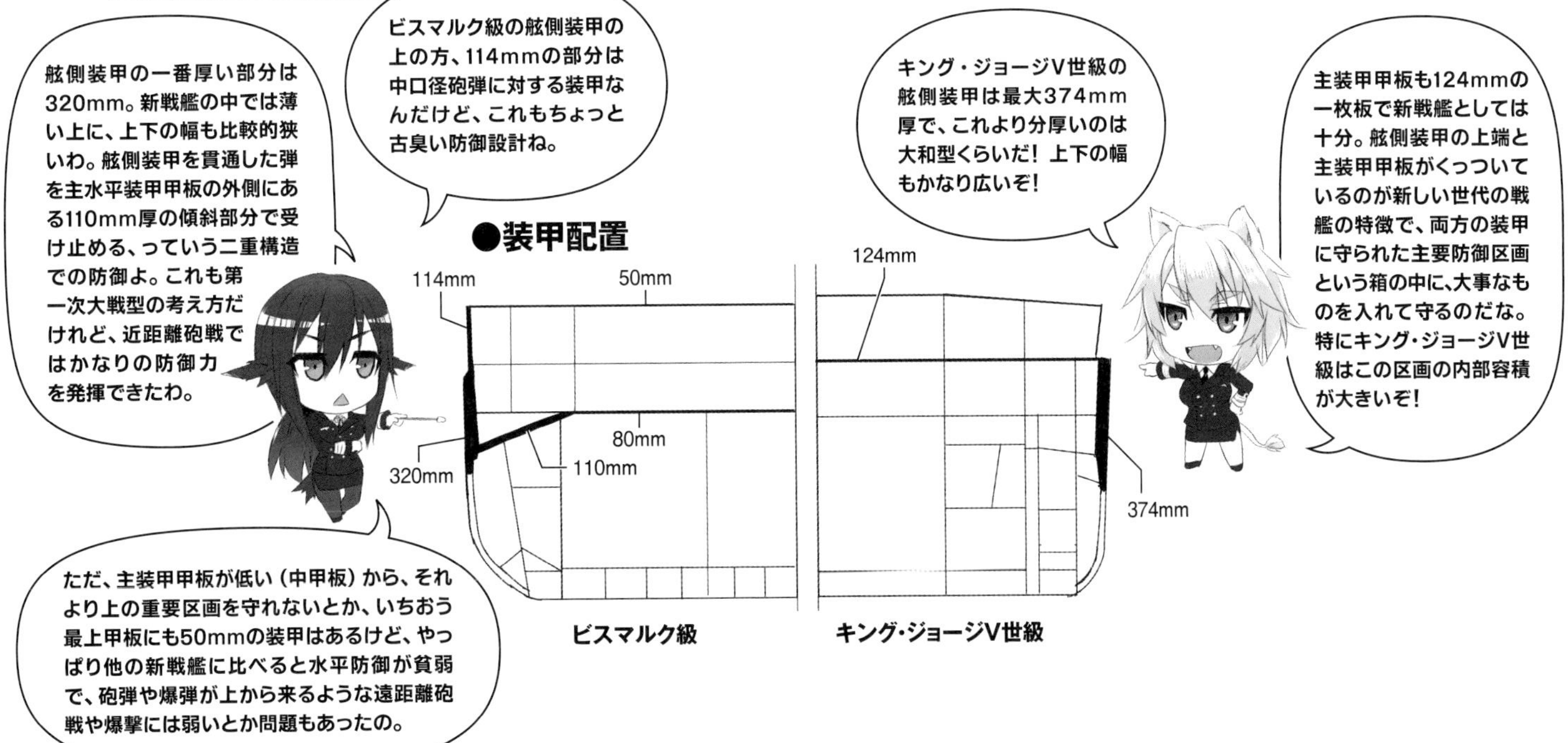

舷側装甲の一番厚い部分は320mm。新戦艦の中では薄い上に、上下の幅も比較的狭いわ。舷側装甲を貫通した弾を主水平装甲甲板の外側にある110mm厚の傾斜部分で受け止める、っていう二重構造での防御よ。これも第一次大戦型の考え方だけれど、近距離砲戦ではかなりの防御力を発揮できたわ。
ビスマルク級の舷側装甲の上の方、114mmの部分は中口径弾に対する装甲なんだけど、これもちょっと古臭い防御設計ね。
キング・ジョージV世級の舷側装甲は最大374mm厚で、これより分厚いのは大和型くらいだ! 上下の幅もかなり広いぞ!
主装甲甲板も124mmの一枚板で新戦艦としては十分。舷側装甲の上端と主装甲甲板がくっついているのが新しい世代の戦艦の特徴で、両方の装甲に守られた主要防御区画という箱の中に、大事なものを入れて守るのだな。特にキング・ジョージV世級はこの区画の内部容積が大きいぞ!
114mm
50mm
80mm
320mm
110mm
124mm
374mm
ビスマルク級
キング・ジョージV世級
ただ、主装甲甲板が低い(中甲板)から、それより上の重要区画を守れないとか、いちおう最上甲板にも50mmの装甲はあるけど、やっぱり他の新戦艦に比べると水平防御が貧弱で、砲弾や爆弾が上から来るような遠距離砲戦や爆撃には弱いとか問題もあったの。

ネルソン
チッ
KGV級はあえて舷側装甲を垂直にしたから時代遅れのドイツとはわけが違うのだ!


**【傾斜装甲】**

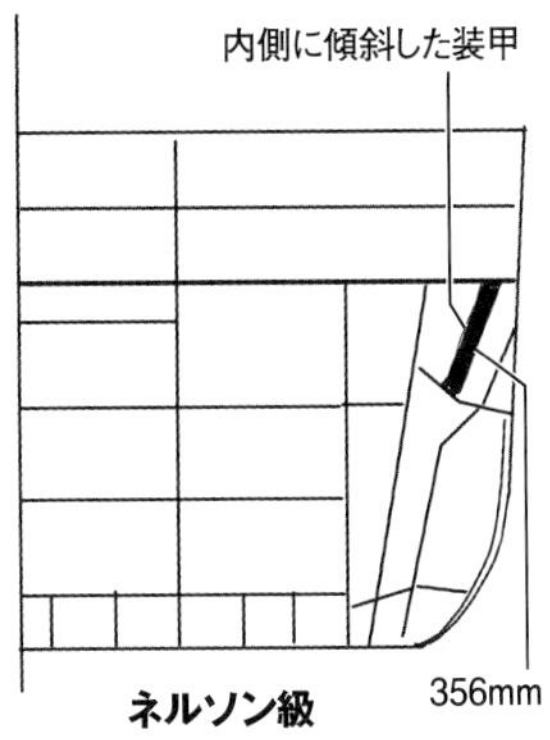

内側に傾斜した装甲
356mm
ネルソン級


ビスマルク級もKGV級も、舷側装甲は傾斜がついていない垂直なのだが、同年代の他の戦艦はだいたい舷側装甲が内側に傾いていたぞ。傾斜した装甲は実質的な厚みが増したり、防御上のメリットがあるので、各国の新戦艦では一般的になったし、我がロイヤルネイビーもフッドやネルソン級では傾いた舷側装甲を採用しているのだ。
ただ傾斜した装甲は斜めになってる分だけ、十分な上下幅を確保しようとすると重量がかさんだり、逆にネルソン級みたいに上下幅を狭くせざるをえなくなったりする。それに傾斜していると、装甲で守られる艦内の容積が小さくなってしまうという欠点もある。そのへんを天秤にかけて、KGV級では垂直だけど厚めの舷側装甲にしたのだ。

## ●戦艦の安全圏

### 遠距離の場合

遠距離の砲戦では、砲身が大きな迎角をとって砲弾を撃ち出すから、砲弾は山なりの弾道で上から飛んできて、甲板（水平）装甲に当たるわ。そして甲板装甲は舷側装甲とは逆に、距離が遠いほど貫徹させやすいのよ。遠ければ遠いほど、砲弾の落角は大きくなるし、落下速度もつくからね。
甲板装甲は……
近くでは貫徹されにくい
遠くでは貫徹されやすい

### 近距離の場合

近距離の砲戦では、砲弾はほとんど真横から、水平に近い角度で飛んできて舷側（垂直）装甲に当たるわ。そして距離が離れれば離れるほど、砲弾の運動エネルギーは減衰するし、砲弾に角度が付いて貫通しにくくなる。だから逆に、近ければ近いほど舷側装甲は貫徹されやすいことになるのよ。
舷側装甲は……
近いほど貫徹されやすい
遠いほど貫徹されにくい

これ以上近づくと舷側装甲を撃ち抜かれる距離〜これ以上離れたら水平装甲を撃ち抜かれる距離、この間のエリアがその戦艦にとっての“安全圏”なのだ…！
そして“安全圏”は自分の防御力と相手の攻撃力で決まってくるわ。自分の安全圏の中から、相手の装甲を撃ち抜ける主砲で攻撃できることが戦艦にとって理想的な状況ね。でも“安全圏”内だからって必ずしも安全とは限らないし、少しくらいなら機動力で補えたりもするわ。

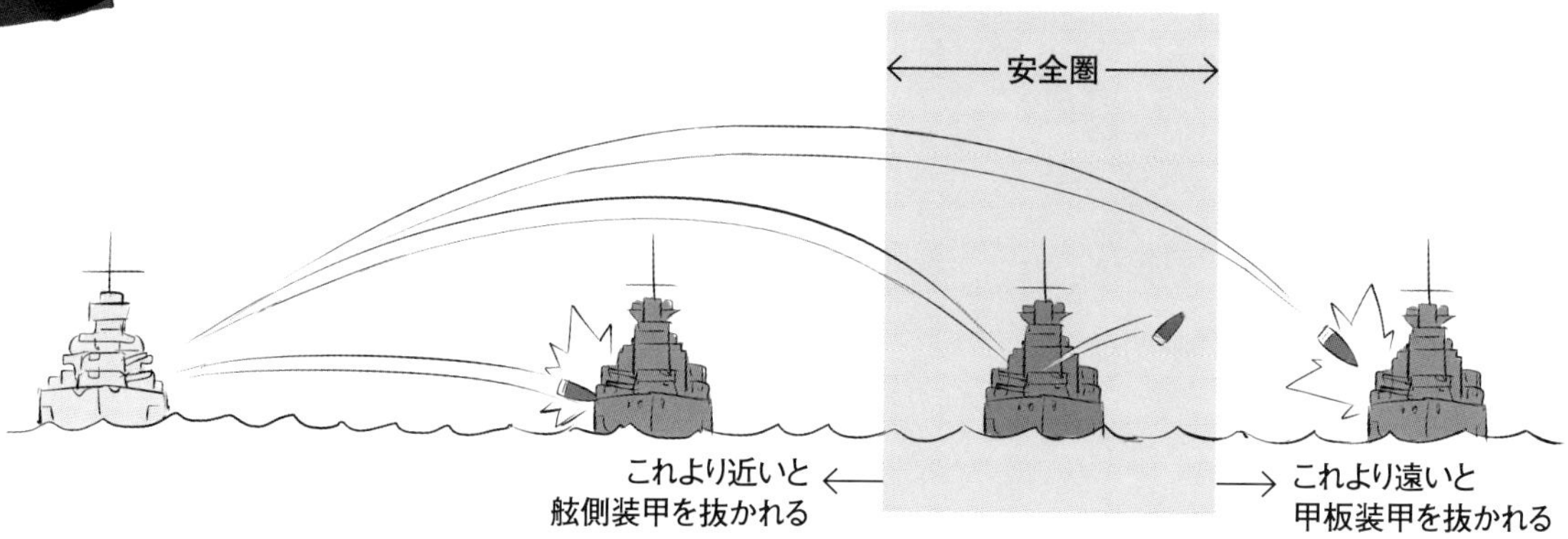
安全圏
これより近いと舷側装甲を抜かれる
これより遠いと甲板装甲を抜かれる

## ●蒸気タービン

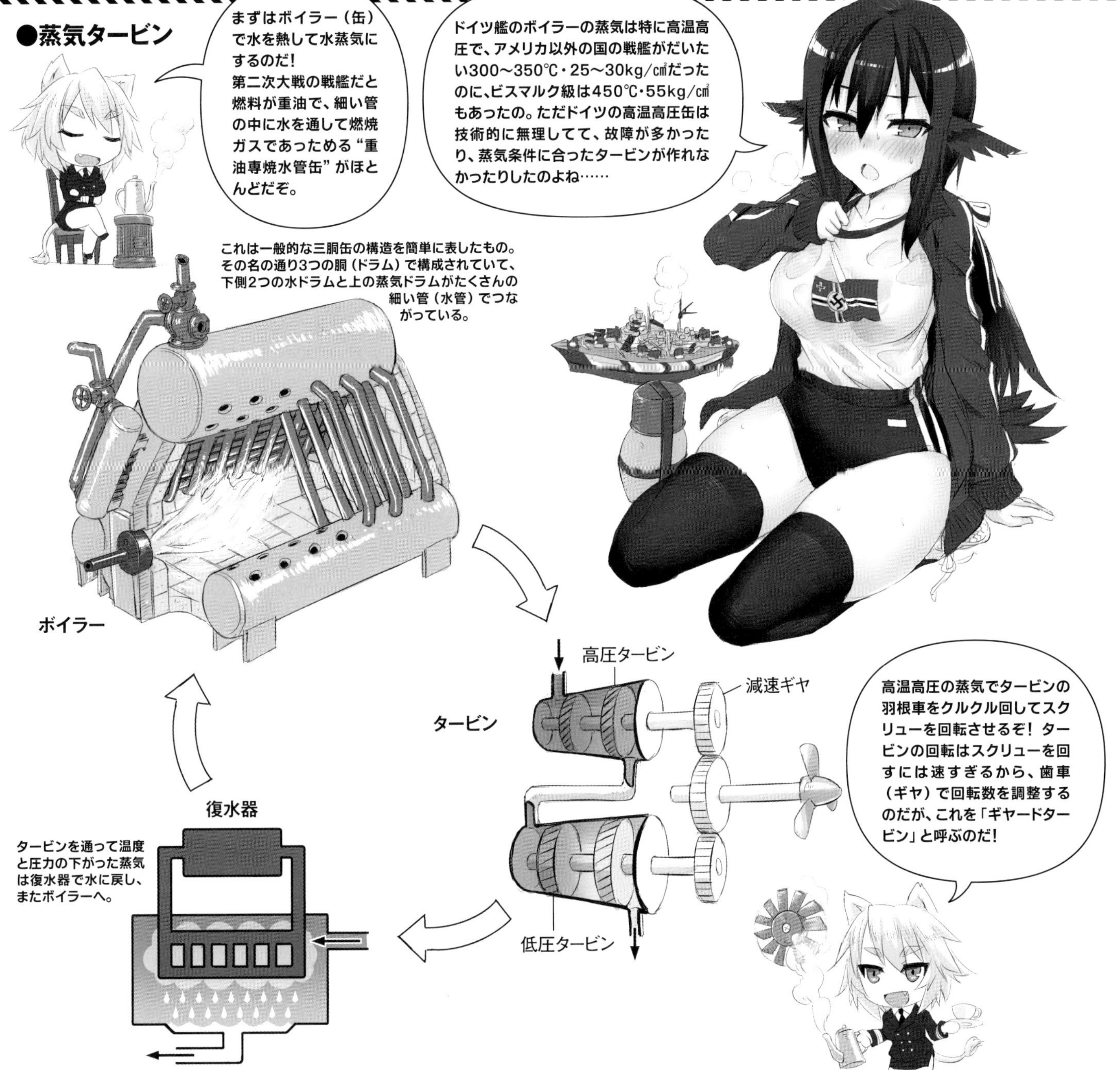
まずはボイラー（缶）で水を熱して水蒸気にするのだ！第二次大戦の戦艦だと燃料が重油で、細い管の中に水を通して燃焼ガスであっためる“重油専焼水管缶”がほとんどだぞ。
ドイツ艦のボイラーの蒸気は特に高温高圧で、アメリカ以外の国の戦艦がだいたい300～350℃・25～30kg/㎠だったのに、ビスマルク級は450℃・55kg/㎠もあったの。ただドイツの高温高圧缶は技術的に無理してて、故障が多かったり、蒸気条件に合ったタービンが作れなかったりしたのよね……
これは一般的な三胴缶の構造を簡単に表したもの。その名の通り3つの胴（ドラム）で構成されていて、下側2つの水ドラムと上の蒸気ドラムがたくさんの細い管（水管）でつながっている。
ボイラー
高圧タービン
減速ギヤ
タービン
低圧タービン
高温高圧の蒸気でタービンの羽根車をクルクル回してスクリューを回転させるぞ！タービンの回転はスクリューを回すには速すぎるから、歯車（ギヤ）で回転数を調整するのだが、これを「ギヤードタービン」と呼ぶのだ！
復水器
タービンを通って温度と圧力の下がった蒸気は復水器で水に戻し、またボイラーへ。

## ●推進軸と舵

ドイツの戦艦は伝統的に3軸艦が多いの。ビスマルク級も3軸で、舵は左右並列に2枚あるわ。ビスマルク追撃戦では艦尾に魚雷が命中した衝撃で折れ曲がった真ん中の推進軸が、そのまま回転して操舵装置を損傷してしまったのよね……
KGV級は大型艦としてはフツーの4軸艦！舵は真ん中におっきなのが1枚だけなのだ！「プリンス・オブ・ウェールズ」もマレー沖海戦で左舷外側の推進軸が魚雷で折れ曲がってしまい、船体をひどく傷つけて、大量の浸水と左側2軸が使用不能になる損害を生じているぞ。
戦艦にとって推進軸や舵は、防御できないアキレス腱のようだな……

## あとがき

「MC☆あくしず」誌で連載中の「少女艦艇列伝」は、普通の艦艇本では紹介されることが少ない主要国以外のマイナーな艦艇や数奇な運命を辿った艦艇などの解説が中心となっています。

もちろん著名艦も取り上げていますが、総力戦の背後では主力艦以外にマイナー艦でもマイナーなりに歴史とドラマがあり、同時に大国に翻弄される小国の悲哀と苦悩があるということを少しでも理解していただく手助けになればと考えて、毎回編集さんと取り上げる艦艇に関して頭を悩ませています。いいなと思っても、あまりにもマイナー過ぎて資料が全くないような艦艇も珍しくなく、僅か数行の資料を調べるために昔海外で買い込んできた洋書をひっくり返すのもしばしばです。

そんな連載も気が付くとこうして一冊の本になるほどの回を重ね、皆様のお手元に届けられるようになりましたので、楽しんで頂ければ幸いです。

鈴木貴昭

自分の絵が表紙になるのは人生初になります。MC☆あくしず本誌での「少女艦艇列伝」連載開始からの約７年分をようやく単行本という形に出来た事を大変嬉しく思います。有名どころに限らず古今東西の色んな艦種を勉強しながら擬人化できるのがこの連載記事の楽しい所であり、度々読者の皆様から頂くご感想や投稿ファンアートなどが何年も続けられている原動力になっています。できたら第２弾も出せるよう、今後ともよろしくお願い致します。

脱狗

## 初出一覧

戦艦「キルキス」…MC☆あくしずVol.47
戦艦「フィリプス・ウニティス」…MC☆あくしずVol.50
戦艦「センチュリオン」…MC☆あくしずVol.59
戦艦「ミナス・ジェライス」…MC☆あくしずVol.61
戦艦「アルミランテ・ラトーレ」…MC☆あくしずVol.46
戦艦「ジュリオ・チェーザレ」…MC☆あくしずVol.37
戦艦「リシュリュー」…MC☆あくしずVol.38
巡洋戦艦「ヤウズ」…MC☆あくしずVol.44
巡洋戦艦「ザイドリッツ」…MC☆あくしずVol.54
装甲艦「アドミラル・グラーフ・シュペー」…MC☆あくしずVol.35
装甲艦「モニター」…MC☆あくしずVol.56
装甲艦「鎮遠」…MC☆あくしずVol.57
海防戦艦「トンブリ」…MC☆あくしずVol.42
航空母艦「ラングレー」…MC☆あくしずVol.52
航空母艦「ベアルン」…MC☆あくしずVol.53
航空母艦「アーク・ロイヤル」…MC☆あくしずVol.36
護衛空母「スワニー」…MC☆あくしずVol.39
水上機母艦「日進」…MC☆あくしずVol.60
重巡洋艦「カナリアス」…MC☆あくしずVol.45
ミサイル巡洋艦「ロングビーチ」…MC☆あくしずVol.58
軽巡洋艦「シドニー」…MC☆あくしずVol.49
軽巡洋艦「デ・ロイテル」…MC☆あくしずVol.43
軽巡洋艦「ライプツィヒ」…MC☆あくしずVol.62
駆逐艦「春風」…MC☆あくしずVol.40
駆逐艦「ブリスカヴィカ」…MC☆あくしずVol.41
駆逐艦「タシュケント」…MC☆あくしずVol.48
駆逐艦「メンディップ」…MC☆あくしずVol.51
潜水艦「ハーダー」…MC☆あくしずVol.55
潜水艦「アップホルダー」…書き下ろし
第二次大戦・戦艦のメカニズム…MC☆あくしずVol.56

本書は季刊「MC☆あくしず」Vol.35（2015年2月号）からVol.62（2021年11月号）に掲載された連載記事「少女艦艇列伝」を、大幅な加筆修正の上でまとめたものです。「アップホルダー」の記事・イラストは書き下ろしです。

---

# WARSHIP MAIDEN
## 知られざる名艦少女列伝

2023年8月30日発行

文　鈴木貴昭
イラスト　脱狗
図版作成　田村紀雄、おぐし篤

装丁&本文DTP　くまくま団
本文DTP　イカロス出版デザイン制作室
編集　浅井太輔

発行人　山手章弘
発行所　イカロス出版株式会社
〒101-0051
東京都千代田区神田神保町1-105
編集部　mc@ikaros.co.jp
出版営業部　sales@ikaros.co.jp

印刷　図書印刷